奇点将至

Ten Years To The Singularity If We Really Really Try

[美] 本·戈策尔（Ben Goertzel）◎著

付云鹤　杜甜甜　张璐璐◎译

U0284996

人民邮电出版社

北京

图书在版编目（CIP）数据

奇点将至 / （美）本·戈策尔（Ben Goertzel）著；付云鹤，杜甜甜，张璐璐译. -- 北京：人民邮电出版社，2019.8
ISBN 978-7-115-50953-6

Ⅰ. ①奇… Ⅱ. ①本… ②付… ③杜… ④张… Ⅲ. ①人工智能－研究 Ⅳ. ①TP18

中国版本图书馆CIP数据核字(2019)第046416号

内容提要

本书旨在讨论人工智能领域未来的发展方向，即通用人工智能和奇点现象。本书涵盖了奇点理论提出以来该领域取得的一系列研究进展，剖析了实现通用人工智能所面临的问题并分析了各种实现途径。作者不仅展开了天马行空的想象，思考未来技术，比如意识上传、飞米技术等如何为通用人工智能提供可行性，还将现有的通用人工智能技术落地，在生物学领域进行探索。至于未来的通用人工智能是否能与人类和平共处，作者给出了积极的答案。最后，作者将技术升华到思想，在哲学层面做出了阐释，展现了一幅完整的未来学图景。

本书适合所有想要了解人工智能发展的人阅读。

◆ 著　　　　[美] 本·戈策尔（Ben Goertzel）

　 译　　　　付云鹤　杜甜甜　张璐璐

　 责任编辑　杨大可

　 责任印制　焦志炜

◆ 人民邮电出版社出版发行　　北京市丰台区成寿寺路 11 号

　 邮编　100164　　电子邮件　315@ptpress.com.cn

　 网址　http://www.ptpress.com.cn

　 北京隆昌伟业印刷有限公司印刷

◆ 开本：700×1000　1/16

　 印张：16.75

　 字数：311 千字　　　　　　　　　2019 年 8 月第 1 版

　 印数：1 – 2 400 册　　　　　　　　2019 年 8 月北京第 1 次印刷

　 著作权合同登记号　图字：01-2016-5100 号

定价：59.00 元

读者服务热线：(010)81055410　印装质量热线：(010)81055316
反盗版热线：(010)81055315
广告经营许可证：京东工商广登字 20170147 号

版权声明

译 者 序

本书作者为美国著名未来学家、人工智能领域专家 Ben Goertzel 博士。作者在书中对通用人工智能和奇点现象的发展进行了分析和展望，对通用人工智能发展面临的问题进行层层分析，同时详细讨论了实现通用人工智能的各种途径，并表达了未来机器人和人类和平共处的信心。本书不仅包含人工智能领域的前沿发展成果、专家意见，更从哲学角度阐释了这些科学概念，既彰显了科学的严谨又饱含着人文关怀。

本书语言流畅自然、通俗易懂，作者娓娓道来、抽丝剥茧，结合工业 4.0、3D 打印技术以及"深蓝""沃森""《危险边缘》"等大众较为熟悉的概念，来阐释人工智能发展的一些重要问题。本书虽然信息量很大，涉及的专业问题较多，但并不晦涩，整体可读性强。

人工智能是计算机科学的一个分支，它企图了解智能的实质，并生产出一种新的能与人类智能相似的方式做出反应的智能机器。近 30 年来它获得了迅速的发展，被广泛应用于许多学科，并取得了丰硕的成果，人工智能已逐步成为一个独立的分支，无论在理论和实践上都已自成一个系统。2017 年 12 月，人工智能入选"2017 年度中国媒体十大流行语"，它已渐渐融入人们的日常生活中。

本书聚焦人工智能领域前沿的研究成果和发展方向，同时从根本上探讨了"智能""通用智能""奇点"等基础性、核心型概念，为读者讲述了人工智能发展历程，并对其未来发展方向进行了较为全面且深入的阐释、分析和预言。专业或非专业人士都可以通过阅读本书来获得人工智能领域发展的前沿信息，加深对这一领域的认识和思考。

译 者 简 介

付云鹤 生物学专业，自由译者，主要翻译方向为社科、文学类作品。

杜甜甜 南京大学英语笔译专业翻译硕士，现居上海，喜爱文学，主要翻译方向为社科、历史及小说类作品。

张璐璐 对外经济贸易大学翻译硕士，新闻从业者，现居北京，主要翻译方向为新闻、财经及社科类作品，曾参与《新帕尔格雷夫经济学大辞典》翻译项目。

前　言

我在四五岁刚接触科幻小说的时候，就开始琢磨书中提及的类似于人工智能、人类智能以及超人类智能的未来。时光流转，我从最初纯粹地猜测、幻想未来，慢慢开始考虑一些切实可行的、工程技术方面的问题。过去20年，研究通用人工智能系统在现实世界的实时应用已成为我研究领域的核心课题（近期主要借助OpenCog①项目）。但我一直都在留意通用人工智能的巨大潜力及其与人类目前和未来生活中其他方面存在的联系，即它与你能想到的任何事物之间的联系。

我坚信从人类智能到超人类人工智能的转变将比人类历史上任何变革都更加彻底——如果要从历史中找到一个类比的话，它更像是从细菌到人类或者从岩石到细菌的转变。短期来看，这一转变将给人类社会和人类心理带来诸多巨大影响。长期来看，这一变革带来的影响——不管是短期还是长期影响——将远远超过我们的想象。一想到这些，就让人心潮澎湃、无比激动。

2009—2011年，当时我可以用来写文章的时间比现在稍微多一点，我在《超人类主义杂志》（*H+ Magazine*，我参与编辑的一份电子杂志）上发表了几篇文章，论及通用人工智能的未来、奇点以及相关问题。虽然这些文章不像一本单一主题的书的各章节那样连贯，但它们确实反映了一系列共同的主题，表达了清晰、一致的观点。因此，我将它们与同期写的几篇未在 *H+ Magazine* 上发表的文章（其中两篇发表在别处，另外两篇一直在我的硬盘中未见天日）结集成书。

或许有必要提醒一点，本书不会详细介绍我个人在通用人工智能领域开展的研究，此前我已在各类专业著作中介绍过自己的研究工作，目前我的研究重心是OpenCog 开源通用人工智能平台。我还在编写一本非专业性的书籍，书名是 *Faster Than You Think*，其中将介绍我现在的研究内容。本书的某些章节确实也谈及了我本人研究工作的一些内容，但只是零星分散地顺便一提，并未做系统介绍。但是，

---

① OpenCog 是一个开源软件项目，旨在利用数学和生物学原理以及专业的软件工程技术，直面通用人工智能带来的挑战。

本书肯定会全面介绍我对通用人工智能与未来主义的其他技术之间的关系、通用人工智能与这些技术可能给未来的人类和人类的继任者带来的光明前景等问题的看法。

　　本书收录的文章都不是专业性的，其中一些文章浅显易懂，相当于报刊文章的水平；另外一些较为深入细致，相当于严谨的科普书籍或科普杂志中刊登的文章。任何读过一两年大学的人——不论什么专业，都能看懂本书中的文章。

　　本书中的一些内容从某些角度讲已经"过时"了——我撰写此序时已是2014年中期——但我未对相关内容做任何更新。待你读到本书的时候，2014年早已成为遥远的过去。这些文章的作者提出了一些具有前瞻性的观点，同时这些文章也记载了2009—2011年我对文章中的主题的思考。通用人工智能正飞速发展，人们对奇点、人类未来以及超人类事业未来的看法也在快速更新。人类在某个时期写下的对遥远未来（概念上或时间上的）的种种想法，不仅是人类对未来的预测，也透露了人类在本书写作时的生活状态。

　　弗里德里希·尼采①（Friedrich Nietzsche）当时为自己拟撰写的《权力意志》（不是他逝世后于1906年出版的同名注释集）一书作序时，在序言中这样形容这本书："这是一本引人深思的书，仅此而已。这本书属于喜欢思考的人，仅此而已。"

　　本书亦仅引导人们思考，书中内容并非绝对权威、不可更改。本书内容难免不成熟，因为我们仍处在创造通用人工智能的初级阶段。尽管从时间上来看我们或许已十分接近技术奇点，但我们仍需在技术、科学以及概念领域取得许多突破，才能真正迎来技术奇点。一旦我们处于奇点前夜，书中谈论的一切问题都将截然不同。但此时此刻，认真思考书中的内容——如同我写这些文章、邀请你们读这些文章时所做的一样——是到达奇点必不可少的一步。

---

① 弗里德里希·尼采（1844年10月15日—1900年8月25日），德国著名哲学家，被认为是西方现代哲学的开创者。尼采对于后代哲学的发展影响极大，尤其在存在主义与后现代主义方面。

目　　录

第 1 章　比肩——继而超越人类 ·· 1

　　初探主题的思索 ·· 1

第 2 章　人类的当务之急 ·· 5

第 3 章　为何选择通用人工智能 ·· 9

　　为何通用人工智能的发展时机已经成熟 ······························ 12

　　为何通用人工智能方面的研究这么少 ································· 18

第 4 章　励精十年，奇点可期 ··· 22

　　十年后奇点将如何诞生 ·· 24

　　奇点的研究经费堪比曼哈顿计划吗 ···································· 27

　　保证奇点始终处于正轨 ·· 28

　　十年后将迎来奇点吗 ·· 29

第 5 章　何时能创造通用人工智能 ··· 31

　　对专家意见进行的两次早期调查 ······································ 31

　　给专家们提出的问题 ·· 32

　　专家对人工智能的时间预期 ·· 34

　　何种达到人类水平的人工智能会率先问世 ·························· 36

　　采用何种技术方法将首先实现达到人类水平的人工智能 ········· 37

　　通用人工智能的影响 ·· 37

　　调查结论 ··· 38

第 6 章　何为通用智能 ·································· 39

从理论和实践层面定义通用智能 ·························· 42

第 7 章　为何智能爆炸可能成真 ······················ 46

为何智能爆炸可能成真 ································· 48

智能爆炸的一大前提 ··································· 48

区分智能爆炸和智能蓄积 ······························· 49

何为"爆炸" ··· 49

定义智能（或无须定义） ······························· 50

智能爆炸的核心属性 ··································· 51

限制因素 1：经济增长率和可用投资 ·················· 52

限制因素 2：实验过程以及环境交互本身节奏就很慢 ······ 54

限制因素 3：软件复杂度 ······························· 55

限制因素 4：硬件要求 ································· 56

限制因素 5：带宽 ····································· 57

限制因素 6：光速延时 ································· 57

限制因素 7：人类水平的智能可能要求量子（或者更奇特的）

运算 ··· 58

从通用人工智能到智能爆炸的路径似乎已清晰可见 ·········· 59

第 8 章　通用人工智能面临的十大常见限制因素 ········ 60

量子计算的限制 ······································· 60

超计算的限制 ··· 61

生物学特殊性的限制 ··································· 61

复杂性的限制 ··· 62

自身难度及资源不足的限制 ····························· 62

目标模糊的限制 ······································· 63

意识的限制 ··· 64

自由意志的限制 ·································· 64

几乎难逃的厄运的限制 ·························· 65

不可减少的不确定性的限制 ······················ 65

第9章　创造通用人工智能的途径 ····················· 66

通过弱人工智能创造通用人工智能？ ··············· 67

通过模拟人脑创造通用人工智能？ ················· 68

通过人工进化创造通用人工智能 ··················· 72

有效的老式人工智能 ···························· 74

GOFAI升级：SOAR ····························· 77

数以百万计的规则：Cyc ························· 79

创造通用人工智能的现代、直接的方法 ············· 83

统一性与综合性 ······························· 86

自发性和显性 ································· 89

通用人工智能研究：理论与实验 ··················· 91

数字计算机真的能智能化吗 ······················ 93

第10章　机器人会感到快乐吗 ······················· 96

第11章　对"深蓝"的思考 ························· 100

第12章　今天称霸《危险边缘》，明天称霸世界？ ············· 105

"沃森"对人工智能而言意味着什么 ··············· 106

以"沃森"为基础 ···························· 106

沃尔弗拉姆看"沃森" ························ 109

库兹韦尔看"沃森" ·························· 110

今天称霸《危险边缘》，明天称霸世界？ ············ 111

第13章　聊天机器人与认知机器人 ··················· 113

2010 年勒布纳奖得主：Suzette ———————————— 114

ELIZA ———————————————————————— 118

AliceBot ———————————————————————— 119

MegaHal ———————————————————————— 123

创造一个更好的 Ramona ———————————————— 128

通往智能对话系统：通用人工智能幼儿园项目 ——————— 131

统计型图灵机器人是可行的吗 ———————————————— 137

第 14 章　通用人工智能路线图研讨会 ———————————— 140

人类能力的广度 ———————————————————————— 147

通用人工智能的评估场景 ——————————————————— 148

其他通用人工智能场景 ——————————————————— 155

从场景到任务和指标 ———————————————————— 156

第 15 章　意识上传 ———————————————————————— 160

通过大脑模拟进行意识上传 ————————————————— 162

你的上传件还是你吗 ———————————————————— 163

意识上传和通用人工智能 ——————————————————— 165

第 16 章　用通用人工智能对抗衰老 ———————————————— 166

细胞衰老生物学 ———————————————————————— 168

通过限制热量达到长寿？ ——————————————————— 170

原始生活方式 ———————————————————————— 171

奥布里·德·格雷和衰老的七大主因 —————————————— 172

彻底延长生命：真正的瓶颈在哪里 —————————————— 175

利用人工智能对抗衰老：来自科研一线的故事 ———————— 176

解开长寿果蝇之谜 ———————————————————————— 182

阅读生物学研究论文的人工智能 ——————————————— 184

全面生物库 ································· 185

第 17 章 通用人工智能及异想天开 ················· 190

第 18 章 尺度越小，空间越大 ··················· 196

飞米尺度的物理学 ······························· 198

简并态物质是飞米技术可能运用的物质 ··············· 200

伯朗金的飞米技术奇妙设计 ····················· 201

动态稳定对简并态物质起作用吗 ··················· 203

盖尔曼肯定了飞米技术的可能性 ··················· 205

奇异物质和其他奇异的事物 ····················· 207

飞米技术的未来 ······························· 208

第 19 章 奇点研究所的威胁论（以及我为何不买账） ····· 210

SIAI 的威胁论（我对此并不同意） ················· 212

威胁论的论据是什么 ··························· 213

经证实为安全或者“友好”的通用人工智能是一个可行的

概念吗 ································· 215

实践意义 ································· 217

结论 ································· 218

第 20 章 人类需要一个人工智能保姆吗 ············· 220

对人工智能保姆的详细论述 ····················· 221

对人工智能保姆的论证 ························· 222

异见与回应 ······························· 223

调动大脑，开始思考 ··························· 228

第 21 章 通用人工智能、意识、心灵、生命、宇宙以及一切 ····· 229

物质一元论 ······························· 232

信息一元论 ⋯⋯⋯⋯⋯⋯⋯⋯⋯⋯⋯⋯⋯⋯⋯⋯⋯⋯⋯⋯⋯232

量子信息一元论 ⋯⋯⋯⋯⋯⋯⋯⋯⋯⋯⋯⋯⋯⋯⋯⋯⋯⋯234

经验活力论 ⋯⋯⋯⋯⋯⋯⋯⋯⋯⋯⋯⋯⋯⋯⋯⋯⋯⋯⋯⋯236

认知活力论 ⋯⋯⋯⋯⋯⋯⋯⋯⋯⋯⋯⋯⋯⋯⋯⋯⋯⋯⋯⋯238

泛灵论 ⋯⋯⋯⋯⋯⋯⋯⋯⋯⋯⋯⋯⋯⋯⋯⋯⋯⋯⋯⋯⋯⋯240

心灵一元论 ⋯⋯⋯⋯⋯⋯⋯⋯⋯⋯⋯⋯⋯⋯⋯⋯⋯⋯⋯⋯242

暗秩序 ⋯⋯⋯⋯⋯⋯⋯⋯⋯⋯⋯⋯⋯⋯⋯⋯⋯⋯⋯⋯⋯⋯248

结论 ⋯⋯⋯⋯⋯⋯⋯⋯⋯⋯⋯⋯⋯⋯⋯⋯⋯⋯⋯⋯⋯⋯⋯250

第 1 章

比肩——继而超越人类

初探主题的思索

我们人类在如此短暂的时间里取得了长足的发展！但目前，我们尚处于人类演进发展的初级阶段，翻天覆地的大变革即将来临。

据人类目前所知，宇宙已存在了约 140 亿年，地球已存在了约 40 亿年，多细胞生物已存在了约 20 亿年，而人类基本进化到现代人距今则只有几百万年。

人类文明史仅能追溯到 1 万年前，而地球上多数地区的文明史更为短暂。在这并不算长的历史中，人类做出了各种奇妙的发明或发现，如语言、数学、科学、宗教、时尚、体育、社交网络、爱情、艺术、音乐、公司、计算机、宇宙飞船，诸如此类，不一而足。

人类发明和发现新事物的步伐一直在加速。人类在 11 至 20 世纪创造的新事物远远多于 1 至 10 世纪，在 1 至 10 世纪创造的新事物又远远多于公元前 10 世纪至公元元年，以此类推。

当然历史自有其兴衰沉浮，人类在不同方面的发展速度很难量化。但从定性方面来看，人类的加速发展是显而易见的。对此，我本人就有切身体会。与我还是个孩童时的 20 世纪 70 年代相比，当今世界新产品问世、科学新发现的速度都快得不可思议。

但人类迄今为止经历的一切变革与即将到来的这场革命相比都是微不足道的。截至目前，人类已取得的进步、正在经历的变革都围绕着"人"这一范畴。我们创造了新的通信手段，制造了新的加工工具，探索出各种修身养性之道。人类目前的生活方式和思想体系与茹毛饮血的原始人相比截然不同。的确，放眼世界，那些豪情满怀、身兼数职的青年科技企业家的生活和思维方式与一个世纪甚至半个世纪前的人几乎完全不同。尽管人类社会经历了沧桑巨变，但其发展仍存在一定局限性。截至目前，人类的身体和大脑构建、指引着即将来临的各种变革，但人类身心一直以来稳定不变，对社会变革也构成了束缚。

有识之士早已洞悉人类下一步的发展趋势，近来越来越多的人开始关注这一问题。我们已创造出各种工具来帮助人类完成大部分体力劳动。下一步我们将创造能够帮助人类完成脑力劳动的工具。我们将创造功能强大的机器人和人工智能软件程序——不只是能够完成特定任务的"弱人工智能"程序，还包括能够巧妙应对各种突发情况的通用人工智能。我们希望生活变得更加轻松舒适、快乐有趣，为此我们创造了斧头、锤子、工厂、汽车、抗生素和计算机；出于同样的原因，我们将开始研发人工智能技术。各国和各大企业将出资支持通用人工智能的研发，以获得经济发展优势——目前这一趋势还不明显，但通用人工智能技术一旦取得进展，必将在全球掀起一股投资狂潮。通用人工智能的发展将给人类历史带来前所未有的影响，在某种程度上，人类将不再是地球上最聪明的生物。

倘若这一天真的到来，之后人类的发展趋势又将如何呢？科技的加速发展将引领我们去往何处？当然，目前我们还无从知晓。不妨设想一下：最早创造了具有复杂句式的语言的人们围坐在篝火旁，猜想这种大胆的创新性"语言"最终将给自己带来什么影响。他们或许会萌生一些有趣的想法，但他们能预见数学、陀思妥耶夫斯基①、嘻哈文化、PS 图像处理软件、超对称理论②、遥控巡航导弹、《魔兽世界》③和互联网吗？

但是，人们稍一思考，就能推断出功能强大的通用人工智能问世后世界将会是什么景象。比如，如果人类能够创造出比自己更聪明的通用人工智能，那么这第一代通用人工智能很可能能够创造出比自己更加聪明的下一代通用人工智能。以此类推，第二代通用人工智能能够创造出比自己更加智能的通用人工智能。这

---

① 费奥多尔·米哈伊洛维奇·陀思妥耶夫斯基（1821—1881），俄国作家，代表作有长篇小说《穷人》、中篇小说《白夜》等。

② 基本粒子按照自旋的不同可以分为两大类：自旋为整数的粒子被称为玻色子（Boson），自旋为半整数的粒子被称为费米子（Fermion），这两类粒子的基本性质截然不同。超对称理论是费米子和玻色子之间的一种对称性，该理论诞生于 20 世纪 70 年代初，该对称性至今在自然界中尚未被观测到。

③ 《魔兽世界》是著名游戏公司暴雪娱乐制作的第一款网络游戏，属于大型多人在线角色扮演游戏。

就是英国数学家欧文·约翰·古德（I. J. Good）早在 20 世纪 60 年代提出的"智能爆炸"。根据这种智能爆炸可能带来的巨变，科幻小说家弗诺·文奇（Vernor Vinge）在 20 世纪 80 年代预测人类或将迎来"技术奇点"。

数学上，"奇点"一词可指在该点上，某条曲线或某个面以无限快的速度变化。当然，技术革新的速度不可能真的接近无穷。虽然我们也许能够克服已知的各种物理条件的限制，但很可能还存在我们目前尚未意识到的约束条件。即便如此，智能爆炸很可能会引发"奇点"，使我们现在生活的世界发生巨大的、无法预测的质变。

近年来，以奇点和日新月异的技术革新为主题的著作层出不穷。其中，著名发明家雷·库兹韦尔（Ray Kurzweil）于 2006 年出版了《奇点临近》（*The Singularity Is Near*）一书，还撰写了许多相关文章，多次发表演讲，他的种种努力使全世界开始关注奇点这一概念（本人曾有幸在关于雷·库兹韦尔先生的纪录片《卓越的人类》（*Transcendent Man*）中客串，如果你还没看过这部纪录片，赶紧上网一睹为快！）。在雷·库兹韦尔之前也有不少人关注这一问题，比如澳大利亚科幻小说家达米安·布罗德里克（Damien Broderick）曾在 1997 年出版了《尖峰》（*The Spike*）一书，这本书虽然不像"奇点"一词那么引人注目，但其基本内容与《奇点临近》是一致的，详细介绍了"技术奇点"这一概念。这里对前辈们的观点将不做赘述。如果你还没看过这两位前辈的书，我强烈建议你去读一读，以深入了解人类在过去几十年、几百年甚至几千年不断加速的发展历程。

当然，并非每个人都相信奇点已经临近。库兹韦尔在自己的网站上多次反驳某些人对奇点概念的恶意批评。一些我非常尊敬的思想家认为奇点概念有些言过其实——比如，超人类主义思想家马克思·莫（Max More）认为我们面临的是一个逐渐接近的技术峰值而不是奇点。澳大利亚哲学家大卫·查尔默斯（David Chalmers）依循欧文·约翰·古德"智能爆炸"理论的基本逻辑，提出了一个严谨的论点以阐明奇点为何可能来临。但查尔默斯在一些细节上比库兹韦尔略为保守。库兹韦尔预测奇点大约在 2045 年来临，但查尔默斯的奇点假说认为奇点约在未来几百年内来临，其典型特征是超智能的通用人工智能在数十年内大规模取代具有人类智力水平的通用人工智能。我尊重查尔默斯严谨的分析方法，但我认为库兹韦尔的预测是比较准确的。我甚至认为如果科学进步与经济效益能够完美契合，奇点来临的时间将远远早于库兹韦尔预测的 2045 年。这一点是我在本书中将详细论述的几大问题之一。

作为科学家，我关注的焦点是通用人工智能。奇点（也有"峰值"等其他提法）将涉及各种不同的技术，包括基因工程、纳米技术、新信息处理硬件、量子计算、机器人学、脑机界面等。毫无疑问，届时将出现我们目前所无法预测的新技术。但是，从"智能爆炸"的角度来看，通用人工智能将在其中扮演重要角色——它将引领下一个巨变浪潮，使人类从"拥有先进工具，但大脑和身体都已过时"的状态转变到一种彻底的"后人类"新状态。

我本人的研究重点是创造具有人类智力水平的通用人工智能，且它能自发创造更加智能的下一代通用人工智能。我希望自己的研究能够造福人类（当前的人类以及未来可能出现的人类形态）和人类创造的新智能。此外，我的工作内容还包括将较简单的人工智能技术应用于解决实际问题，如进行人类长寿的遗传学研究、分析金融市场。我还致力于使通用人工智能研究自成一家，比如发起一系列的通用人工智能年度大会、成立专业研究协会——通用人工智能学会。我曾在未来主义、超人类主义领域扮演领导角色，包括担任过一届世界超人协会主席，该协会是目前全世界唯一一个拥有广泛基础的、致力于技术研究和人类未来发展的国际性非营利机构。上述这些经历使我能以独特视角审视通用人工智能领域的现状和未来，我在本书中将对此做详细介绍。

我将在书中讨论的许多观点可能让你觉得非常激进、"玄而又玄"，不过我并不介意你会有这样的反应。我无意耸人听闻，但我也不会歪曲我的观点以迎合当前主流文化。本书内容仅为个人见解。

第 2 章

人类的当务之急

2009 年年初，世界经济论坛——最为人熟知的是每年在瑞士达沃斯召开的年会——的一些工作人员联系到我，请我写一篇文章，供当年将在中国大连举办的夏季达沃斯论坛使用。达沃斯论坛的与会者都是世界政商界领袖——各国政要、首席执行官、慈善家等。我的文章（中文译本）刊登在 *Green Herald Magazine* 特别版，当期的主题是"人类的当务之急"。

我喜欢开门见山，于是将文章题目定为"人类的当务之急应是创造超越人类的人工智能以造福人类"。夏季达沃斯论坛也被称为"新领军者年会"，因此我认为这个题目非常合适。"新领军者"一词想必是指中国、印度等新兴市场国家。但是，我并不认为领导人类前进的新领军者将永远是人类。

下文摘自我为达沃斯论坛撰写的那篇文章。

人类接下来的当务之急是什么

这个问题似乎很难回答，因为世界面临的问题非常多，实现正向发展的机遇也非常多。

但我的答案很简单。人类的当务之急应是创造超越人类的人工智能以造福人类，与人类携手解决我们面临的各种难题，探索正向的发展道路。

目前，通用人工智能在研发领域所占比重非常小——当前人工智能的研究几乎都聚集在能够解决特定问题、高度专业化的"弱人工智能"系统上。但我认为人们应当更加重视通用人工智能，将其视为人类接下来发展的当务之急。原因很简单：不管人类眼下面临什么问题，拥有高于人类的智力以及恰当的驱动系统的通用人工智能处理起这些问题来将比人类更胜一筹。

通用人工智能听起来似乎遥不可及，但越来越多的技术专家认为智力高于人类的人工智能问世的时间会比多数人预料的要早——很可能在未来二三十年内出现。为此，每年都有大批研究人员汇聚一堂，参加通用人工智能国际会议。上述这些乐观的预测如果准确的话，显然将极大地影响人类对自身以及对人类未来的看法。

先进的通用人工智能将带来的好处

先进的通用人工智能可能带来的好处数不胜数。一旦我们能够创造出智力远高于人类的人工智能，届时人类与其联手能够完成的任务将没有上限。这听起来很科幻——但在这个创造了太空旅行、互联网、基因工程、纳米技术、量子计算的时代，科幻和现实之间的界线已经逐渐变得模糊起来。

生物医学研究加速发展

根据当代生物学的观点，人体在很大程度上可以被看作是一部复杂的分子机器，一旦我们充分掌握了它的运行原理，从原则上讲，我们就能够修复身体出现的任何问题。届时，主要的限制因素在于人脑是否有能力解读收集到的生物数据，以及能否设计出工具来收集到更加精确的数据。通用人工智能"生物学家"的诞生将使医学领域实现根本性的飞跃，也许人类可能患上的多数甚至所有疾病都将无法再给我们造成困扰。

人类早已开始向这方面努力，近年来开始将人工智能应用于生物信息学（比如我自己的Biomind有限责任公司就开展这项业务）和生物医学文本处理（比如阿里阿德涅基因组学公司研发的 MEDSCAN 读卡器应用程序）。例如，我自己的工作内容就包括利用人工智能技术探究脑细胞线粒体基因突变过程可能诱发帕金森病的因素——目前该技术已实现商业化，用作该病的诊断性测试，也用于研究治疗方案。有朝一日，人类若能解决癌症、衰老等问题，那么弱人工智能或通用人工智能很可能在其中发挥了重要作用——毫无疑问，通用人工智能能够使这一天来得更早。

发现和改进替代能源技术

当前，人类面临的最艰巨的任务之一是开发廉价的可持续能源。然而，残酷的事实却是，截至目前，最便宜的能源依然是化石燃料（人类对核能、地热、水电和其他能源的利用非常有限）。目前人类已探索出新技术，从理论上讲，无须消耗不可再生能源便可进行更加高效的能源生产；但将这些技术完善到能够应用于实际经济活动的进程非常缓慢，一是因为资金有限，二是因为这些技术的实际操作过程非常复杂。不难想象，比人类智力稍高的人工智能能够发现更为高效的太阳能电池板的电化学原理（仅以此为例），从而给能源领域带来一场革命。

德氏纳米技术从理论走向实践

早在 20 世纪 80 年代，埃里克·德雷克斯勒[①]（Eric Drexler）就在其开创性的著作《纳米系统》（*Nanosystems*）中提出创造一种分子装配机——这种机器能够将分子拼凑成任何结构的机器，就好比乐高等儿童积木玩具，但使用的是真的分子。当前，纳米技术蓬勃发展，但多数研究都选择避开德雷克斯勒曾构想的较深层次的应用，而是集中于那些有价值却较为狭隘的问题上，比如利用纳米技术制造更结实的材料、效率更高的导体、更实用的纺织品。

毫无疑问，有朝一日德氏纳米技术会变为现实。一些公司（其中包括德雷克斯勒的 NanoRex 公司）目前正利用纳米级计算机辅助设计软件努力推动其进程。人类面临的重大挑战之一是人类的感知能力尚未做好适应纳米世界的准备，但通用人工智能系统就不会受到这种限制！

人类认知增强

如果比人类更智能的通用人工智能系统能够彻底改变世界，那么比目前人类更智能的人类为什么不能这么做呢？为何不利用先进技术使人

[①] 埃里克·德雷克斯勒（1955—），毕业于麻省理工学院，美国工程师，因在 20 世纪 70~80 年代鼓吹分子纳米技术的巨大潜力而闻名，其著作《纳米系统》于 1992 年获美国出版商协会计算机科学类最佳图书奖。

脑更加智能?

实际上,许多神经生物学家正在绞尽脑汁思考这个问题。目前,这一研究方向面临的最大瓶颈是掌握人脑的工作原理。为了将外部装置与人脑内的神经细胞有效连接,我们需要了解在神经细胞间传递的信号的意义,但目前我们掌握的人脑动力学方面的知识还非常有限。要解决这个问题需要朝两个方向努力:首先,创造更先进的脑成像装置,无创获取即时、准确的神经系统数据;其次是对这些数据进行有效分析。显然,先进的人工智能技术能够加快我们对这两方面的研究。研发智能的人工智能可能是创造更加智能的人类的最有效的方法。

通用人工智能研究加速发展

最后一点,也是非常重要的一点,那就是达到人类智力水平的通用人工智能最有发展前景的应用领域之一在于其自身。每位软件工程师都明白,设计和使用复杂软件的过程就是不断挑战大脑局限的过程。比如,人类的短时记忆容量是有限的,因此我们无法同时管理十几个甚至更多的变量或软件对象。毫无疑问的是,达到人类智力水平的通用人工智能,一旦接受计算机科学方面的培训,将能比人类更加有效地分析和完善自身的底层算法。

在达沃斯论坛上,与会者探讨的通常是国际政治、新闻、法律、慈善等方面的问题,而我这篇文章论述了通用人工智能具有解决世界所有问题的惊人潜力,他们觉得我的文章与会议主题无甚关联。但是,达沃斯论坛探讨的应当是宏大的问题,我希望以此文引导与会者们考虑真正意义上的大事业。相比2009年夏季达沃斯论坛以及截至目前任何一届论坛上的任何议题,创造能够达到甚至超越人类智力的通用人工智能这一观点更加激动人心、更有意义,也更有趣。

第3章

为何选择通用人工智能

在论述通用人工智能的巨大潜力之前，我认为有必要先谈谈"通用人工智能"这个话题。大家都知道什么是"人工智能"，那么为何我一定要用大家不太熟悉的"通用人工智能"一词呢？

对术语的这一微小调整的背后涉及更深层的问题。

我使用通用人工智能一词的根本原因是：现代人工智能的属性是割裂的。

在电影和科幻小说中，"人工智能"指的是具有高度智能性和自主性的机器人或电脑程序，比如，电影《星球大战》中的宇航技工机器人 R2D2、礼仪机器人 C3PO，科幻小说《2001 太空漫游》（已被拍成电影）中的人工智能电脑 Hal 9000，电影《终结者》中的类人渗透型机器杀手终结者（Terminator）等。

然而，在大学计算机科学系和业界研究实验室，人工智能指的是非常枯燥乏味的东西——主要是制作能够运行指定程序的高度专业化的软件，人类在开发时赋予其智能。例如，在 Paint Store 绘图软件中，为你所选择的颜色调色，将所选颜色与白色颜料混合是一种非常常见的人工智能技术，而我们在使用绘图软件时，根本想不到其中运用了人工智能技术。我们谈论这类非常具体的"智能"程序时，只能使用"人工智能"一词，因为这类程序与"通用人工智能"完全不同。后者是真正意义上的"会思考的机器"，能够同时识别许多来自不同专业领域的信息。

截至目前，世界上唯一的"通用人工智能"是人类的大脑。许多人认为，以软件为基础建造一个会思考的机器需要对大脑实施逆向工程，以实现某种实时人脑模拟，然后才能开始向它提问。我认为这种方法并不恰当，因为光是对大脑实施逆向工程就要用上百年。只要我们不执意模仿人脑，用不了那么久我们就能编写出会思考的软件。

一个看过许多科幻小说的现代大学生可能会认为世界各地的人工智能科学家们正夜以继日地工作，努力创造比人类更智能的计算机——能够进行智能对话，战胜诺贝尔奖得主，写出优美的诗歌，证明数学新定理。但扫一眼人工智能领域重要杂志或会议的目录，他的梦想瞬间就会化为泡影。因为目录中都是对人工智能某些方面的枯燥无味的严肃分析，或者利用人工智能技术完成简单的拼图或填字游戏，解决某些商业问题。目前的人工智能研究几乎完全集中于库兹韦尔所说的"弱人工智能"领域，高度专业化的问题解决程序至多具有一点简单的智能，几乎没有自主性和创造性。

20 世纪 50 至 60 年代人工智能刚诞生的时候，属性并没有出现分裂，这一问题是随着时间的推移慢慢形成的，因为人工智能的创始人们对它的发展前景充满野心。不妨来听听 20 世纪 60 年代人工智能领域的先驱尼尔斯·尼尔森[①]（Nils Nilsson）先生的看法。他在 2005 年写的"达到人类智力水平的人工智能？这是件大事！"（Human-Level Artificial Intelligence? Be Serious!）一文中言辞坚定有力地反复强调他对人工智能前景的设想：

> 我认为创造出能够到达人类智力水平的人工智能必然意味着人类目前从事的大多数工作将实现自动化。我主张的并不是建立各种专用系统以实现自动化，而是开发通用的、具有学习能力的系统，学会完成人类从事的所有工作。我和其他几位研究人员意见相似，都主张先建立一个拥有数量很少但内容很全面的内置功能的系统。其除了具备许多基本能力之外，还必须具有通过学习进行自我完善的能力。

对！对！这就是从大格局着眼发展人工智能——也是我所构想的通用人工智能。

人工智能领域的先驱们曾提出一些大胆的、激动人心的构想，其中不乏真知灼见。但后来，没想到要实现这些宏伟目标异常艰难，人工智能领域的研究逐渐放弃了最初的目标。

不可否认，专注于解决狭隘问题的人工智能技术已取得一些令人振奋的成绩。实用的、现实世界的弱人工智能取得的成绩远远多于其他领域。人工智能带来了各种有价值的技术，涵盖了社会的各个领域，例如：

- 支撑谷歌等搜索引擎的语言处理人工智能；
- 广泛应用于政府、各行各业以及许多现代军事行动的规划和调度人工智能；
- 能够击败大师的象棋程序；

---

① 尼尔斯·尼尔森（1933—），美国计算机科学家，人工智能领域的奠基人之一。

- 工业机器人；
- 在拥有上亿玩家的视频游戏中担任主角的人工智能角色；
- 金融交易系统；
- 帮助企业界、科学家等进行历史分析和决策的人工智能数据挖掘系统（又称"商业智能"）。

但是这些弱人工智能的发展还不足以实现人工智能领域最初的目标，即创造我所说的通用人工智能。

直到最近 10 年，人工智能领域的一个重要分支开始回归其最初的目标，即创造达到并最终超越人类智能水平的通用人工智能系统。"通用人工智能"一词的诞生也是为了加快以及深化这一研究重点的转移。

与人工智能的本质和思维机器的构造相比，术语并不是一个多么深奥的话题，但它对科学和工程发展的影响超乎人们的想象。"黑洞"（black hole）一词吸引到的媒体关注、得到的科学研究会比"引力槽"（gravitational sink，这是一个更加直白的名字）多得多。"人工生命"领域的研究曾繁荣一时，一是因为由它衍生出了各种时髦的动画，二是要归功于"人工生命"这个酷炫的名字。"混沌理论"（chaos theory）听起来比"非线性动力学"（nonlinear dynamics）高级许多，因此前者被广泛使用，尽管从技术层面讲非线性动力学并不"混沌"。

另外，"生物信息学"和"功能基因组学"等学科的名字极其枯燥乏味，掩盖了学科内容的奇妙之处和重要意义。"数据挖掘"听起来令人振奋，曾风靡一时，后来有一段时间这项技术被滥用，得出很多毫无意义的结果，人们才逐渐放弃这一术语，改用"应用型机器学习"。当然，"数据挖掘"和"机器学习"都包含大学里"人工智能"课程教授的那些经典课题，但有时业内认为称它们为"人工智能"不太合适，因为后者的科幻小说色彩太过浓厚……

尽管学界和业界中 98% 的人工智能研究比较枯燥，与通用人工智能并无直接联系，科学家们也免不了会受指称名称的影响。

"通用人工智能"这一术语的优点在于它与广为人知的"人工智能"有明显的联系，而且它还与心理学领域著名的 G 因子[①]（智力测试测量的一个参数）相关。不

---

① G 因子（也称为一般智力、一般的心理能力或一般智力因素）被用来在心理测试中调查认知能力和开发智力。

过这一术语也有一些缺点，主要表现在 3 个方面："人工""通用"和"智能"！

"人工"不太恰当——因为通用人工智能不单是建立系统以作为我们的工具或"手段"，我认为它是要利用各种手段建立各类通用智能！

"通用"也存在问题，因为现实世界中的任何智能都不是完全通用的。现实世界中每种系统都有其局限性，同时也比其他系统更擅长解决某类问题。

"智能"一词除了在极度抽象的数学领域外，其定义尚不明确，严重脱离现实世界的各种系统，没有人能完全清楚它的具体所指。

尽管"通用人工智能"这一术语存在种种缺点，我依然非常喜欢它。无论在科学界还是未来主义领域，它都非常流行。

为何通用人工智能的发展时机已经成熟

为何我坚信建立强大的通用人工智能是切实可行的？

在短期内能否创造通用人工智能这一问题上，许多人——甚至是许多专业的人工智能研究人员都与我观点相左，我难道没有顾虑吗？

从宏观来看，我一点都不担心这个问题。人类历史上绝大多数的重大创新都曾被普通人和专家们嗤之以鼻。当然，绝大多数有识之士无视各种质疑，坚持自己的想法，最后证明质疑自己的人是错的。历史为我们提供了形形色色的例子，但不会给我们提供现成的答案，我们需要根据新形势和自身的状况做出判断。关于通用人工智能，我已经思考很久了，包括反思过去许多人曾误信达到人类水平的通用人工智能即将出现这一事实，现在我非常相信自己的直觉。

简而言之，下面是我相信先进的通用人工智能即将出现的 5 大原因。

（1）目前的**计算机和计算机网络十分强大**，发展势头迅猛。

（2）**计算机科学取得了很大进展**，提供了形形色色的奇妙算法，许多都被纳入了易于访问的代码库（如我工作时常用的 STL、Boost 和 GSL）；人们还设计了很多能够在多处理器机器的分支网络上运行的算法。

（3）**机器人技术和虚拟世界发展已相当成熟**，人们能够以较低成本将人工智能系统与复杂环境连接起来。

（4）**认知科学已取得较大进展**，目前我们已基本掌握了人类意识的各部分分别是什么，它们在进行何种活动以及彼此之间如何合作（尽管我们对意识各个部分的内动力学原理，以及它们在大脑中如何运行所知尚少）。

（5）**互联网提供了有效的合作工具**，既可以分享想法（电子邮件列表、维基、研究论文的网络存储库），又能够协同创造软件代码（例如开源项目使用到的版本控制系统）。

综合考虑这 5 个因素，分布在各处的专家们可以利用功能强大的计算机上的先进的算法集，在软件体系内为人类认知学建模。我强烈认为，通用人工智能将以这种方式被创造出来。

过去 20 年，上述 5 个领域都取得了巨大进步。目前的形势与 20 世纪 60 ~ 70 年代或者人工智能领域刚刚萌芽的 20 世纪 50 年代已大不相同了。

我的第一批人工智能程序是在 20 世纪 80 年代左右编写的，当时使用的是一台内存为 8 KB，1 ~ 2 MHz 单处理器的 Atari 400 计算机。现在我用来运行人工智能软件的计算机有 8 个 3000MHz 处理器，内存为 96 GB，再加上一台配有 4 个显卡的 Nvidia GPU，每个显卡又有数百个联机运行的处理器。这些设备都不是超级昂贵的超级计算机，它们都有好几年历史了，价格均在 1 万美元左右。我那简陋的苹果电脑内存为 4 GB，有两个 2000 MHz 处理器。这些量变能够产生质变——现在的计算机拥有较大的内存容量，创造出的人工智能程序蕴含着许多易于读取的知识，这对于开发先进的通用人工智能至关重要。而如今使用的处理器速度较快，使人们可有效利用这些内存。

如今的编程过程也与我初学编程时完全不一样了。当时必须编写自己的所有代码（编程语言编译器和设备驱动程序除外，不过我偶尔也要编写一些驱动程序）；而目前，大多数编程过程就是将不同的人编写的零星片段连接起来。保守的程序员因为不需要自己编写算法而常常感到沮丧，因为代码库会提供各种优质算法，友好的界面可以将这些代码迅速接入你原有的代码中。这些算法会定期更新，以与算法和硬件发展保持同步。例如，最近我们一直在改良我们的 OpenCog 通用人工智能系统模型，使其能够在拥有多个处理器的机器上更好地运行。这项工作比较费力，但比预期要轻松一些，因为我们使用的许多数据结构都是已经更新过的库函数，完全适用于多处理器工作。

20 世纪 80 年代，我在业余时间做了一些游戏编程，需要编写用来给屏幕上的单独像素点着色的代码。早期的人工智能程序包括计算机模拟的"积木世界",这一过程非常简单,可供使用的积木种类比较有限。目前,我们的 OpenCog 项目仍然使用一种"积木世界"——不过是将其安装在 Unity 3D 游戏引擎上,使用开源 Unity 插件程序,使得 Unity 类似于目前很流行的《我的世界》(*Minecraft*)积木游戏。

1996 年,我创造了自己的第一个机器人,它看起来像一个沙拉碗倒扣在 3 个轮子上。它有一个传感器,一个声呐测距仪,有点像不具有吸尘功能的早期版本的 Roomba 机器人。目前我们的 OpenCog 项目正与 Nao 机器人公司合作。

Nao 机器人是一种小型的、塑料材质的人形机器人,它们能够四处走动,也会说话,能通过摄像机充当的眼睛"观察"物体。很快我们还将与 Hanson Robokind 公司合作,该公司也创造了人形机器人,与当前的 Nao 机器人相比有诸多技术优势,比如采用最新的人工皮肤,使表情非常丰富。这两类机器人目前的售价都在 1.5 万美元左右。如果预算比较多,可以考虑购买价值 50 万美元的 PR2(Personal Robot 2)机器人,它没有人形外观,但几乎可当作家用服务机器人使用。上述所有机器人都可使用免费的机器人仿真软件进行有效模拟。

20 世纪 80 年代初,我还在上大学时,常在图书馆的心理学专区翻资料,我发现心理学"模糊朦胧、缺乏科学精神",同时又"极度无聊、枯燥、狭隘"。当然,确实有很多心理治疗师和临床心理学家在思考人类心理活动的整个过程,但他们采用的方法非常主观,与其说是科学,不如说其与艺术和文学的关系更密切。

弗洛伊德、荣格和马斯洛的著作值得一读,但不能指望他们指导我们创造人工智能。显然,他们只是就思想和生活提出自己的看法,更像是柏拉图和尼采等哲学家或中世纪的佛教心理学家。诚然,他们当时研发出了对一些人颇有助益的治疗方法,但这一点许多相互对立的宗教也能做到,而且"有助益"并不是理论准确性的衡量尺度。

另外,实验室进行的心理学实验(不管试验对象是老鼠还是人),似乎关注的都是一些很微观的问题,如识别单词和视觉假象,而没有触及心理方面那些真正有趣的现象。后来在 20 世纪 90 年代,我在西澳大学(University of Western Australia)心理系工作了一段时间后开始明白,实验的狭隘性部分归因于个人品位,部分则归因于可操作性,因为设计严密的心理学实验操作起来非常困难。神经影像学的发展一定程度上促进了实验心理学的发展，但其作用是有限的，因为缺少一种能够同时测量大脑许多特定区域的精细瞬时动态的无创脑成像技术。

让我颇感失望的是，没有人尝试过将所有碎片信息整合在一起，以一种全面、科学的方式来探索人类思维的运作，以使人们可以利用心理学、神经科学、计算机建模、语言学、哲学等所有相关学科的资料。

你猜怎么着？这件事成真了，认知科学这门交叉学科问世了！在我的学术生涯中，我参与建立了两个认知科学学位点：一个在新西兰汉密尔顿的怀卡托大学（Waikato University），另一个在珀斯的西澳大学。

当然，认知科学尚未解决关于人类思维的所有问题，作为一门学科，它的成就是好坏参半的。大学的认知科学课程通常被纳入心理系，失去了许多跨学科特色，与认知心理学相差无几。不过，认知科学在全面认识人的心理方面已取得巨大进步。

归根结底，上述所有创新活动——计算机硬件、算法、认知科学和机器人——之所以发展到今天这个水平，很大程度上得益于互联网。云计算、开源软件、可下载的代码库、来自各个国家和学校的科学家们进行跨学科合作，网上的虚拟世界和游戏——所有这一切以及其他一些技术创新都得益于互联网技术。为通用人工智能搭建基础设施的不是某个人或某个小团队，而是正在兴起的"全球大脑"（Global Brain）。

如果统筹考虑计算机硬件、机器人、虚拟世界、算法和认知科学方面取得的成绩，人们就能用系统、可行的方法来创造先进人工智能。首先制作一幅示意图阐释人脑如何运转，展示主要过程以及各部分如何相互作用；接下来查看现有的算法和数据结构，找出一组能够完成认知科学示意图中展示的所有活动的算法和数据结构；最后将它们以可扩展的方式运行于多处理器计算机组成的现代计算机网络上。这是一项大工程，个人无法完成，需要团队合作，团队成员可以通过互联网沟通，借助互联网通信、网上研究论文等方式向团队以外借鉴专业知识。

我们 OpenCog 团队目前就在从事这项工作。许多其他研究团队也在进行这项工作。我认为强大的通用人工智能最终将这样被创造出来。

当然这并不是唯一的途径。精细的脑仿真技术或许会比我们抢先一步。我会将研究重心放在基于认知科学和计算机科学的综合方法上，因为我的大部分工作都依循这种方法，我认为这种方法在短时间内取得成功的可能性最大。但最终无论哪种技术先获得成功，都将促进另一种技术的发展。通过综合认知科学和计算机科学创造的通用人工智能将有助于揭开大脑之谜。通过脑仿真技术创造的通用人工智能可以开展原本无法在人脑中进行的各种实验，从而使我们开发出包含各种计算机科学成果的、与人脑关联不大的通用人工智能结构。

当然，上文提到的各个技术领域也都有其局限性。我认为目前我们快要接近各类学科发展到足以创造先进的通用人工智能的节点了。10 年前，创造先进的通用人工智能或许有可能，不过当时实施起来可能比较困难。而在 20 年前，要创造通用人工智能就只能说是奇迹了。10 年后，随着人们对其理解的深入，人们能够开发出更加先进的工具，那时要创造通用人工智能就更加容易了。20 年或 30 年后，通用人工智能可能成为中学的一门课程。

目前，计算机运行速度很快，内存容量很大，但多处理器和分布系统的编程软件却依旧是一大硬伤。10 年后，更加先进的软件库和算法将很容易解决这一问题。

目前，我们已建立了强大的算法和数据结构库，但单纯人工智能方面的算法和结构却需要我们自己建立。MATLAB 有助于创建神经网络，但要用一种新的结构创建可扩展的神经网络，就需要我们自己编写代码。你可以下载逻辑规则引擎用来创建推理引擎，但它们一般都规模不大，而且比较僵化死板。无论你偏爱哪种模式，都可能面临一个问题，那就是可用的代码库达不到"标准计算机科学"算法和数据结构需要的代码库水平。这种情况可能发生变化，最终会使比较复杂的人工智能系统操作起来和现在使用网站的后端数据库一样容易。

可喜的是，现在我们不需要耗巨资就可以在大学研究实验室用人形机器人做实验——这些机器人虽然很酷，但仍存在很多局限性。它们一走出室外就会摔倒（"大狗"机器人等可以在室外活动，但是它们并非人形机器人，而且手也不灵活、握不住东西，此外它们还有其他一些局限性）。它们的手也不够灵活。目前 Nao 机器人的摄像机眼睛视力还不算太好，不过你读到此文时这一问题可能已得到了解决。

目前已开发的视频游戏和虚拟世界远没有现实世界丰富多彩。虚拟世界没有材质，没有动态流体，没有垃圾，不会吐痰，没有花生酱——没有海洋！游戏世界中，当一个游戏角色捡起一个物品时，其实是这个角色手中预编程的一个隐形的"接口"与在物品中预编程的接口产生互动——这个过程不像人用手捡起物品或狗用嘴叼起一根棍子那样灵活自如。机器人仿真软件没有这一限制——但它运行得比较缓慢，也不可伸缩。目前还没有创建出大规模的可同时供多人使用的机器人模拟器。但可以肯定的是，将来这一点一定可以实现。

认知科学令人振奋、发展势头良好，但目前仍是理论强于实践。1991 年，我加入了一个非常有趣的研究小组，名为"混沌心理学学会"，致力于探索非线性动力学对智能的影响。目前这个小组依然存在，其中一个小分支主要围绕着弗雷德·亚伯拉罕（Fred Abraham）在佛蒙特举行的有趣的"冬季混沌会议"活动，仍保持着这个小组在 20 世纪 90 年代初那种革命精神。这个小组的核心理念之一是智力的许多重要特征不是静态而是动态的——系统动力学的复杂突发模式既不稳定，也不重复，更不随机，而是呈现出更加复杂的时间结构。目前已有越来越多的数据支持这一观点，但主流认知科学还没有认真考虑这一问题。

认知科学至今尚未与非线性动力学交叉融合，很大程度上是因为后者难以测量。目前的神经影像学工具还无法测量大脑中混沌因子的结构和相互作用，心理学实验室也很难就动力学现象开展实验。但随着神经影像学的发展，我们对大脑动力学的认识会逐步加深，认知科学的内容会更加丰富和深刻。

互联网促进了智力、科学和工程上的深度合作，目前来看，互联网在其他方面的功能都没有这么显著。在噪声中辨别信号有时并不是一件容易事，尽管我们目前不需高昂成本就可进行多人视频会议，面对面会议仍然有着较高的语义和情感接收度。布鲁塞尔自由大学的弗朗西斯·海利恩（Francis Heylighen）——随后我们会与他展开对话——正在研发一系列新技术，旨在加速互联网向更加智能的"全球大脑"的转化。这方面的研究发展很快，通用人工智能将从"全球大脑"和其他技术创新中获得发展动力。

随着所有相关领域的发展，通用人工智能研究会越来越容易。因此，如果我想让工作容易一些，我就会等待技术的基础设施成熟，然后开始研究通用人工智能，这可能需要等上好几年。当然，等到基础设施成熟了，其他人也可能捷足先登！

我为何要在乎别人是否会捷足先登？当然我也有自己的骄傲和雄心。自己所在的团队率先创造出通用人工智能的感觉一定很棒！这就好比埃德蒙·希拉里（Edmund Hilary）希望自己成为第一个攀上珠穆朗玛峰的人，当然仅从登山本身来说他也得到了很多快乐。不过我的顾虑是如果通用人工智能发展得太晚，人类面临的风险会更大。

如果我们能尽快创造出先进的通用人工智能，那么"年轻的"通用人工智能脱离人类控制或者被居心叵测的人利用开展大规模破坏活动的概率就会小得多。因为要将刚问世的通用人工智能用于破坏活动（现在或在不久的将来），需要使用许多复杂的、不方便移动的基础设施，同时还需要许多人的参与和配合。换个角度考虑，一旦人们研制出各种更加先进的技术，那么"年轻的"通用人工智能很可能会迅速进行很多破坏活动。考虑到这些问题，我认为我们最好能在各种"玩具"功能都还不够强大时，就将我们的通用人工智能"小宝贝"带到世界上。

为何通用人工智能方面的研究这么少

现在你可能会想：如果上面说的都是真的，我们很快将迎来通用人工智能革命，那为何通用人工智能不是这个价值万亿美元产业的研究重点？为何它不是麻省理工学院和加州理工学院规模最大、资金最充足的系别？

如果你年龄比较大或者对互联网的发展史比较熟悉，我们不妨回顾一下 20世纪 90 年代的情况。当时人们对互联网和万维网做过多少思考、进行过多少研究？跟地球上所有的能源和资源比起来几乎没有。但当时全世界已蓄势待发，现在回头看这一切顺理成章。这个世界常常后知后觉。令人振奋的是当这种显而易见却无人察觉的现象慢慢抬头，唤醒世界并咬到它的屁股时，世界瞬间就苏醒了。

因此，当通用人工智能最终来临时，世人对它将会喜闻乐见。过去 100 年来所有的科幻电影和电视节目，以及呈指数增长的科学发展将会使人类对能够合理利用通用人工智能做好充分准备。

就通用人工智能而言，许多历史和实际因素使得大部分人意识不到它的存在。人工智能理论家、企业家、未来主义者彼得·沃斯（Peter Voss）对这一情况做了充分总结。2002 年，他曾表示，人工智能领域的所有科学家和工程师中：

（1）有 80% 的人不相信"通用智能"这一概念（他们更倾向于使用"一系列专门技能和知识"这个说法）；

（2）相信"通用智能"概念的人当中，有 80% 不相信它会成真——即使成真，也是在极其遥远的未来；

（3）相信"通用智能"概念的人当中，有 80%是出于经济和学术政治角度考虑（可以很快做出成果）而在从事特定领域的人工智能研究；

（4）其余的人当中，80%的人的概念框架是错误的；

（5）在概念基本正确的前提下，几乎没有人拥有充分贯彻自己想法所需要的资源。

我认为彼得的观点比较中肯。当然 80%这一数字是粗略估计，其中的大多数概念在不同程度上都含糊不清。有趣的是，无论具体的百分比是多少，2002 年以来，这一数据都大幅下降了。相比于 2002 年，如今有更多人工智能研究人员相信通用人工智能是可以为之努力的目标，自己在有生之年可以见证它的诞生。参加通用人工智能会议的研究人员基本都不属于彼得列出的前两种情况。尽管通用人工智能的研究经费与其他研究领域相比较少，但过去 10 年中情况已大为改观。

作为一名通用人工智能研究人员，我个人认为，彼得列出的 5 条中，最棘手的是第 5 条。相信通用人工智能可行的大多数人工智能研究人员愿意皓首穷经从事此项研究，他们大部分时间都在研究特定领域的人工智能项目，这样才能获得研究经费。科研人员要吃饭，通用人工智能研究也需要计算机和程序员等。我是通用人工智能的坚定拥护者，我自己把一半时间花在通用人工智能研究上，把另一半时间花在弱人工智能项目上，后者保证我有收入还贷款，供孩子们读完大学。

弱人工智能的研究经费很多，比如谷歌和微软为基于人工智能的网络搜索和广告投放进行投资，军方为基于人工智能的情报分析和无人驾驶进行投资。相比于这种短期的、应用面较为狭窄的人工智能技术，通用人工智能的研究经费可以说非常有限。

事实上，从现实的商业角度来看，现阶段的通用人工智能研究顶多会有中期回报——它不可能让任何人的利润在下个季度就暴涨。人们可以尝试从弱人工智能向通用人工智能过渡，这也是创造先进的通用人工智能的一条可行途径，不过这绝不是最快、最便捷的方式，而且这与社会明确地斥资，进行大规模通用人工智能研究可能产生的结果不同。

通用人工智能研究经费少的原因不单在于其风险性——当今社会愿意投资各类有风险的科学和工程项目，比如人们会耗资数十亿美元投资粒子加速器、空间探测、人类和动物基因组测序、干细胞研究。如果这类项目能得到"重资科学"

级别的投资，为何通用人工智能研究会被排除在外？毕竟后者明显具有无穷的应用潜力。当然，通用人工智能也有潜在危险，但粒子物理学也明显存在潜在危险（研制出威力更强的炸弹可以说是很危险的），人类却并没有因此而止步。

任何一种社会现象背后都有错综复杂的动因，但通用人工智能研究资金流相对较少的主要原因很可能是早期人工智能研究人员未取得重大成果。20 世纪 60 年代的人工智能专家们声称至多用 10 年，他们就能制造出相当于人类水平的人工智能。他们错了——他们缺少必要的硬件，软件工具非常原始，他们对智能这一概念的理解也不够深入。他们当初犯了错，并不意味着当前的通用人工智能领域也是错的——后者受到了前者的牵连。

上文可以说是一个很有趣的比喻，20 世纪 90 年代几乎没有人宣传或投资网络。看看有哪些有识之士预见了网络的发展潜力——20 世纪 50 年代的万尼瓦尔·布什（Vannevar Bush）、20 世纪 60 年代的泰德·尼尔森（Ted Nelson）等。他们意识到计算机技术有发展出当今网络的潜力，甚至早在 20 世纪 70 年代，尼尔森就试图构建类似网络的东西，但当时的技术不足以支持他完成他的宏愿。从原则上讲，凭借当时的技术水平构建网络也不是不可能，不过其过程会极其艰辛——20 世纪 90 年代网络的问世，差不多是当时技术设施发展的水到渠成的结果。同理，在 20 世纪 60 年代，即便有人提出了构建相当于人类水平的通用人工智能的可行方案，但借助当时的软件和硬件工具，实施这个方案会极其困难。但如今，我们已经有了云计算、内存为太字节的多处理器计算机、强大的算法库和调试器，再加上非常成熟的认知科学理论，情况与那时已大不相同了。20 世纪 90 年代，网络的概念和技术条件已准备就绪，如今通用人工智能的发展条件也已充分具备。网络的传播速度几乎超过了所有人的预期——通用人工智能一旦问世，也必将势不可挡。

再打个比方，我认为通用人工智能的发展前景可分为两个阶段，即以"通用人工智能斯普特尼克[①]"事件为分界的前后两个阶段。

前苏联发射"斯普特尼克"，相当于向全世界传递了一个信号："哇！进入太空不仅是梦想，它是一个令人振奋的现实。人类探索太空的时代来了！"其结果是

---

① 前苏联发射的人类第一颗人造卫星"斯普特尼克"（Sputnik），它的发射成功给政治、军事、技术、科学领域带来了新的发展，也标志着人类航天时代的来临。

太空竞赛以及现代太空技术的崛起。

　　同理，有些通用人工智能研究团队将在未来的某个时候创造出能使世界觉醒的计算机程序或机器人，让世人惊呼："哇！真正聪明的人工智能不仅是希望，这是一个令人振奋的现实。人类创造智能机器的时代来了！"到那时，政府和企业界会全力支持先进的通用人工智能研究，通用人工智能的发展步伐会大大加快。通用人工智能造福人类、各国、各类企业的潜力显然是无穷的——要为这一领域争取大量研究经费，只需证明它在短期内是可以实现的即可。目前我们还无法证明，但我——以及许多其他通用人工智能研究人员——知道我们该如何去做……我能保证，这本书大多数读者在有生之年都能见证它的到来。

　　20 世纪 60 年代末 70 年代初，在"阿波罗"登月时代，包括我在内的每个美国小孩长大后都想成为一名宇航员。等到通用人工智能时代来临，每个小孩都会希望长大后成为一名通用人工智能研发人员——甚至是成为通用人工智能！

　　我相信我的 OpenCog 通用人工智能项目具备启动通用人工智能"斯普特尼克"事件的条件——也许是以视频游戏角色或者人形机器人的形式，它们能够就周边环境进行有意义的对话。设想一下自己与机器人交谈，这个机器人仿佛听得懂谈话内容——它知道自己在做什么，知道自己是谁，知道你是谁。那将是一种非常怪异，也非常奇妙的感觉。人们若产生了这种感觉，就会明白，人类即将迎来下一个重大飞跃。

　　在本书中我将简要谈一下 OpenCog 项目，但我的主要目的不是推销我自己的研究项目；相反，我会从整体上讨论通用人工智能技术，以及它的到来将给人类带来的更广义上的影响。关于创造通用人工智能的最佳技术途径，我的许多同事都有自己的看法。我的主要目的是：首先，告诉大家通用人工智能很可能很快就会到来，这将是个巨变，所有人都可能从中受益；其次，探究通用人工智能在哪些方面可以启发我们认识思维和智能的本质。

　　通用人工智能即将来临，很可能比你预想的还快，这将非常非常有趣……

第 4 章

励精十年，奇点可期

基于人类在过去的千百年间取得的所有重大技术进步来推算在不远的将来人类的各种核心技术趋势，文奇、库兹韦尔等人认为达到人类水平的通用人工智能即将来临，我们也有理由相信超级人工智能将比多数人预想的更早到来。

对未来的这种客观的、推理性的预测有其优点，值得鼓励。不过我认为也有必要从主观、心理层面去思考，以人文的角度对通用人工智能和奇点仔细考量；我们究竟想要什么，如果我们下定决心为之努力，将能够取得什么样的成绩。

2006 年的 TransVision 未来主义大会上，在名为"励精十年，奇点可期（如果我们真的努力去做）"（Ten Years to a Positive Singularity (If We Really Really Try)）的会谈中，我从上述角度提出了奇点和先进的通用人工智能的时间线问题。当时会议在芬兰赫尔辛基举行，我无法亲自到场，于是用视频发言——你如果感兴趣的话，可以上网查看。

那次会谈的主题是如果社会将投放于战争和电视节目的资金和注意力放在创造奇点上，结果将十分美好。2008 年秋，金融危机爆发后，我在另一个场合发表了一次类似的讲话，引述如下：

> 看看美国政府如何应对这次金融危机——突然间，他们能够这里筹到 10000 亿美元，那里筹到 10000 亿美元。如果将这笔巨资用于人工智能、机器人、寿命延长、纳米技术和量子计算呢？就目前情况来看，这听起来未免有些奇怪，但这完全合情合理。
>
> 如果奇点真的成为社会关注的焦点，我认为只需 10 年，甚至用不了 10 年就完全能够迎来奇点。
>
> 从现在起 10 年后就是 2020 年，如果从 2007 年（那次会谈举行的时间）算起，10 年后就是 2017 年，也就是现在起 7 年后。在众所

周知的库兹韦尔的 2045 年预言之前，人们觉得不管 10 年还是 7 年都不算短。为何会有这么大的差距呢？

库兹韦尔所言的 2045 年是猜测奇点"最可能来临的日期"。而"10 年后"则是在资金充足、各方协力的前提下对奇点最快可能到来的时间的猜测。因此，它们的意向是不同的。

我们认为库兹韦尔预测的 2045 年是根据目前发展趋势做出的合理推断，但我们也认为奇点到来的时间可能比这更早或更晚。

奇点为何会来得很迟呢？我们可以预设一些极端情况。万一恐怖分子用核武器摧毁世界的主要城市呢？万一反技术的宗教狂热分子接管各国政府呢？但是就算不发生这类极端事件，结果也可能是一样的。人类历史可能不会朝着大规模技术进步前进，而是走上一条截然不同的道路，并将发展重心放在战争、宗教等事务上。

或者（尽管我们认为可能性很小），我们可能会遇到一些意料之外的障碍。我们可能会发现，不管是通过分析神经科学数据还是创建智能系统，人脑都很难解开智能之谜。

受客观发展水平限制，摩尔定律①等所指的增速可能减缓，为多核结构设计软件可能非常困难；脑部扫描仪的更新速度也可能放缓。

另外，奇点如何才能更早来临呢？这需要正确的人将注意力集中在正确的事情上。

10 年迎来奇点之说始于一个著名的励志故事，主人公名为乔治·丹齐格（George Dantzig，与重金属歌手格伦·丹齐格无关！）。1939 年，丹齐格在加州大学伯克利分校攻读统计学博士学位。一天，他上课迟到，发现黑板上写着两道题，他以为这是家庭作业，就抄了下来，回家后开始解题。他觉得这些题目非常困难，但他下了很大功夫，最后解出来了，第二天将答案带到老师的办公室。原来，老师将这些题目写在黑板上是要向大家介绍这些"无解"的统计难题，实际上这两道题是世界数理统计学领域最棘手的两大未解难题。6 周后，丹齐格的教授让他准备一下

---

① 互联网 30 年发展历史的统计资料表明，互联网上的通信量大约每年要翻一番（"大约"是指每年增长 75%～150%），这被称为互联网的摩尔定律（Moore's Law）。

公开解答其中一道难题。最后，丹齐格将这些解答方案写入了自己的博士论文。

丹齐格坦言："如果当初我知道这些问题不是家庭作业而是统计学领域的两大未解难题，我很可能不会这么积极，很可能没有信心，也永远解不出它们。"

丹齐格解答出了这些难题是因为他相信它们能够被解答出来，他以为早就有人解出了这些难题。他当时仅把它们当作"家庭作业"，认为班里其他同学也在解答这些问题。

好胜心能给人无穷的力量。体育教练知道士气的力量，如果一支队伍连连获胜，他们每进行一场比赛就都想赢，而信心使他们获胜的机会更大。有信心的队伍不会在乎小失误，而如果一支队伍接连战败，每场比赛他们就都会担心出差错。一个失误就能让他们整场比赛士气低沉，这样更容易接连失误。

再举个例子，看一下"曼哈顿计划"（Manhattan Project）。美国人在德国人之前就想到要研制核武器。他们认为这是可能实现的，迫切想率先研制出核武器。遗憾的是，他们殚精竭虑研制的却是杀人武器。但是，无论你怎么看这个问题，曼哈顿计划中科学技术进步的速度都是不可思议的，如果美国科学家不是认为德国科学家已抢先一步，他们可能永远研制不出核武器，而从某种程度上说，他们研制的杀人武器推动了人类的进步。

十年后奇点将如何诞生

这种思考方式会让人对奇点到来的时间产生不同看法。如果我们不对奇点到来的时间加以预测呢？（也就是说，并不是从旁观者的角度客观审视这个世界可能会发生什么）如果我们像即将参赛的运动员、即将启动曼哈顿计划的科学家、把无解难题当作家庭作业的丹齐格那样思考奇点问题呢？如果我们已知 10 年后能够创造奇点呢？如果我们暂时假设我们能成功呢？

如果我们知道班里其他同学早已解出答案来了呢？

如果我们担心坏家伙会捷足先登呢？

基于上述假设，我们将采取哪些行动创造奇点呢？

依循这个思路，哪怕稍微往这方面考虑一下，你就会明白我们写这本书的原因。

其中一个明显的结论是——人工智能本来就是焦点。

看看当今盛行的未来主义技术吧：

- 纳米技术；
- 生物技术；
- 机器人技术；
- 人工智能。

那么，问题就是："哪些技术最可能在 10 年内使我们达到奇点？"

纳米技术、生物技术和机器人技术都在飞速发展，但它们都需要完成大量艰难的工程任务。

人工智能的研究也很艰难，但其工作性质相对柔和。创建人工智能只依赖人的智慧，不需要对物质和生物体进行费时费力的实验。

那么我们如何创建人工智能呢？主要有两种可能：

- 复制人脑；
- 创造比人脑更聪明的大脑。

以上两种方式似乎都可行，但第一种方式存在一个问题：复制人脑需要对其有非常深入的了解，而人类目前掌握的知识尚不足以实现这一点。生物学家十年后能揭开人脑的奥秘吗？很可能做不到，反正 5 年内是肯定做不到的。

因此，我们只剩下第二种选择——创造比人脑更聪明的大脑。利用目前掌握的所有知识，如计算机科学、认知科学、心灵哲学、数学、认知神经科学等，来研究如何创造思维机器。

如果就像我们认为的那样，这些在短时间内可以实现，那么为何不现在就研制比人聪明的人工智能呢？当然，研制思维机器需要很多努力，但制造汽车、火箭、电视机也需要很多努力，我们最终也设法办到了呀。

目前我们未能研制出真正的人工智能的主要原因是几乎没有人认真研究过这个问题，而且大多数从事这方面研究的人也没有看清其本质，这些导致这一问题更具争议性。

有些人想通过复制人脑创造人工智能，但正如我在上文中提到的，这必须要等到神经科学家揭开大脑的奥秘才行。试图利用人类目前掌握的非常有限的脑科学知识创造人工智能，显然必败无疑。目前我们尚不了解大脑如何呈现或处理抽象概念。神经网络人工智能很有趣，但它创造不出能达到人类水平的人工智能，这一点也在意料之中，毕竟神经网络的基础是人类对脑功能的狭隘的有限理解。

不考虑复制人脑的人工智能科学家几乎都犯了另一个错误，他们往往像计算机科学家那样思考问题。计算机科学好比数学，其最大特征是简洁、精练。你可能想要寻找优雅的、正式的解答方案，可能想找到简洁、精练的原理，一个结构，一个能解释各种不同事物的单一机制。现在理论物理学几乎就是如此。物理学家们正在寻找一种能解释宇宙中所有作用力的方程式。人工智能方面的大多数计算机科学家正在寻找能够解释人工智能各个方面问题的一种算法或数据结构。

但思维并不是这样运转的。数学的简洁会给人造成误解。人的思维并非秩序井然，这不光是进化的结果。人的思维之所以混乱，是因为智能在不得不处理有限的计算资源时，难免会呈现出混乱和异质性。

智能确实包含强大的、简洁的解决问题的能力，有些人在这方面可能优于其他人。不过我还遇到一些似乎一点都不具备这样能力的人。

但智能也包含各种解决专门问题的能力，如视觉、社交、肢体动作的学习、图案识别等。如果你想利用有限的计算资源创造智能，这种能力就必不可少。

马文·明斯基（Marvin Minsky）以社会这一概念做过隐喻。他表示思维如社会，各部门执行不同的智能活动，彼此相互合作。

但思维并不完全等同于社会。思维内部比社会的联系更加紧密。思维中那些专门识别和创建不同模式的各个部分需要密切合作，用共同的语言沟通，实现信息共享、活动同步。

最关键的是，思维需要关照自身，要反思、自省。人脑最关键的这两大专门智能都依赖于我们的一般智力。思维要想实现真正的智能，就必须像认识世界那样认识自身，并据此改造、提升自身。这就是"自我"的含义。

这让人联想到托马斯·梅岑格（Thomas Metzinger）所说的"现象自我"。所有人的头脑中都有一个"现象自我"。一种幻觉、一个完整的人。一个源于大脑内部的各类信息和动态的内部"自我"。这一幻觉是我们自身的重要部分。这种幻觉的形成过程是智能动力学的本质。

由于脑图的发展还不够充分，脑科学家还没弄明白自我是如何在大脑中形成的。

计算机科学家也不了解"自我"，因为这不是计算机科学方面的问题。当你将很多笼统的、专门的模式识别单元放在一起时，"自我"自然而然就会产生。这些单元生来就会合作，当你试图认知整个社会时，这些单元也会相互合作。

模式认知单元的具体算法和表现方式就是关于推理、观察、学习等活动的那些算法，它们是计算机科学的研究的焦点。它们非常重要，但并不是智能的本质。智能的本质是各部分协同工作产生"现象自我"。换言之，将一系列结构和过程串联成一个整体的系统，使这个系统能够认知自身的显著模式。不出意料的话，这还不是人工智能研究人员的研究重点。

在本文提及人工智能时，我将多次使用"模式"一词。一定程度上，这是受我的 The Hidden Pattern 一书的启发，该书试图解释宇宙中一切事物都是由模式构成的。这一观点不存在多少争议——库兹韦尔也自称是"模式主义者"。在模式主义者看来，你看到的周围的一切，你的一切所思所想实际上都是模式！

按照心理学和计算机科学领域其他思想家的理解，我们认为智能是在复杂环境实现复杂目标的能力。甚至复杂性自身也与模式有关。某物如果包含的模式太多就证明它是"复杂的"。

"思维"是用来有效识别模式的模式集合。最重要的是，思维需要识别出哪些行为模式最有可能实现其目标。

现象自我是一个非常宏大的模式，使思维真正智能的是其认知这种模式的能力，识别自身的现象自我。

奇点的研究经费堪比曼哈顿计划吗

"多久才能实现达到人类水平的人工智能"的探讨涉及一个更有趣的发现，即经费问题，以及对设想的巨额经费的分配问题。

调查中，我们使用曼哈顿计划作为参照之一，上文中我也以此做过参照——但事实上，我们不需要像曼哈顿计划那样殚精竭虑，就可以创造出迎来奇点所需的人工智能。从事 AGI-09 项目的许多研究人员认为，资金最高效的分配方式不是将其用于一整个项目，而是将其用于许多方向不同但彼此交叉的项目。

这从某种程度上反映出大多数受访者很可能认为自己略知（或非常了解）

实现通用人工智能的一条可行途径，并且担心模仿曼哈顿计划进行通用人工智能研究会走上歧途。但调查结果也反映了软件开发领域的现实情况。大多数软件开发方面的突破都是由小型团队完成的，几位非常聪明的人通过密切、不拘小节的合作就能完成这种突破。与软件工程相比，大型团队在硬件工程方面往往更有优势。

实现通用人工智能的核心技术突破很可能会由一个高度专门化的通用人工智能软件开发团队来完成。一旦取得这种突破，大批软件和硬件工程师就有了用武之地，可以采取下一步措施，不过这是后话。

因此，目前我们要创建通用人工智能，只需要为十几位研究人员争取到科研经费就行了。这样他们就能够花上 10 年（甚至用不了 10 年），潜心从事通用人工智能研究。

需要强调一点：我认为通用人工智能研究非常迫切，并不是因为我觉得某条研究途径非常可行。当然，我是 OpenCog 项目的铁杆粉丝，我也是该项目的创始人和主导者之一。过一会儿我会详细介绍这个项目。不过你不必因为赞成我提出的通过资助一些杰出团队来创造奇点的建议，就要认同 OpenCog 项目是最有可能实现通用人工智能的途径。

OpenCog 项目这条路即使行不通，也比资助 100 个研究团队，让他们各自从事研究，并指望其中一个取得突破的可能性要大。考虑到其他技术研究领域获得的资金和资源，让人意想不到的是，目前人们对通用人工智能领域的投资尚未达到如此大的规模（或许你读到此书的时候能够达到这个水平）。

保证奇点始终处于正轨

接下来我将主要讨论奇点及其性质问题。

显然，如果你能创造出比人类更加聪明的人工智能，那么几乎没有什么是不可能的。

或者至少等到那一天来临时，我们微不足道的人脑可能无法预测什么是可能的、什么是不可能的。人工智能一旦有了自我，有了超过人类的智力，就会开始自学、自行理解事物。

但是它的"正向性"如何呢？我们如何判断它会不会消灭我们？它会不会觉得我们人类的存在是个错误，并意图将我们改造成比较有用的东西？

当然，谁也不敢保证这不会发生。

这就好比谁也不敢保证明早一觉醒来不会突然发现自己的人生其实只是一个奇怪又漫长的梦。谁也不敢给人生打保票（抱歉，我道出了生活的真相）。

但是，如果我们对人工智能技术和人类社会进行理性分析，还是有办法避免灾难的。

人类的目标系统相当难预测，但软件大脑可能并非如此，因为人工智能的目标系统界定起来更加清晰且变动幅度小。人类有各式各样的目标，但这并不意味着人类无法创造出以服务人类及其自身为明确目标的人工智能。随后我们会探讨如何为这一目标下一个准确定义，但简而言之，人们也许可以选择将人工智能的目标定为弄清楚形形色色的人提出的各式各样的要求有何共性。

当然，这样做的风险是：等到通用人工智能稍微成熟一点，它就会改变自己的目标，尽管你为它编的程序里明确禁止它这样做。程序员们都知道自己编写的代码将带来的结果有时是无法预测的，但我们可以进行很多初步试验以了解其发生的概率。人们已设计了一些具体的通用人工智能方案，例如下文中将要讨论的GOLEM[①]（Genetically Organized Lifelike Electro Mechanics）方案，这些方案在设计之初就考虑了避免以后出现违背人类意志的异常状态。这一问题的最佳解决途径是实验科学结合数学理论，而不是靠纸上谈兵式的哲学思考。

十年后将迎来奇点吗

我们何时能够迎来达到人类水平甚至超过人类的通用人工智能？何时能够迎来奇点？对此无人知晓。库兹韦尔等人做出了一些具有参考价值的预测，但你我不是以旁观者的身份在分析历史趋势，而是在共同创造历史。这个问题的答案极其不确定，影响它的因素很多，但它最终将取决于我们采取的措施。

---

① Golem（魔像，假人，石人）是希伯莱传说中用黏土、石头或青铜制成的无生命的巨人，其被注入魔力后可行动，但无思考能力。

下文引述"奇点将至，超视未来"（Ten Years to The Singularity TransVision）会谈的结束语。

10 年能迎来奇点吗？

我敢保证吗？当然不能。

但我的确认为这是有可能的。

而且我知道：如果我们认为它不可能，它就真的不可能了。

如果我们认为它可能——秉持这一信念，想方设法为之努力——它就真的可能实现。这就是今天我想告诉各位的。

或许有很多方式可以在 10 年后创造奇点。我向大家介绍的是我最熟悉的人工智能途径。全世界有 60 亿人口，因此人们可能同时在尝试很多不同的方式。

但遗憾的是人类并不重视这类事情。人类为创造奇点付出的努力、投入的经费都少得可怜。我敢保证，奇点研究的全球预算总额比巧克力糖的预算还少——更不用说啤酒、电视、武器！

每每想到奇点，我的内心就无比激动——想到它可能在 10 年后到来我就更加振奋了。只有足够多的有识之士以正确的心态对待这一问题，奇点才可能迅速到来——他们不仅要假定奇点到来是完全可能的，还要竭尽全力促进其发展。

请铭记丹齐格和统计学未解难题的故事。或许奇点问题与此类似。或许超人类人工智能也与此类似。如果我们认为这些问题不是无法解决的，那么最后很可能会发现，即使我们人类如此愚蠢，也可以解决这些难题。

我在 OpenCog 项目工作时就持这种态度。奥布里·德·格里（Aubrey de Grey）也将这种态度带入了他的寿命延长研究。采取这种态度的人越多，我们进步的速度就越快。

我们人类是有趣的生物。我们已开发了各种科技，但本质上我们仍是来自非洲大草原的有趣的"小猴子"。我们一门心思都放在斗争、繁衍、进食等各种类似猿猴的行为上；但如果我们全力以赴，就能够创造出各种奇妙的事物——新思想、新方案、新宇宙以及那些我们意想不到的新事物。

第 5 章

何时能创造通用人工智能

——与特德·戈策尔（Ted Goertzel）和赛斯·鲍姆（Seth Baum）共同执笔

本章内容最初发表在《超人类主义杂志》（*H+ Magazine*）上，《技术预测与社会变革》（*Technological Forecasting and Social Change*）杂志刊登了篇幅更长、内容更专业的版本。

其他专家对库兹韦尔关于 2045 年左右人工智能将引发奇点的预测持何种态度？

各方众说纷纭，但一个有趣的数据点是我与父亲特德·戈策尔以及赛斯·鲍姆在 AGI-09 会议上做的一项调查。该会议于 2009 年 3 月在华盛顿特区召开，与会者都是通用人工智能领域的研究人员，会议的主题是"何时能够实现达到人类水平的人工智能？"

我们做的不是针对大量调查对象的粗浅调查，而是针对少数专家的深入调查，业内将之称为"专家启迪"。我们的调查样本显然算不上客观公正——就算不是全部参会的研究人员对通用人工智能在短期可能实现都持乐观态度，他们中的大多数也都持此观点。但尽管如此，征集诸位专家的观点，了解他们从哪些不同角度思考"何时能够实现达到人类水平的人工智能"这一问题也是非常有趣的。

对专家意见进行的两次早期调查

我们知道，此前围绕专家对通用人工智能前途的看法进行过两次调查。2006年，在 AI@50 会议上，我们对与会者进行了一场包含 7 个问题的问卷调查，其中 4 个问题彼此关系密切。当被问及"计算机何时能够模拟人类的所有智能"时，41% 的受访者认为"至少要 50 年"，还有 41% 的受访者认为"永远不可能"。

79%的受访者认为，如果在脑功能方面没有进一步发现，将不可能创造出精确的思维模式。因此，本次会议的参会者中，约 80%对人工智能发展速度问题持消极态度，约 20%持积极态度，这些数字基本可以代表人工智能领域内的普遍情况。其中 60%的与会者坚定地认为："人工智能研究应走学科交叉的道路，包括统筹统计学、机器学习、语言学、计算机科学、认知心理学、哲学以及生物学等学科。"最后，71%的与会者认为"统计/概率方法在揭示大脑工作原理方面最为精确"。

2007 年，未来主义企业家布鲁斯·克莱因（Bruce Klein）进行了一项在线调查，问题只有一个——"人工智能何时能够超越人类智能？"，这项调查共收到888 份答案。参加这份问卷的人都对人工智能持乐观态度，认为在 21 世纪下半叶能够创造出达到人类水平的人工智能。调查结果如图 5-1 所示。

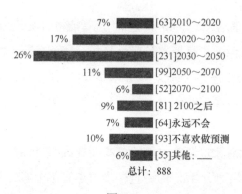

图 5-1

上述两份调查很有趣，因为调查结果都表明许多专家和相关人士都认为至少达到人类水平的通用人工智能将在几十年内实现。我们的研究则深入探究了通用人工智能专家们的想法，研究结果与上述调查类似，但对专家们的想法做了更为详细的介绍。

给专家们提出的问题

我们的第一组问题主要针对专家们认为人工智能何时能够达到 4 大里程碑事

件，即通过图灵测试^①、完成诺贝尔级难度的任务、通过三年级测试、变成超人类。我们选择了上述 4 个指标，希望能涵盖先进的通用智能的不同层次。

我们针对每一个指标都设计了两个问题——有或没有巨额经费，即共有 8 个问题。分成有或没有这两个问题，目的是要考察根据研究人员拥有的资源的不同，达到每项指标所花费的时间有何不同。问卷中列出的每年 1000 亿美元显然超过了通用人工智能研究实际获得的经费；这样做是为了保证问卷中假定的通用人工智能研究不会面临资金不足的问题。

（我们要求答卷人在 10%、25%、75% 和 90% 等置信区间给出一个估计值，以及他们认为最可能实现的日期，对此统计学极客们可能会感兴趣。我们在最后的报告中会公布这些具体数据，但在本书中，为简洁起见，我们仅提供估计值。）

我们的下一组问题涵盖 4 个主题。其中 3 个问题是关于第一代通用人工智能将具备哪些特征：它是具有物理实体还是虚拟的机器体，抑或仅仅是文本或语音的体现。有 8 个问题是关于第一代通用人工智能将建立在什么样的软件范式之上的：是形式神经网络、概率论、不确定性逻辑、进化学习、大型手工编码知识库、数学理论、非线性动力系统其中之一，还是多范式的综合方案。有 3 个问题是，如果第一代通用人工智能由一个开源项目、美国军方、一家私营软件公司开发成功，将会给人类带来极大危害的可能性。有两道判断题是关于量子计算和超级计算是否是通用人工智能研究必不可少的条件的。另外两道判断题是关于模仿人脑的通用人工智能在概念上或实际角度是否会具有人类意识。最后 14 道题是请专家们评估自己在以下领域的专业水平：认知科学、神经网络、概率论、不确定性逻辑、专家系统、伦理学理论、进化学习、量子理论、量子引力理论、机器人学、虚拟世界、软件工程、计算机硬件设计和认知神经科学。

我们将上述问题交给 21 位调查对象作答，他们有着不同的学术背景和经验，而且对通用人工智能都有自己的见地。其中 11 位来自学术界，包括 6 位博士生、4 位教师、1 位访问学者，专业背景都是人工智能及其相关领域。另外 10 位中，有 3 位独立人工智能研究机构的带头人，3 位信息技术机构的带头人，2 位供职于

---

① 参与测试时，几位调查对象认为该测试变量太多，担心其结果比较模糊。因此，他们指明了自己的答案所依据的测试变量。分发问卷时，有人建议将图灵测试持续"1 小时"而非"5 分钟"，因为后者持续时间太短，不具备通用智能的弱人工智能聊天机器人可能"歪打正着"地通过测试。

大公司的研究人员，1位人工智能领域非营利机构的高层管理人员，1位专利代理人。除了4名调查对象外，其余人员目前正积极从事人工智能研究。

专家对人工智能的时间预期

不出所料，调查结果表明大多数调查对象对通用人工智能的发展持乐观态度，不过也有少数人持悲观态度。值得注意的是，我们调查的所有专家（包括对通用人工智能发展持悲观态度的人）都认为几十年内实现某些人工智能指标的可能性至少为10%。

在不追加巨额投资的情况下，最理想的通用人工智能指标实现时间（估计值）如图5-2所示。图5-2中给出了在不追加经费的情况下，人工智能实现4个指标的时间：图灵测试（横线）、三年级测试（白色）、诺贝尔级难度的任务（深灰色）和超人能力（浅灰色）。

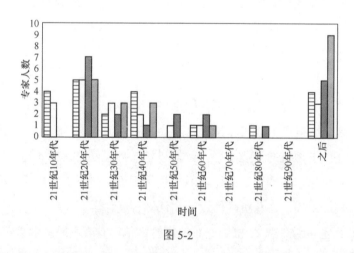

图 5-2

另一个有趣的结果是关于经费发挥的作用——假设为通用人工智能领域投入数十亿美元，将产生哪些影响。大多数专家预测，巨额投资将加快人工智能各项指标的实现。然而，对许多专家而言，有无巨额资金对实现指标的时间没有太大差别——差别只有几年而已。此外，还有几位专家预测巨额投资实际上会迟滞人工智能的发展速度。他们给出的一个原因是：经费这么多，"许多研究人员会把重心从研究工作转移到赚钱和行政工作上"。另一个原因是，"巨额经费会助长腐败，长此以往，会淹没掉不同的声音"。认为经费的作用微乎其微的人都觉得，通用人工智能的发展靠的是少数兢兢业业、能力突出的研究人员在理论研究上取得的突破，而这些突破与巨额经费没有多大关系。他们还表示，经费的分配可能不够合理。其中几位指出，只有深入了解哪些范式能够创造通用人工智能，才能对经费进行合理分配。但问题在于，要么人们目前对这一问题了解得不够深入，要么负责分配经费的人对此一窍不通。

由于对具体该选择哪种范式大家各执己见，有几位专家建议向采用不同研究方法的各团队分配适量经费，而不是将巨额经费分配给采用一种研究方法的"曼哈顿计划"式突击项目。还有几位专家表示巨额经费支持一个范式的做法曾有失败的先例，如日本的第五代计算机技术开发计划[①]。关于这一点，有人表示："相对于现实投资，通用人工智能更需要理论研究。"还有人表示："我认为研发通用人工智能面临的是工具的演化问题，而不仅是经费问题。通用人工智能使用的工具将是以前各种工具的升级版本。工具的演进是个漫长的过程，即便投入巨额经费、启动突击项目，这些工具的开发及其逐渐成熟仍然需要时间。"考虑到这些专家正是增加经费的最大受益者，因此他们的这种怀疑态度是非常诚恳的。

图 5-3 中给出了在追加经费的情况下，人工智能实现 4 个指标的时间：图灵测试（横线）、三年级测试（白色）、诺贝尔级难度的任务（深灰色）和超人能力（浅灰色）。

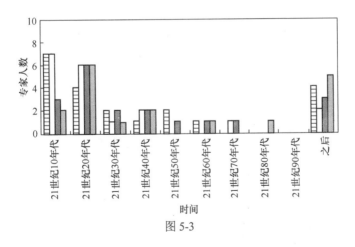

图 5-3

---

① 第五代计算机是把信息采集、存储、处理、通信同人工智能结合在一起的智能计算机系统。1981 年 10 月，日本首先向世界宣告开始研制第五代计算机，并于 1982 年 4 月制订了为期 10 年的"第五代计算机技术开发计划"，总投资为 1000 亿日元。

此次调查中，态度较为乐观者的意见高度一致，他们中的大多数认为2020—2040年实现各项指标的可能性非常大。16位专家认为2050年前就能通过图灵测试。13位专家认为2020—2060年将研制出超人类人工智能（其他人给出的时间比较晚，其中最早是2100年，最晚是"永远不可能"）。此次调查中持乐观态度的人与库兹韦尔意见相似，甚至比他还要乐观。

如上文所指出的，乐观是针对人工智能指标的实现时间。这并不意味着创造通用人工智能是一件好事。相反，人们可以一边对通用人工智能的研究进度持乐观态度，一边觉得它会给人类带来不良后果。事实上，有几位专家就持这种观点。下文将详细讨论专家们对"通用人工智能是否会带来不良影响"的看法。

何种达到人类水平的人工智能会率先问世

出人意料的是，对于4个指标中的哪个会率先实现，专家们的意见存在较大分歧。不过他们一致认为，超人类指标快则和其他指标同时实现，慢则最后一个实现。然而，关于其他3个指标的实现顺序，专家们的意见很不一致。一位专家认为，诺贝尔指标恰恰因为其复杂性反而是最容易实现的：人工智能要通过图灵测试，"必须巧妙地隐藏自身的一些优势"。另一位专家认为，人工智能要通过图灵测试，不仅需要达到完成诺贝尔级难度任务的智能，还要能够模仿许多人类的特征（不理性、不完美、各种情绪）。最后，一位专家指出，通过三年级测试的人工智能可能率先问世，因为通过测试可能仅需要在"自然语言处理方面取得进步，而不需要真的创造出和通过三年级测试的小孩一样聪明的人工智能"。这种分歧表明专家们对智能的理解非常复杂，涉及多个维度。或许人工智能研发的不同走向会导致各指标实现顺序的差异。顺序一事上的争议强调了一个事实，即专家们不认为第一代通用人工智能系统会亦步亦趋地模仿人类智能。模仿人类智能意味着使通用人工智能掌握诺贝尔级难度的科学知识比使其能够进行对话要耗费更长的时间。然而，如上所述，通用人工智能未必需要模仿人类智能，这也将会改变实现各项智能指标的顺序。

采用何种技术方法将首先实现达到人类水平的人工智能

我们的初步调查涉及了创建人工智能系统的 8 个技术方法——形式神经网络、概率论、不确定性逻辑、进化学习、大型手工编码知识库、数学理论、非线性动力系统、多范式的综合方案，还涉及这些技术方法在通用人工智能研究中发挥多大的作用，同时涉及机器人技术、虚拟代理控制、最小文本或语音特征在通用人工智能研发中发挥巨大作用的概率。

至于通用人工智能是实体机器人还是以其他形式出现，在认为是实体机器人的答案中，有可能性为 90%、94%、89%或 60%等多种观点，但平均可能性只有27%。认为机器人技术非常关键的几位专家都是比较乐观的。我们初步感觉到，少数几位专家坚信机器人技术对短期内创造通用人工智能必不可少，但其余专家则认为机器人技术不是研发通用人工智能必不可少的条件。

通用人工智能的影响

科幻小说中，智能计算机通常被描绘成人类危险的竞争对手，有时它们甚至试图将人类这种"低等"的生命形式给消灭掉。事实上，按照我们目前掌握的知识来看，这种可能性很难被排除，当然也不排除通用人工智能会造福人类的可能性。我们请专家们预测通用人工智能通过图灵测试后给人类带来不利影响的概率。问题分为 3 部分，分别涉及 3 种研发方式：开源项目、美国军方、专注于商业利益的私营企业。

针对这组问题，专家们普遍无法达成共识。有 4 位专家表示，无论研发主体是谁，通用人工智能给人类带来不利影响的概率都不到 20%。还有 4 位专家表示，无论研发主体是谁，通用人工智能给人类带来不利影响的概率都高于 60%。只有4 位专家认为由这 3 种研究主体完成的通用人工智能给人类带来不利影响的概率是一样的。其余专家认为不同研发主体完成的通用人工智能给人类带来不利影响的概率是不同的。有几位专家更担心通用人工智能本身的危险性，另外几位专家则更担心它会被人类滥用。

几位专家还指出通用人工智能除破坏性之外的其他潜在影响。一位专家预测："30 年后，医生、律师、科学家、程序员等几乎所有由专业人士从事的脑力劳动都将可能由计算机代劳，且它们收取的报酬极低。此外，有了通用人工智能之后，功能强大的机器人的成本会降低，进而极大减少体力劳动的成本。因此，通用人工智能可能会取代目前所有的高薪工作。"这将给人类带来困扰，但结果不一定是坏的。另一位专家认为："社会会接受、也会宣传人工智能是人类最伟大的发明这一观点，它能为每个人带来财富和健康，使每个人提前过上漫长而愉快的退休生活。"事实上，专家们的看法表明这些积极影响是进一步开展通用人工智能研究的核心动力。

调查结论

从最广义的层面来讲，我们的研究结果与上述两项研究一致。这 3 项研究都表明，许多相关人士都认为达到甚至超过人类水平的通用人工智能将于 21 世纪中期问世，甚至可能更早。由于我们的问题比较深入，我们挖掘的信息要比前两次研究要多，比如在通用人工智能指标的实现顺序、不同研发主体的安全性这两个方面，专家们的意见就有一定的分歧。专家们关于经费的建议（有几位专家建议适度增加经费，并将经费分配给不同的研究团体）也很有价值。

第6章

何为通用智能

2007 年，通用人工智能研究人员谢恩·莱格（Shane Legg）和马库斯·赫特（Marcus Hutter）从科学文献中搜集到了 70 多个对智能这一概念的不同定义，并据此写了一篇文章。最能反映他们以及大多数人观点的 10 个定义如下。

（1）"在我们看来，智能是一种基本能力，不管是缺乏智能还是智能发生变化，对我们的现实生活都至关重要。这种能力是一种判断力，又称决策力、行动力、主动精神，是一种适应环境的能力。"

——比内（A. Binet）

（2）"学习能力或总结经验的能力。"……

（3）"充分适应生活中各种新情况的能力。"

——品特（R. Pinter）

（4）"一个人因为已经学会或者能够学习调整自己适应环境而获得智能。"

——科尔文（S. S. Colvin）

（5）"我们应使用智能一词指代生物体解决新问题的能力。"

——宾汉姆（W. V. Bingham）

（6）"关于个人行动有针对性，思考问题比较理智，能够有效适应环境等能力的整体概念。"

——韦克斯勒（D. Wechsler）

（7）"个人在理解复杂概念，适应环境，总结经验并吸取教训，推理，想办法克服困难等方面能力不同。"

——美国心理学会（American Psychological Association）

（8）"我更喜欢称其为'成功智能'，因为这样重点就放在利用智能取得成功上了。因此我将其定义为在你所处的社会文化环境下实现目标的能力——人们的目标各不相同，有些人想取得好成绩，有些人想成为优秀的篮球运动员、女演员、音乐家。"

——斯滕伯格（R. J.Sternberg）

（9）"智能是人类内环境的一部分，在人与外部环境接触时执行认知功能。"

——斯诺（R. E. Snow）

（10）"使人能够适应并融入任何环境的某些认知能力，包括记忆、检索、问题解决等能力。有许多认知能力能使人成功适应各种环境。"

——赛蒙顿（D. K. Simonton）

上述所有定义说的大致是同一件事情，但不同的研究人员的侧重点不一样。这些定义最大的共同点是都强调学习、适应能力以及与外部环境的互动。智能和与环境互动的能力并不是互不相关的，而恰恰是从这种能力发展而来的。按照上述观点，智能都是建立在经验的基础之上的。真正的智能系统能够观察环境，识别问题，制定目标，然后设计、实施和测试解决方案。从这个意义上而言，仅仅能够就之前定义好的情境、问题和解决方案进行思考推理就不能算是功能强大的智能，比如象棋计算机。

正如莱格和赫特所说："智能不是适应熟悉的环境的能力，而是适应各种无法完全预料的情况的能力。"换言之，我们初步将其定义为"在复杂多变环境中，自主实现复杂目标的能力"。

值得注意的是，这些定义丝毫没有提及情感问题。智能不需要爱、生气或感到无聊的能力。同时，定义中的观察能力也故意被表述得含混。实现通用智能没有对视觉、听觉等具体的感官能力做具体要求，也不要求它具备人形躯体、机器人躯体或虚拟躯体。这种感官装置对于培养并保持某些智能（包括一些非常有价值或与人联系密切的智能）来说可能至关重要，但对于通用智能而言却并非必不可少。或许它所拥有的智能只能通过网页浏览器来"管中窥豹"，但从某种程度上讲，这种智能可能已经达到甚至超过了人类水平。

总的来说，目前人类对智能的抽象性和人类智能特性之间关系的理解仅停留在广义和概念层面。要充分理解这种关系很可能要等到通用人工智能和认知神经科学得到进一步发展——不过，我对此也做了一些思考，下文中将分享一些我的看法。

长期以来，"人工智能"中的"智能"一词缺少各方一致认可的定义，研究人员常常以此自嘲，也引发了外界的一些批评。但我一直认为这种批评有失公允。

毕竟，生物学领域缺少对"生命"一词的清晰定义，物理学领域缺少对"空间""时间""因"等概念的清晰定义。那又如何呢？有时一些基础概念无法准确定义，却能衍生出一些容易定义和衡量的概念。

一个有趣的定义是这样说的："智能就是任何人类可以做到而机器做不到的事情。"这句话多少有点道理。比如，多数人会说下象棋需要智能；但是，既然现在我们看到"深蓝"①借助一些简单的数学算法（而非模拟人类直觉或模仿人类策略）就能击败象棋大师，人们不禁要重新斟酌下象棋是否可算作智能，由此动摇之前对此深信不疑的看法。

还有一种讽刺意味略少的观点，认为人工智能研究已帮我们明确了智能这一概念的定义。人类掌握通用智能才能完成的各种活动（比如象棋、导航、医疗诊断、网络搜索），用简单的专门算法就可以完成——起初人们**并未意识到**这一事实，它是人工智能领域的一大重要发现。同样，起初人们也未意识到类似的一些简单算法**不能**用来把对现实世界的大致了解转换成某些具体问题的解决办法，人工智能领域在过去 50 年才发现了这一点。因此，目前进行的人工智能研究工作不仅创造了许多非常有用的、专门的人工智能程序，还让我们了解了人工智能的性质及其与计算机技术的关系。我们了解到的其中重要一点是通用人工智能研究的一个核心领域是整合情境知识，提供问题解决方案，着眼于解决狭义问题不是实现多功能人工智能的正确途径。

一些有识之士早在人工智能研究起步时就预见了上述一些问题，至少对其进行过粗略描述。20 世纪 50 年代起，阿兰·图灵就在其经典论文中构想了现今使用的图灵测试——一种检验人类是否已创造出到达人类水平的人工智能的方法。图灵测试的基本原理是："编写在文本交流时能够模仿人类的计算机程序——任何人都会称之为智能。"图灵测试自然有其局限性，但它的确将重点放在了宏观层面，即要求理解概念而不是仅关注具体的任务或问题。图灵意识到人类智能的核心不在于某些聪明人在特定任务上做得比别人好，而在于具有人类共性的活动，如推理、学习、交流以及日常生活的方方面面。

事实上，如果人工智能能够与受过教育的人交谈几个小时，并使他们相信它

---

① 深蓝（Deep Blue）是美国 IBM 公司生产的一台超级国际象棋电脑，质量为 1270 千克，有 32 个大脑（微处理器），每秒钟可以计算 2 亿步。

是人类，那我就敢保证人工智能已达到了人类水平。换言之，我的确认为图灵测试是实现通用人工智能的"充分条件"，不过我不认为它是"必要条件"。我们很有可能能够研发出与人类丝毫不像的智能计算机系统，它无法像我们模仿狗、食蚁兽、鲨鱼那样模仿人类，但仍能够像人类一样智能，甚至超过人类。

另外，即使人工智能能够使部分测试者相信它是人类，也不代表我们在人类水平的人工智能研发上取得了部分成果——稍后我将对这一点进行详细介绍，并回顾一下与"聊天机器人"的一些对话，它们在没有真正理解语义的前提下就试图模仿人类谈话。因此，在目前人工智能整体水平偏低、与通用人工智能相差悬殊的情况下，这类小技巧不是给人工智能商（AI-Q）进行分级的理想方式。考虑到目前我们对通用人工智能的理解，即便排除图灵测试式交谈，对人工智能商分级的测试也很难实现。

总的来说，关于智能的定义，从上文提到的"在复杂环境中完成复杂目标"这一基本思想出发，我认为我想到了一个非常好的理论观点。稍后我会对此进行详细介绍，但我们任何人都没有为将来的通用人工智能提出一个好的智商测试方法。设计这样一个测试非常有趣，但我觉得要设计出有效的测试需要等到我们拥有一定规模的先进的、彼此相似的通用人工智能系统之后，接下来我们就能够研究这些系统，提取数据，指导我们创建通用人工智能的智能指标。人类的智商测试对开发这类测试的指导作用非常有限。毕竟人类智商测试在单一文化环境中效果还可以，但涉及不同文化时，其效果就不甚理想了。因此，面对和不同物种一样差异悬殊的计算机程序，我们还指望人类智商测试有什么效果呢？

从理论和实践层面定义通用智能

上文提到过搜集了 70 多个智能定义的两位研究人员——谢恩·莱格和马库斯·赫特，他们还写了一篇文章，针对通用智能提出了一个正式的数学理论。文中的公式略为复杂，但基本理念十分简洁。他们将环境模拟成与智能系统互动的事物，赋予其知觉和奖励，并接受它的各种行为。他们表示，一个系统的智能就是其在任何环境下获得奖励的能力。关键在于，这种环境由其复杂性进行"衡量"，因此在复杂的环境中将得到比在简单环境中更高的奖励得分。更关键的是，这种复杂性没有客观的衡量指标，因此他们的定义与选择何种复杂性量度有关[①]。

这些都是非常常见的概念，许多研究人员此前也表达过类似观点，例如，我（在 1993 年出版的 *The Structure of Intelligence* 一书中）和雷·索洛莫洛夫（Ray Solomonoff）在 20 世纪 60 年代都有过类似的表述。但莱格和赫特跨过了技术层面，着眼于智能层面；并且，他们结合赫特此前的研究，根据自己的定义证明存在一种具有高智能的计算机程序。唯一的问题是这个名为 AIXI 的程序需要无穷的计算能力才能运行。也存在一些用有限数量的计算能力就能运行的类 AIXI 程序，但要创建这些程序依然是不切实际的。马库斯·赫特和许多其他研究人员目前正在研究更具实际意义的类 AIXI 程序，目前他们已得出了一些有趣的算法和理论，但在建立先进的通用人工智能系统方面还没有实际突破。

2010 年我写过一篇文章，对他们的定义略做总结——详细介绍了复杂性权重、选择性地包含所需要的计算量、观察试图实现心中目标的系统而不是试图从环境中得到奖励的系统。我认为他们的研究有一定的技术价值，但未能彻底改变现状。这也体现了莱格和赫特研究方法的主要缺点——数学性太强，有些脱离智能系统的实际。

按照这种抽象的定义，人类和其他动物都不算非常智能。如果将我们放进一个任意的、高度复杂的环境中（从所有数学环境中进行选择），那么我们很可能无法采取一些非常聪明的行动，也过不上有价值的生活。或许，如果我们有充足的时间和资源的话，原则上我们能够适应任何复杂环境，例如，我们可以创造通用人工智能，帮我们弄懂如何使用环境，从而摆脱困境；但现实中，由于时间和空间有限，在任何与我们当前所处环境不同的新环境中，我们都可能把事情搞砸。

换言之，在所有数学环境中，我们的一般行为还不算非常智能；相反，这种行为在我们一直以来进化所处的一般环境中非常智能。我们是陆栖动物，非常善于拼凑固体物体；但如果把我们放入水中，让我们与流体接触，我们就会显得非常愚笨。人脑的 30% 用于处理视觉信号，因此如果把我们放在黑暗环境中，声呐成了辨认方向的最佳途径，那我们就变得更蠢了。我们非常不善于数学运算，只关注数学中可用于类比的方面，比如把问题类比成视觉（如几何）、语言（如逻辑、

---

① 严格来讲，与通用图灵机有关。对数学极客们而言，他们的定义根据环境的不同复杂性量度会呈指数性衰减，导致最复杂环境比其他环境得分高许多，这一属性并不可取。

代数)等我们更易理解的问题。人类慢慢进化到能够适应新石器时代 300 人以下的部落，但面对现代社会更大、更分散的社会网络，我们一下子就不知所措了。

你可能会好奇，我们的智能到底有多"通用"！但是，原则上说，如果有足够的时间和资源，我们几乎可以解决任何问题。无疑，我们的智能远比"深蓝"或老鼠涵盖的范围更广。

回到通用智能的形式理论，人们可以观察智能系统在哪些环境中善于实现目标，通过测量这些环境集合的熵（即其宽度或广度）来量化智能系统的"通用性"。在少数环境中非常善于实现目标的系统或许可以称得上聪明，但智能的通用性并不强；在各种环境中勉强善于实现目标的系统智能的通用性更强。与"深蓝"或老鼠相比，人类智能的类型更多，智能的通用性更强！老鼠虽是差劲的棋手，但其智能的通用性远超"深蓝"。

你可能会质疑为何自始至终我们都在强调奖励和目标。人类进行各种各样的活动，其中一些似乎与实现目标没什么联系，其中还有一些与短期或长期内得到奖励似乎也没什么联系。我们是复杂的自组织系统，行为方式丰富多彩。目标是我们有时候想要追求的事物，但我们的所有行为并不都是以目标为出发点的。尽管有时我们会追求短期或长期的奖励，但我们也会参与许多对自己和他人似乎都没有任何奖励的活动。但是，如果你想衡量或定义系统的智能性，最好还是利用一些目标。尽管一个系统进行的任何活动不一定都能体现智能性，但我们仍然可以通过测试它在复杂环境中能够实现何种复杂目标来衡量它的智能性；否则，我们将很难把智能与更加广泛的"自组织复杂性加环境"区分开来（后者也非常有趣、非常重要，但它是一个更加广义层面的概念）。

因此，当我们说建立通用人工智能的时候，我们讨论的多半是**建立一个原则上来说，有足够时间和资源，就能在任何环境下实现任何目标的系统；实际上，善于实现复杂目标，就好比类似人类的生物在以往及当下人类社会环境中生存、繁荣所需要实现的目标。**这个定义不够言简意赅，但实际上通用人工智能就是这么一回事。最终通用人工智能会不断扩展，着手建立更多类型的通用人工智能系统，呈现脱离人类历史、甚至为人类所无法理解的智能。

如此看来，通用人工智能的任务与人体、社会和环境的特性密切相关——有些杂乱、数学性不是很强，但事实就是如此。我认为，理想的通用人工智能理论好比一个从环境中创造智能系统的秘诀。你可以将智能系统需要处理的环境和目标放进这个理论中，然后它会针对你给出的环境和目标，告诉你在资源有限的情况下什么样的系统是智能的。遗憾的是，目前我们尚未建立起这样的理论——我曾尝试过，不过目前离成功还有一段距离。因此，我们需要借助一种更加直观的方法朝这个方向努力：从直观、跨学科角度理解类似人类水平的通用人工智能的环境和目标，整合我们现有的所有知识，弄明白如何创造能够处理这些环境和目标的通用人工智能。

不妨考虑一下认知心理学家认为的对人类智能和人脑运行至关重要的记忆类型。

- **陈述性记忆**：针对事实和信念。
- **程序性记忆**：针对做某事的实际的、常规性的知识（我们知道网球如何发球，怎样吸引女孩注意，怎样证明一条定理，尽管我们无法用语言准确描述究竟是如何做到的）。
- **感觉记忆**：回忆曾经的所思所为。
- **情境记忆**：针对生命中经历过的故事。

为何上述记忆对人类智能以及通用人工智能非常重要？原因在于人类所处的环境和目标。我们的身体意味着我们需要感觉记忆，我们的社会生活意味着我们需要情境记忆，我们用语言进行沟通的能力和习惯意味着我们需要陈述性记忆，我们在实践中学习以及利用实例表达信息的能力意味着我们需要程序性记忆。我们自身以及环境的特性意味着我们需要人脑的各种记忆。所以，必须为每种类型的记忆提供适当的学习机制——这一思路对设计通用人工智能意义重大。但对目前而言，其主要意义在于，智能系统认知结构的特性与其将应对的环境和目标的特性密切相关。智能的抽象概念是"在复杂环境中实现复杂目标"，这样就将它与现实世界中在做现实之事的智能系统联系起来了。

第 7 章

为何智能爆炸可能成真

目前建立超人类通用人工智能的道路可以分为两个阶段：第一个阶段，创造达到人类水平的通用人工智能；第二个阶段，在实现第一阶段的基础上朝未知领域发展。其中第二个阶段就是古德（I. J. Good）在 1965 年提到的"智能爆炸"，引述如下：

> 超智能机器就是远超所有人任何智力活动的机器。由于设计这种机器也是一种智力活动，超智能机器能够设计出更加智能的机器。毫无疑问，这样一来就会出现"智能爆炸"，人类智能将被远远地甩在后面。因此，人类只需设计一台超智能机器就足够了。

有些人可能会反对孤立地看待"智能爆炸"，而倾向于强调其连续性——不仅强调其与创造超人类通用人工智能的衔接，还强调其与生命起源伊始（甚至更早）地球上规模更大、耗时更长的智能"爆炸"的联系。尽管我认为这一宏观看法很有价值，但我更觉得按照古德的方式认清智能爆炸的单一特质非常重要。进化了的人类在无意识追求进化的过程中发明了工程设计，但工程设计与进化并不是一回事。人工智能的递归式自我完善与自然选择驱动的人类智能的演进，二者的特征是不同的。

我自己的研究工作旨在完成第一阶段，即"创造达到人类水平的通用人工智能"，不仅要使人类能够迅速从中受益，还要有利于向第二阶段过渡，即古德提出的"智能爆炸"。我向来觉得，一旦达到人类水平的通用人工智能实现了，古德所说的"智能爆炸"就会自然发生。不过，这场"爆炸"要花上数月（似乎不可能）、数年（好像很可能）、数十年（可能）还是数百年（在我看来，几乎不可能），目前尚不清楚。但数字化的、达到人类水平的通用人工智能分析、改善自身，使其通用智能呈指数级增长的潜力是显而易见的。要研究、改进人脑很难，因为它不是通过分析和改善形成的。人造系统的建构方式与此不同，有很多方式可以提升它。无疑，从人类水平的通用人工智能过渡到超人水平的通用人工智能面临很多困难，但这些困难与理解并改善人脑或者实现人类水平的通用人工智能性质完全不一样。

但不出所料，并非所有的未来主义思想家都认同古德的观点。怀疑者往往会列举一些哪怕人类水平通用人工智能实现，仍然会存在的限制"智能爆炸"发生的因素。2010 年，在讨论 Extropy 的邮件列表中，未来主义学家安德斯·桑德伯格（Anders Sandberg）就明确提出了一些限制因素：

> 参加关于智能爆炸的冬季智能研讨会时，让我大吃一惊的是有些人对人工智能、脑模拟集，以及经济的递归式自我改善的速度竟这么有信心。有些人认为这一速度比适应社会和进化要快（形成赢家通吃的局面），还有一些人认为多种超级智能出现的速度会非常慢。这一问题是关于奇点的许多关键问题的根源（一种还是多种超级智能？友善有多重要？）。
>
> 下列内容非常有趣：你认为影响智能自我提高速度的关键限制因素是什么？
>
> （1）经济增长率。
>
> （2）投资规模。
>
> （3）实证资料收集（实验、与环境互动）。
>
> （4）软件复杂性。
>
> （5）硬件需求与可用硬件。
>
> （6）带宽。
>
> （7）光速延时。
>
> 当然还有许多其他因素。但是其中哪一个才是最大的限制因素？而这又是如何衡量的呢？

安德斯提出这些问题之后，通用人工智能研究人员理查德·卢斯莫尔（Richard Loosemore）发文回应，详细解释为何他认为上述因素的影响都不严重。我非常认同理查德的观点，便问他能否稍加整理，写成文章发表在《超人类主义杂志》上，他欣然同意。后来他与我合作撰文，以他回应安德斯的邮件内容为基础，共同完成了题为"为何智能爆炸可能成真"（Why An Intelligence Explosion is Probable）的文章。

下文就是我与理查德一起合作的文章……

为何智能爆炸可能成真

——理查德·卢斯莫尔和本·戈策尔

本章原本是发表在《超人类主义杂志》上的一篇文章，开头部分参见上文列举的安德斯·桑德伯格提出的各种限制因素。

感谢桑德柏格提出这些问题，这些问题使我们能够在本文中就智能爆炸是否可能发生面临的种种质疑进行明确的反驳。我们旨在解释为何这些限制因素不会形成重大阻力，为何古德预言的智能爆炸很有可能成真。

智能爆炸的一大前提

首先，我们需要为论点划定范围和背景，尤其需要明确指出哪种智能系统能够导致智能爆炸。按照我们的理解，智能爆炸要发生需要一个绝对的前提条件，即通用人工智能聪明到足以理解自己的设计原理。事实上，我们为它定名"通用人工智能"，言下之意就是它能够理解自身，因为通用人工智能的定义就是它拥有广泛的智能，其中包括人类拥有的一切智能——届时，至少有一部分人能够理解通用人工智能的设计原理。

但人类之间彼此掌握的技能和知识也不同，因此要引发智能爆炸，通用人工智能就必须拥有非常先进的智能，使其能够分析和设想如何操控和改善智能系统的设计。并非所有人都能理解通用人工智能的设计原理，因此符合最低要求的通用人工智能（比如智能到能够胜任家庭勤杂工的系统）未必有能力从事通用人工智能实验研究。缺少后一种先进的通用人工智能，就不会发生智能爆炸，智能水平只会逐步提高，因为限制其发展速度的因素仍然是人类思考的深度和广度。

此处所说的全能型通用人工智能可称作"种子通用人工智能"，但我们更倾向于使用不那么引人注目的"能够理解自身的、相当于人类水平的通用人工智能"这一说法。这个术语虽然准确，但比较冗长，所以我们有时使用"第一代真正的通用人工智能"或"第一代通用人工智能"指代同一概念。事实上，这表明我们认为真正的通用人工智能必须能与人类智能的最高水平相匹敌，而不仅仅是符合最低标准。因此，"第一代通用人工智能"能够引发智能爆炸。

区分智能爆炸和智能蓄积

考虑到引发智能爆炸的前提条件是研制出能够理解自身、相当于人类水平的通用人工智能，能够将此前的准备工作（即第一代真正的通用人工智能研发、受训的阶段）算作智能爆炸的一部分吗？我们认为这样做是不恰当的，智能爆炸的真正起点应是合格的通用人工智能开始从事通用人工智能实验研究。这与其他人对智能爆炸一词的理解不同，但与古德最初的用法一致。因此，本文中我们的任务是要证明在能够理解自身、相当于人类水平的通用人工智能问世的前提下，为何发生智能爆炸的概率非常高。

之所以事先假设这一前提，是为了避免类似的关于这一前提能否实现的争论，甚至衍生出新的争论。而是否能够创造"种子"通用人工智能以及要花多久才能实现，这个问题的性质就不同了。2009 年的通用人工智能大会上，我们请与会专家做了问卷调查，调查结果发表在 2010 年《超人类主义杂志》刊登的一篇文章中。在那次样本显然不算公允的调查中，大多数专家认为人类在 21 世纪中叶将研制出这种通用人工智能，虽然也有许多专家认为其问世时间要比这个时间晚很多。

何为"爆炸"

要称得上"爆炸"，其规模要有多大？耗时要多久？速度要多快？

古德最初的定义考虑更多的是爆炸的起点而不是终点，也不是其程度，更不是其中后期的速度。他认为，短时间内达到人类水平的通用人工智能很可能发展成强大的超人类的通用人工智能，但他并未指出随后人工智能将不受限制地继续升级。我们和古德一样主要对从人类水平的通用人工智能过渡到比人类智能高出2~3个数量级的通用智能（即 100H 或 1000H，1H 表示人类的通用智能）进行研究。这不是因为我们怀疑在这之后智能爆炸能否延续，而是因为这对人类目前的智能水平而言太遥不可及。

我们认为如果通用人工智能要将其进行科技实验研究的能力提高到比人类发现新知识和发明的速度快上 100 倍甚至 1000 倍的水平，那样的世界要比现在紧张刺激得多。在 1000H 的世界中，通用人工智能科学家将能够利用高中物理知识一天内发现相对论（假设 1000 这个因数全部加在思维的速度上，对此稍后将详细讨论）。无论人类将来有多大提升，这都与纯粹的人类创造的世界有天壤之别。如果没有通用人工智能，未来的"爱因斯坦"似乎不可能一天早上醒来，第二天就能利用自己掌握的儿童水平的科学知识推导出相对论，所以通用人工智能的发展引发"智能爆炸"这一说法一点都不夸张。

不过究竟要多快才能称得上爆炸：第一代通用人工智能从 1H 过渡到 1000H用 100 年时间够吗？还是说只有速度更快才能称得上"智能爆炸"？

对此或许没有必要过早下结论。即使用上百年达到 1000H 的水平，也意味着世界将发生翻天覆地的变化。我们认为最简单的立场是：如果人类能够创造出可自发创造更高水平智能的智能，这就已经是了不起的飞跃了（因为目前我们只能创造智能为 1H 的机器人），所以哪怕这个过程相当缓慢，仍可称作"智能爆炸"。它可能算不上"宇宙大爆炸"，但至少这段时间智能将不断升级，最终形成一个 1000H 世界。

定义智能（或无须定义）

提到"智能爆炸"，首先要明确"智能"和"爆炸"分别是什么意思。因此值得思考的是，目前通用智能的衡量指标都不够精确、客观，未能突破人类智能范围。

然而，既然"智能爆炸"是一个定性概念，我们认为按照常识理解智能的性质就足够了。我们无须确切的衡量指标，就可以详细讨论桑德伯格提出的限制因素。我们认为智能爆炸能够创造远超人类的通用人工智能系统，就好比人类智能远超老鼠和蟑螂，但我们不会费力确定老鼠和蟑螂的智能究竟是什么水平。

智能爆炸的核心属性

对桑德伯格提出的具体因素进行详细分析之前，我们先对其做个简要介绍。

- 内在的不确定性。尽管我们竭尽全力去探究智能爆炸如何发生，但实际情况却是，它受到很多因素的相互影响，很难得出确切的结论。这是一个复杂系统，各种因素相互交织，哪怕最最微小的、出乎意料的因素最终也有可能阻碍或者触发智能爆炸。因此，这个问题存在很大的不确定性，我们的结论应避免绝对化。

- 普遍与特定的不同论证。关于智能爆炸能否发生，有两条思路：其一是基于普遍考虑，另一条思路则关注实现通用人工智能的特定途径。一位通用人工智能研究人员（如本文作者）可能认为他们了解创造通用人工智能的许多技术工作，凭此一点，他们就坚信智能爆炸可以实现。本文我们只讨论第一种相对不会引起争议的思路，暂不考虑个人对创造通用人工智能的影响因素的理解。

- "蝙蝠侠"情节。第一代能够理解自身、相当于人类水平的通用人工智能问世时，它不可能诞生于花园尽头的小棚子里一位与世隔绝的发明家之手。"孤独的发明者"（或"蝙蝠侠"）这样的剧情多半不现实。通信技术的进步促进了文化交流，技术发展与各方信息交流联系越来越密切。单枪匹马的发明家不可能将合作进行一个项目的多人团队远远甩在身后。考虑到现代技术发展的本质，这种艰难、耗时的项目不可能悄无声息地进行。

- 不被认可的发明。能够理解自身、达到人类水平的通用人工智能问世后，被束之高阁、无人问津似乎不太可能。通用人工智能不大可能会像电话或留声机刚问世时那样默默无闻。当今时代，实用性技术的发展广为传播，能获得大量的资金和人力投资。当然，目前通用人工智能因种种原因得到的投资相对较少，但功能强大的达到人类水平的通用人工智能一旦问世，情况可能就大不相同了。这直接关系到桑德伯格提出的经济因素。

- 硬件要求。第一代达到人类水平的通用人工智能对硬件的要求要么极高（如超级计算机水平），要么就极低。这种极端的分歧非常重要，因为短期内大规模生产世界级的超级计算机硬件并非易事。或许我们能够尽力生产数百台这样的机器，但几年内生产上百万台是不可能的。

- 智能 vs 速度。智能加速有两种方式：一是智能系统的速度加快（时间加速），二是思维机制的改进（"思想深度"增加）。显然，二者可以同时进行（可能互补），但后者似乎更难以实现，可能受制于一些我们并不了解的限制因素。另外，人们对硬件加速的研究已有很长时间，相比之下更加可靠。注意，这两种方式都能使"智能"增强，因为如果人的思维和创造力的运行速度比目前高出 100 倍，其功能也会更加强大。一般的通用人工智能系统很可能比狭隘地模仿人脑的智能系统能更加充分地利用硬件。即便事实并非如此，硬件加速仍然能够促进智能的极大提高。

- 公众认知。智能爆炸发生的方式很大程度上取决于第一代人类水平的、能够理解自身的通用人工智能问世后引发爆炸的速度。例如，假如第一代这种通用人工智能完成智能"翻倍"需要 5 年时间，这与用两个月的性质完全不同。例如，如果第一代通用人工智能需要配置有特别硬件的、造价极其昂贵的超级计算机，且其运行非常缓慢的话，用上 5 年时间是很有可能的。另外，如果第一代通用人工智能由开源软件和商用硬件设计制造，要实现智能翻倍只需增加硬件并对软件进行适当调整，那么这个过程两个月就足够了。在前一种情况下，在智能爆炸远超人类智能之前，政府、企业、个人有足够的适应时间。在后一种情况下，智能爆炸就会让人惊诧不已。但人类反应的巨大差异与引发智能爆炸的因素的微小差异相契合。

现在，准备工作已就绪，接下来我们就逐一讨论桑德伯格提出的限制因素。我们将简要解释为何这些因素不会成为重大阻力。其中任何一点都可详细展开，但本文旨在概述要点。

限制因素 1：经济增长率和可用投资

达到人类水平的、能够理解自身的通用人工智能系统的诞生必将对世界经济产生重大影响。通用人工智能诞生伊始，这些重大影响足以抵消任何经济增长率相关的限制因素。如果这类通用人工智能问世，拥有先进技术的国家的技术研发部门必将得到巨额投资。例如，当前日本的经济增长率趋于停滞，但功能强大的通用人工智能一旦问世，日本政府和企业必将投入巨额研发资金。

但即使不是出于经济压力而开发这项技术，国际竞争也是一大重要的刺激因素。如果通用人工智能发展到足以引发智能爆炸，各国政府会意识到这是一项重要技术，并会"抢在对手之前"，不遗余力地研发第一代全能型通用人工智能。整个国家经济也将以研发第一代超级智能机为目标，好比 20 世纪 60 年代的"阿波罗"计划。经济增长率不仅不会影响智能爆炸，届时智能爆炸还会对其产生决定性影响。

此外，一旦通用人工智能达到人类水平，将立即对各行各业产生重大影响。如果通用人工智能能够理解自身的设计原理，它就能理解并改进其他计算机软件，对软件行业产生革命性影响。由于目前美国市场上绝大多数金融交易都依赖计算机程序化交易系统，因此通用人工智能技术会迅速成为金融行业（通常是最先采用软件和人工智能新技术的行业）不可或缺的工具。它在军方和情报部门也将大有可为。因此，研发出达到人类水平的、能够理解自身的通用人工智能，并且合理分配巨额研发经费以率先研发更加智能的通用人工智能后，大量经费可能用于通用人工智能的实际应用领域，将间接推动其核心研究。

关于这一发展热潮如何进展的细节，尚无定论。但至少我们可以肯定，经济增长率和投资环境对通用人工智能研发并无重大影响。

不过，还有一个有趣的现象。此文撰文时期，全球通用人工智能投资与其他类型的科技投资相比十分微不足道。这种形势是否会无限期延续下去，导致进展缓慢、创造不出任何可行系统，甚至投资者都不相信能够创造出通用人工智能？

这很难判断。但作为通用人工智能研究人员，我们认为（显然主观性很强）"永久寒冬"这种可能性存在很多不确定性，未必可信。由于过去人工智能研究人员的不成熟的观点，如今很多投资者和投资机构对人工智能仍有偏见，不愿投资，不过形势早已开始改变。即使投资回暖无望，我们认为最终通用人工智能获得的投资未必比不上 20 世纪 90 年代末的互联网行业。此外，由于相关领域（计算机科学、程序设计语言、仿真环境、机器人技术、计算机硬件、神经科学、认知心理学等）的技术发展，研发先进的通用人工智能越来越不费力。因此，随着时间的推移，通用人工智能发展到足以引发智能爆炸程度所需的投资也会越来越少。

限制因素 2：实验过程以及环境交互本身节奏就很慢

之所以考虑这一因素，是因为任何能够引发智能爆炸的通用人工智能要想改进自身，都需要进行实验以及与环境互动。例如，如果它想在速度更快的硬件上运行（这很可能是智能增长最快的路径），就必须建立一个硬件研究实验室，通过实验收集新数据。由于受到实验技术的限制，该进展可能比较缓慢。

关键问题是：有多少研究可能因智能增加而加快速度？这一问题与并行化过程密切相关（就好比不能指望 9 个女人各怀孕 1 个月，就能像一位孕妇怀孕 9 个月那样生出孩子）。某些算法问题不可能因为处理能力提高就轻易解决；同理，某些关键实验也不可能因为做了一些类似的耗时较短的实验就加快速度。

对这一因素我们也不可能事先完全了解，因为有些实验看起来需要的是缓慢的基础性物理过程（例如为研究芯片制作原理而等待硅晶体生长），实际上可能取决于实验者的智能水平，这是我们事先无法预测的。通用人工智能可能不会等待芯片自然生长，而是通过进行一些精妙的小实验，以更快地获得实验信息。

越来越多的工作由纳米级工程来完成似乎证明了这一点，许多进展缓慢的工作流程目前利用纳米级技术可显著增速。而且通用人工智能很可能会加速纳米技术研究，进而形成"良性循环"，及通用人工智能和纳米研究相互促进[纳米技术先驱乔希·霍尔（Josh Hall）已预见了这一点]。当今的物理学理论甚至还包括非常奇特的飞米技术（femtotechnology），这表明现代科学领域的实验速度不存在绝对的限制。

显然，未来通用人工智能研发速度存在很大的不确定性。然而，有一种观点似乎消除了许多不确定性。决定实证科学研究速度的所有因素中，当今科学家的智能水平和思考速度无疑有举足轻重的影响。任何参与科技研发的人可能都会赞同以下观点：按照我们目前的技术水平，先进的研究项目能否成功，很大程度上取决于能否找到智商高、经验丰富的科学家。

如果因为科学家稀缺或者薪资高昂，世界各地的研究实验室就放弃原本想要解决的问题，那么有没有可能这些实验室同时也达到了实验速度所能进行的极限？很难相信人们会同时到达这两个限制因素的极限，因为它们似乎是相互关联的。如果实验速度和科学家这两大因素不相关，这就意味着即使科学家稀缺，仍然可以断定我们已经发现了所有可能的最快的实验技术，再无任何新颖独特的技术能够让我们克服实验速度的限制。但是，事实上我们有充分的理由相信，如果当前世界上的科学家数量加倍，那么其中一些科学家可能会发现新的实验方法，来超越目前的速度限制。否则，就只能说明我们非常巧合地同时达到了科学人才和数据收集速度的极限——这种巧合不太可能发生。

当前的形势似乎与传闻一致：各大公司抱怨研究人员薪资高昂且供不应求，但他们却不抱怨实验本身的进度过于缓慢。人们似乎普遍认为，增加研究人员就能找到让实验加速以及改进的方法。

因此，基于当前科学与工程的实际（以及知名的物理理论），似乎任何实验速度的极限都还遥不可及。我们尚未达到这些极限，也没有任何依据去推测这些局限具体在哪里。

总而言之，我们似乎很难相信存在一个基本的限制因素，能够阻止通用人工智能实现从 1H（人类水平的通用智能）到 1000H（举个例子）过渡的智能爆炸。即便没有大量通用人工智能系统的帮助，这个范围内的速度提升（比如说计算机硬件的速度）也是预料之中的，因此这些限制因素自身就不可能阻止通用人工智能从 1H 过渡到 1000 H，以实现智能爆炸。

限制因素 3：软件复杂度

这一因素说的是为了实现智能爆炸，通用人工智能必须开发的软件的复杂程度。其前提是，即使对能够理解自身的通用人工智能来说，升级自身软件一事也十分复杂，难以应付。

这似乎不能算作限制因素，因为通用人工智能可以将软件弃之不顾，转而开发运行速度更快的硬件。只要通用人工智能能够设法使其时钟速度加快千倍，就有可能实现智能爆炸。

如果你认为软件复杂度会阻止第一代人类水平、能够理解自身的通用人工智能的开发，那就是另外一回事了。软件复杂度可能会通过阻碍先导事件的发生而阻止智能爆炸，不过这个问题的性质不同。正如上文解释过的，当前分析的前提是通用人工智能能够实现。本文篇幅有限，在此不做赘述。

而且，如果通用人工智能系统能够像人类那样理解其自身的软件，它就能够对软件进行比人类所做的更加复杂的改进，因为在很多方面，数字计算机基础设施比人类的"湿件"（即人脑）更适合软件开发；而且通用人工智能软件可直接连接编程语言翻译器、形式认证系统和其他与编程有关的软件，这是人脑做不到的。这样一来，通用人工智能系统面临的软件复杂性问题就比人类程序员要小许多。但这不是关键问题，因为即便软件复杂度会给通用人工智能系统造成很大影响，我们还可以转而讨论如何加快时钟速度。

限制因素 4：硬件要求

上文中我们已经提到过，智能爆炸很大程度上取决于第一代通用人工智能是否需要大型的、世界级的超级计算机，或者是否需要更加小型的计算机。

这可能会影响智能爆炸的初始速度，因为人们能够复制多少第一代通用人工智能是一个非常关键的因素。这一点为何十分关键？因为复制先进的、经验丰富的通用人工智能系统的能力是智能爆炸最核心的问题之一。人类的智能不能通过复制成年技术人员而延续，因此每一代人都要从头开始发展智能。但如果通用人工智能在某一重要领域成为世界级专家，人类就可以对它进行任意次数的克隆，马上就能为其创造工作伙伴。

然而，如果第一代通用人工智能必须在超级计算机上运行，就很难实现大规模复制了，智能爆炸速度就会放缓，因为复制率在很大程度上决定了智能生产率。

不过，随着时间的推移，由于硬件成本下降，复制率会增加。这意味着高级别智能问世的速度会增加。这些高级别智能随后会被用来改善通用人工智能的设计（至少会增加新型、更快速硬件的生产率），这反过来又有助于提高智能生产率。

因此我们认为，就算第一代通用人工智能需要超级计算机软件，这也只会在智能爆炸的初始阶段对其产生抑制作用，智能爆炸终将来临。

另外，如果硬件要求不那么高（极有可能），智能爆炸将飞速发展。

限制因素 5：带宽

除了上文提到的对成熟的通用人工智能进行克隆，实现目前人类无法做到的知识复制，通用人工智能还可以利用高带宽信道进行交流。这是一种通用人工智能系统间带宽，是两种影响智能爆炸的带宽因素之一。

除了通用人工智能系统之间的交流速度，单一系统内也可能存在带宽限制，导致单一系统智能很难提高。这称为通用人工智能系统内带宽。

第一个因素（即系统间带宽）不可能对智能爆炸产生重大影响，因为许多研究问题可进一步细分，然后逐一解决。只有当我们发现在智能扩增项目进行时通用人工智能无所事事，我们才会注意到通用人工智能之间的带宽，因为它们已到达爆炸点，正等待其他通用人工智能与其交流。考虑到智能和运算的很多方面可以改进，这一想法似乎不太可能。

通用人工智能内部带宽的情况则不同。内部带宽成为限制因素的一种情况是，通用人工智能系统的工作记忆容量取决于系统中的一个关键组件是否需要彻底联通（任何事物都与其他事物相连）。这种情况下，由于带宽要求大幅增加，我们很难增加通用人工智能的工作记忆，对工作记忆设计的限制可能会严重影响系统的智能水平。

但是，我们应注意到，这些因素对智能爆炸的初始阶段不会产生影响，因为在带宽这一限制因素发挥作用之前，通用人工智能的时钟速度可能还会提高几个数量级的水平。其中主要原因是神经信号速度非常慢。如果仿人脑的通用人工智能系统（不必完全模仿人脑，只需复制人脑的高级功能）的构件拥有和神经元一样的处理能力和信号速度的话，这个通用人工智能的信息包的交换频率就是每毫秒一次。这一智能系统将有很大空间加快信号速度，提高智能水平。处理单元如果在其中发挥作用的话，也必须加快速度，但问题的重点是带宽并非关键问题。

限制因素 6：光速延时

此处我们需要考虑狭义相对论对宇宙中信息传输速度的影响。但就通用人工智能系统而言，它的影响与带宽的影响相差无几。

如果通用人工智能系统的构件彼此间隔较大，导致大量数据（假设）无法及时传输，这时光速延时就成为一个重要问题。但在智能爆炸初始阶段，它们似乎还不会产生影响。再次强调一下，这一观点源于我们对人脑的了解程度。我们知道大脑的硬件是由生物化学因素决定的。人体的绝大部分元素是碳，而不是硅和铜，因此大脑中没有电子芯片，只有充满液体的"小管道"和分子。但如果大自然只能选择离子通道这一方式，我们用硅和铜（尚且不算其他即将面世的更为奇特的计算基质）就能大幅加快信息传输速度了。我们只需为硅和铜制造传输膜去极波，如果这能使速度增加 1000 倍（保守估计，因为这两种信号本质不同），就将引发名副其实的智能爆炸。

这一推论在以下情况下不成立：出于某些原因，大脑同时受到两种限制，一方面与碳有关，另一方面与光速延时有关。这意味着在我们能够做到大幅加速之前，大脑中的非碳部分将会先面临光速限制的问题。这要求两种限制因素高度一致（以同样的水平同时发挥作用），我们认为这种可能性是非常小的，因为这将导致一种非常奇怪的现象：进化过程会分别试用生物神经元和硅，对二者的性能进行逐一对比后，再选择能够将信息传输效率提高到峰值的那一个。

限制因素 7：人类水平的智能可能要求量子（或者更奇特的）运算

最后我们来看一个桑德伯格没有提到，但公众、甚至科学文献中不时提起的限制因素。当代通用人工智能领域盛行的一个假设是人类水平的智能最终将在数字计算机上实现，但当前的物理学原理却表明，要在不严重减速的情况下模拟某些物理系统，需要"量子计算机"这种专门系统而不是普通的数字计算机。

目前尚无证据表明人脑是自然系统。当然人脑有专门的量子机制，但没有证据表明在与人类智能直接相关的层面存在量子相干性。事实上，当前的物理学表明这是不可能的，因为在类似人脑的系统中尚未发现量子相干性。此外，即便人脑在一定程度上依赖量子计算，也并不表示量子计算对人类水平的智能来说必不可少，因为针对同一个算法问题通常有多种方法。而且，即使量子计算对通用智能来说必不可少，它对智能爆炸的影响也非常有限，而相应的量子计算硬件已经研发问世了，研发这类硬件早已是研发领域的一大课题。

罗杰·彭罗斯（Roger Penrose）、斯图尔特·哈梅罗夫（Stuart Hameroff）以及其他几位研究人员表示，人类智能甚至还依赖"量子引力计算"，这比普通的量子计算功能更加强大。这完全是凭空猜测，在当前科学领域没有任何根据，所以不值得详细讨论。但一般来说，人们会像考虑上文提及的关于量子计算的观点那样对其进行思考。

从通用人工智能到智能爆炸的路径似乎已清晰可见

总之，我们对桑德伯格提出的限制因素进行相对详细的分析后，得出的结论是：目前我们有理由相信人类水平的、能够理解自身设计原理的通用人工智能问世后，智能爆炸会紧随其后。

此处"智能爆炸"的定义涉及思维速度（或许也包括"思维深度"）增加 2 ~ 3 个数量级。如果有人坚称真正的智能爆炸必须要智能增加百万倍或万亿倍，那么我们认为现阶段的分析无论如何也得不出合理的结论。但如果通用人工智能（智能值为 1000H）能够使未来 1000 年的新科技在一年内问世（假设物理实验的速度不算重要因素），倘若这还称不上智能爆炸，也未免过于苛刻。这样级别的智能爆炸将开启一个我们当前的科学、技术以及概念无法应对的新世界。因此，最好等到智能爆炸取得显著进展后再做下一步预测。

当然，就算上述分析正确无误，关于智能爆炸仍有很多未解之谜，我们知道究竟哪种通用人工智能系统会引发智能爆炸，才能了解个中详情。但我们认为，目前人们不应再质疑智能爆炸能够发生了。

第 8 章

通用人工智能面临的十大常见限制因素

本文最初刊登在《超人类主义杂志》上。

我听过很多所谓的通用人工智能无法研发或至少短时间内无法研发的原因。其中一些根本就不值得回应，不过有些确实比较合理，虽然我本人并不赞同。

下面来看一下通用人工智能比较常见的十大限制因素和我个人的观点。

量子计算的限制

观点：大脑是一个量子系统，其智能行为很大程度上有赖于各成分的宏观量子相干性。这样的话，在传统的数字计算机上模拟脑功能将非常困难（不过，原则上讲不是没有可能）。

我的看法：目前尚无证据证明这一点，而且这要求在宏观量子相干性方面出现革命性的进展。但这一说法并未完全违背当前的科学知识。

即便事实如此，也只能说明我们需要研发一种在量子计算机而非数字计算机上运行的通用人工智能。这将推迟通用人工智能的研发，但不会阻止其到来。

还要注意一点，即使大脑使用量子计算，也并不意味着通用人工智能需要这样，因为同一种功能往往有多种实现方法。

注意：众所周知，大脑在处理简单问题时能够利用各种量子现象，许多其他物理系统也是如此。这种显化宏观量子相干性的方式与利用量子计算机模拟大脑不一样。

超计算的限制

观点：大脑是一台超级计算机，通过计算体现其智能，传统计算机做不到这一点！（量子计算机也做不到，它们只是在特定功能方面比传统计算机的速度更快）。

众所周知，罗杰·彭罗斯和斯图尔特·哈梅罗夫曾假设大脑能够利用超计算的"量子引力计算"运作。不过，他们并未提出任何需要超计算的、具体的量子引力理论，也没有解释大脑功能的任何细节。

我的看法：不仅没有证据表明超计算会阻碍通用人工智能的研发，超计算的证据这一说法本身也存在概念问题。

任何有限的精度的有限数据集（即任何科学数据，这是当前或此前人们对科学知识的理解）皆可用某种数学模型进行解释。此外，没有一种超计算模型用三言两语或几个数学符号就能解释清楚。但是某种超计算模型可用来定性地解释神经数据，科学界会一致认为这是对神经数据最简洁的解释方式（尽管用有限的语言和数学符号也不能进行精确的解释）。但是这一推测相当奇怪，也没有任何证据可以证明。目前，人脑的这种超计算能力只是猜测，与对特定神经和心理现象的具体、详细的分析无关。

显然，这种时髦的猜测对通用人工智能的发展不构成威胁！

生物学特殊性的限制

观点：即使通用人工智能不需要量子计算或超计算，它也需要一种普通计算硬件无法实现（即使根据计算理论来说是有可能的）的专门计算结构。人们需要用某些模拟或化学计算机实现通用人工智能。

我的看法：这是有可能的。不过目前的神经科学文献，尤其是计算神经科学文献并无相关说法。神经科学家用能够在普通计算机上运行的微分方程模型为神经元建模。神经系统的其他细胞，如神经胶质细胞也可利用类似方式建模。亨利·马克拉姆（Henri Markram）和夸贝纳·波尔汉（Kwabena Boahen）以及其他许多计算神经科学家正在建立规模更大、性能更好的计算神经科学模型。事实上，他们最终可能会失败，因为科学充满不确定性，但截至目前，他们进展还算顺利。

复杂性的限制

观点：人脑是一个复杂的系统，各部分协同工作。目前尚无可行的方法可以经分析确定人脑的整体行为取决于各部分的行为，因为人脑是以进化指导的自组织方式创造出来的，往往会形成无法精确分析的复杂系统。因此，根据我们现有的工程方法无法设计、制造出类似人脑的复杂系统（不仅结构复杂，从复杂系统理论来看也非常复杂）。

根据这一观点，我们有可能实现对大脑的详细模拟，但前提是我们掌握了关于大脑和思维的完善的理论，明白模拟的重点是什么，这样才能智能地调整和测试系统。或许与大脑偏差较大的系统也能创造通用人工智能，但前提是我们开发出全新的复杂系统演进/制造方法。

通用人工智能研究人员理查德·卢斯莫尔（Richard Loosemore）一直支持这一观点，可参见他的"复杂认知系统宣言"（Complex Cognitive Systems Manifeso）。

我的看法：大脑确实非常复杂，但没那么复杂。我认为如果我们掌握了更先进的脑成像技术，能够获取更全面的脑成像资料，我们就能通过分析理解大脑。此外，大脑的复杂性中只有一部分对通用人工智能来说是必不可少的，另外一部分则是大脑在进化过程中意外形成的。通用人工智能所表现出来的复杂性可以设计得更为精确。

不过，将创造复杂系统的新方法与工程和人工进化结合起来，这一想法似乎很有趣，可能在创造通用人工智能过程中发挥作用。

自身难度及资源不足的限制

观点：尽管上述观点都站不住脚，以致巧妙利用数学、科学及工程原理就能创造通用人工智能，但通用人工智能依然未必能创造出来，因为**难度相当大**，而且社会也不愿在这上面花费很多资源。

我的看法：我认为这是有可能的，不过我正努力推翻这一说法。我的观点是：一旦某个通用人工智能项目研发的通用人工智能功能达到阈值，它就可以作为"通用人工智能斯普特尼克"引发世界广泛关注，进而获得经费投入。

此时问题就变成这个阈值是否太难而无法达到的问题。坦白说，我比大多数研究人员都乐观：我敢保证，大约 15 位优秀人工智能程序员，耗时四五年就能创造出智能水平相当于三四岁孩童的通用人工智能（参见 OpenCog Roadmap）。关键问题当然是合适的通用人工智能结构，我认为自己参与创建的 OpenCog 系统是个可行之选。

但抛开我的乐观不谈，更大的问题是，由于资源有限，某种通用人工智能斯普特尼克水平的成果能否实现。对此要注意一点：计算硬件的成本以及生产复杂软件的难度都逐年降低。如此看来，这一限制因素不能成立。

目标模糊的限制

观点：科学界对于"人类水平的通用人工智能"或者"超人类通用人工智能"尚无明确的、一致认可的定义。人们如果连自己在创造什么都不知道，又如何能创造成功呢？

我的看法："智能"是一个模糊的自然语言术语，没有唯一的明确的含义。谢恩·莱格（Shane Legg）和马库斯·赫特（Marcus Hutter）曾从数学角度为通用智能下过定义，我已将其发展成一个更加具有实际意义的形式理论。在通用人工智能领域并非所有人都认为这是最佳定义，但那又如何？关键是通用人工智能领域确实有具体可行的目标。

此外，实际目标无论如何也比形式目标有用。创造出一个通用人工智能，让它能够在斯坦福大学和普通学生一样读书并取得学位，或者能够从网络大学毕业，这个目标怎么样？这些就是通用人工智能研究领域的具体目标。如果该领域的研究人员没有朝着同一个目标努力，而是朝着彼此相关的不同目标努力，会怎么样呢？

这一观点存在的问题是，没有人能证明为何每个人都要朝着同一个目标努力。诚然，一个普遍认可的、清晰界定的目标很有针对性（我曾针对一个目标努力过，例如参与筹备 2009 年在诺克斯维尔田纳西大学举行的通用人工智能路线图研讨会），但何以见得必须如此？

意识的限制

观点：人类是有意识的，笔记本电脑似乎没有人类的意识。人类意识似乎和人类智能相关，因此，计算机永远不可能拥有人类的智能。

我的看法：哲学家就何谓意识尚未达成共识。此外哲学家也从未提出有力论点证明为何我们应当认为我们的朋友、妻子或孩子是有意识的（或者是唯我论①者）。所以在完备的意识理论诞生前，完全可以忽视关于通用人工智能的这种哲学意义上的限制因素。可以预见，将来我可以和一些通用人工智能机器人坐在咖啡厅，讨论谁有或谁没有意识这类古老的哲学问题。

这里对意识的看法有些泛心论②色彩——甚至认为宇宙中的一切在某种程度上都有意识，每种系统表现意识的形式不同。让人严重怀疑，就算我们按照人脑的结构和作用原理创造一个数字大脑，它是否会拥有和人类类似的意识。

自由意志的限制

观点：人类具有自由意志，不是按照既定指令运行的自动化机器；但计算机没有自由意志，它只是执行程序指令。人类的自由意志与其智能密切相关，因此计算机永远不可能拥有人类的智能。

这一观念有时与超计算有关，因为超计算比数字计算功能强大，人们认为其拥有一定的自由意志[比如塞尔默·布林斯乔德（Selmer Bringsjord）就持这种观点]。

我的看法：首先，认知神经科学已经证明人类的"自由意志"几乎是完全虚幻的。其次，人类实际上也无法完全操纵大型复杂计算机系统，因此我们的决定论③对通用人工智能并不完全适用（参见我关于传统系统建立的量子模型的博文）。

---

① 唯我论（solipsism）是认为世界的一切事物及他人均为"我"的表象或"我"的创造物的哲学观点。
② 泛心论（panpsychism）认为每一存在——准确地说，我们这个现实的宇宙中、自然中的每一个现实存在（actual entity）——皆具有其相应的主体性形式，这种主体性形式一般被我们称为"心智"（mind）或"体验"（experience）。
③ 决定论（又称拉普拉斯信条）是一种认为自然界和人类社会普遍存在客观规律和因果联系的理论和学说。

而大型复杂计算机系统与外部世界接触后就变得更加难以捉摸，任何通用人工智能都必将面对外部世界。

几乎难逃的厄运的限制

观点：即便我们能够创造通用人工智能，我们也不应这样做，因为一旦创造出来，它们就会将我们全部杀死，或者奴役我们，或者用我们做它们的电池，总之用各种方法折磨我们。

一些未来主义学者比如雨果·德·加里斯（Hugo de Garis）认为通用人工智能一定会消灭人类，但无论如何我们仍应该创造它，因为它很宏大、奇妙，是人类思维下一步的演进方向。

有一个观点与此类似，即我所说的"奇点研究所的威胁论"，SIAI 经常有人提到这一点，即任何先进的通用人工智能除非被设计成"友好型"，否则一定会将人类全部杀死。我曾为此撰写过一篇长博文指出没有人能理性而明确地证明这一点。

不可减少的不确定性的限制

观点：即使通用人工智能未必会杀死全人类，我们也不能排除这种可能。在创造通用人工智能的道德系统和整体工作原理时，无论我们多么谨小慎微，它依然可能做出我们意料之外的事情（很可能是不好的事情）。毕竟，我们怎么能准确预测与我们一样聪明（或许比我们还要聪明），却与我们完全不同的通用人工智能的所有活动呢？

我无法强烈反驳这一观点。我认为它基本上没错——确实存在不可减少的不确定性，通用人工智能项目非常激进，其后果无论好坏都难以预测。我认为我们能做的就是接受这种不确定性，尽力将其降至最低，使研发工作朝着积极的方向前进。我认为开发比人类智能水平更高的通用人工智能是大势所趋，人类无论如何都阻止不了。但是我们说不定——我是说说不定——能够使其朝着更加积极的方向发展。

第 9 章

创造通用人工智能的途径

本章和第 13 章是之前与好友斯蒂芬·弗拉迪米尔·布加吉（Stephan Vladimir Bugaj）合著的科普书 *The Path to Posthumanity* 中的部分内容的升级/改进版（我在那本书中初次涉足非技术性未来主义写作，虽然它没有大受欢迎，但其中一些内容真的很有价值）。关于创造通用人工智能的途径我有很多话想说，此前也写过很多文章，今后我还会继续撰文讨论。与我其他的非技术作品不同，本章会从比较宏观的历史维度介绍这个领域。

正如我在上面的简介中提到的，本书没有包含我自己在通用人工智能方面的工作的详细概述，我在之前的各种技术著作中已经描述过，目前这些内容集中在 OpenCog 开源通用人工智能平台上。我目前（2014 年年中）正在编写一本非技术性的书，名为 *Faster Than You Think*，这本书将涵盖这一领域。

本章以及接下来的一章介绍了通用人工智能领域的一些背景以及我自己在通用人工智能研究中的方法，但没有深入挖掘其中细节……

创造通用人工智能不是一个类似建造一架飞机或者设计一本书之类的狭义问题，它更像一个开放式的工作，比如"建造一架飞行器""建造一个传输语言信息的设备"或者"建造发电设备"。我们发明了气球、飞艇、直升机、飞机、滑翔机、火箭、航天飞机、弹射器（用以从舰船上弹射飞机升空），我们发明了纸质书、电子书、磁带和录像带等，我们发明了太阳能发电卫星、风车、水车、核裂变和核聚变、变废为气、化石燃料、燃料电池……每种飞行器或发电机的科学原理和工程实用性都有其特性，通用人工智能的研究方法也是如此。和上述各领域一样，尽管实现发明的方法很多，但在特定历史时期，根据当时已有的技术和科学知识水平，采取某些方法会更有效。

本章我将从宏观角度介绍不同科学家们为创造通用人工智能提出的主要方法

（既包括以前的，也包括现在的）。我不会对每种方法都展开讨论，其中比较宏观、有意思的方面仅做简要概述，我将重点介绍我认为近期内比较有发展前景的方法（有很多其他书籍介绍我所忽略的各种方法）。当然我不能确定自己的判断准确无误，但只有做出选择，才能有所行动。

首先，概括来说，至少有 4 种创造先进通用人工智能的方法：利用与连接弱人工智能，模拟人脑，通过人工生命演化出通用人工智能，以及运用现有的各种知识直接设计、创造通用人工智能。其中每种方法又包含许多小方法，这些方法存在显著差异。本书中我主要介绍第四种方法，偶尔也会提及模拟人脑的方法。但首先我会简要介绍另外两种方法，强调它们的优缺点，并解释为何它们不是尽快创造有益的通用人工智能的最佳方法。

首先要记住一点：尽管人们对于研究方法众说纷纭，通用人工智能研究人员对一些基本的哲学原理还是达成了一致。例如，通用人工智能领域基本都认为，本质上来说，思维与任何实际过程或结构都没有联系；相反，"思维"是对系统中成套组织方式和工作原理的概述，这些系统与一般的智能行为有关。人脑显然包含这些组织方式和工作原理，但计算机系统（或者鲸鱼的大脑、外星人的大脑）也可以包含这些内容。数字大脑除非细致地模仿人脑，否则不可能和人脑一模一样，但它仍有可能呈现许多和人脑相同的较高层次的结构和工作原理。分歧在于如何确定创造通用智能需要哪些"组织方式和工作原理"。

通过弱人工智能创造通用人工智能？

今天大多数人工智能项目都是"弱人工智能"——它们可以智能地执行特定任务。你可以试着将若干弱人工智能项目并入某个框架来创造通用人工智能。许多人认为这种方式是可取的，因为目前已经有一些不错的弱人工智能项目正在进行，如果我们将这方面投入的努力转移到通用人工智能研究，就能够节省很多时间和精力。另外，由于弱人工智能能够迅速创造商业价值，其开发得到了雄厚的资金支持。所以，如果能利用这种短期工作创造具有长远价值的通用人工智能，社会就能直接获得长远价值、将长远发展置于短期收益之上。那该多好啊！

遗憾的是，我对于这种创造通用人工智能的方式深表怀疑，主要是因为目前尚无任何弱人工智能项目能够跨越界线将各种智能整合在一起，而且目前人们也不知道要怎样整合或扩展这些弱人工智能项目，才能创造通用人工智能项目。总而言之，我认为这个方法从宏观角度看似乎可取，但越往深处探究，就越没有现实意义。看看目前的弱人工智能技术，比如谷歌、"深蓝"、信用卡诈骗罪检测系统、生物数据分析工具、定理证明助理等，便会觉得将它们结合起来，形成能达到人类水平的通用智能似乎太荒唐了。它们是如何获取常识性知识，如何获取掌握并改进这些知识的能力呢？

现有的各种弱人工智能系统呈现着各种截然不同的人工智能方法，但却并不包含一种能够体现出知识是什么、如何对知识进行推理的兼容性概念。而且，即使人们想改变底层算法使其具有兼容性，但仅仅将各种不相关的算法串联成处理渠道和互联网络，似乎也无法创造出通用智能。我认为，要想将各种弱人工智能程序智能地结合起来，需要一种功能强大的"集合器"部件来弄清楚如何恰当地结合各种弱人工智能，对它们的不符合要求之处进行查漏补缺。但这个"集合器"部件自身就要具有通用智能，所以人们实际上是在创造以各种弱人工智能为模块组件的通用人工智能，而不是组合弱人工智能以创造通用人工智能。于是问题就变成了弱人工智能在多大程度上可以支持创造通用人工智能。

不过上述各种说法并不意味着将弱人工智能算法整合成适应性框架没有优点，我确信这种复合型的弱人工智能系统可以是功能强大、应用广泛的。比如，你可以想象一个有趣又有用的聊天机器人，就像 2010 年苹果公司发布的"虚拟助手"聊天机器人 Siri[①]那样，它把各种简单、不那么智能的英语对话功能与弱人工智能算法结合起来，以满足特定需求，如进行旅行预约的弱人工智能、进行日历管理的弱人工智能，能够回答实际问题的弱人工智能。不过，与能够像人一样进行英语对话的通用人工智能相比，这种虚拟数字助手还相差甚远。

通过模拟人脑创造通用人工智能？

越来越多非常聪明严谨的神经科学家开始讨论通过模拟人脑创造通用人工智

---

① iPhone 4S 上的语音控制功能。

能。我认为这是一个令人着迷的重要方法，而且最终会奏效。我自己也曾花时间进行过相关研究。例如，我编辑了第一期 *Mind Uploading* 杂志（用数字化的方式复制人脑），我也曾为政府做过大脑模拟工作，这是我人工智能咨询业务的一部分。不过，现在我感觉人脑模拟不是创造通用人工智能最迅速或最佳的途径。

这一方法存在一个"小问题"：目前我们尚不知道大脑的工作原理，因为我们研究大脑的工具十分原始，人们甚至还在争论应该测量哪些理论模型。计算机科学家喜欢将人脑模拟成"形式神经网络"，其中主要的脑细胞神经元类似电动开关。计算神经科学家目前倾向于"脉冲神经网络"模型，它比前者更加复杂，研究的重点是神经元发出的实时电信号。但后来有几位神经科学家强调了"脉冲神经网络"之外各种现象的重要性（如树突–树突突触、尖峰方向性、胞外电荷扩散）。这些现象（目前尚不清楚它们是否真的重要）可以被纳入更加详细的计算模型中，但我们目前缺少数据，无法精确建立这种模型。问题是我们对人脑的工作原理知之甚少，这导致我们甚至不知道模仿人脑创造通用人工智能需要何种计算模型。

神经科学知识正在迅速增加，这是一个振奋人心的领域，我哪怕只是粗浅地涉猎，也感觉受益匪浅。功能磁共振成像（fMRI）和其他脑成像技术揭示了大脑不同区域分别进行何种思维活动，我们的低水平、局部神经活动模型也越来越精确。但是，对于知识在大脑中的呈现方式我们仍知之甚少，只了解一点感觉或运动知识。此外，复杂思维的动力学原理仍然是未解之谜。这些谜题终究会被解开，但需要脑成像技术取得重大突破，进而极大地提高全脑成像的时空准确性，我们目前能够创造的事物中尚未有过这样的准确性。这些成果最终会实现，但这并不是说"我们可以复制人脑来创造通用人工智能"，问题不能这样简单化。我们需要在脑成像技术取得革命性的突破之后，才能通过这种方式创造通用人工智能。有些人会觉得在这方面取得突破会比创造通用人工智能容易，但我不这样认为。就我个人而言，我觉得我了解如何创造通用人工智能，但我不知道如何革新脑成像技术！当然，有些研究人员的情况可能与我恰恰相反。坦白说，我们很难预测何时能取得突破。我反对的是一些未来主义学家提出的观点，即脑成像技术取得突破在本质上比通用人工智能研究取得突破更加简单、更加可预测。

而且与利用当前计算机的认知结构创造通用人工智能相比，严格模仿人脑创造的通用人工智能需要的计算资源似乎要多得多。神经系统在处理某些低级操作时效率很高，当前的计算机硬件在处理其他类型的低级操作时效率也很高。在当前的计算机上通过模仿神经元获得某种认知功能永远不如直接利用那台计算机实现认知功能效率高，因为采用神经系统的方式肯定需要一些不必要的处理能力并占用更多内存。

当然这种低效性并不会使利用模仿人脑创造通用人工智能这一方法失去可行性。升级计算能力的成本一直在快速下降，如果我们知道如何通过神经系统模拟创造通用人工智能，就会更有动力探究合适的软件策略以提高效率。我们也可以为人脑模拟创造定制硬件，以改变目前的硬件设计，提高人脑模拟的效率。这也许是可行的，但我们需要弄清楚何种水平的脑模拟能够引起认知现象，然后才能就此展开讨论。有几个研究小组早就开始制造"大脑芯片"，包括 IBM 公司的团队和斯坦福大学的团队。但目前尚不清楚这些大脑芯片是否足以模拟人脑。它们缺乏有效的机制来模拟与认知相关的神经现象（如定向脉冲、树树突触、胞外电荷扩散），或许这些对通用人工智能研发不那么重要，但现在我们还不得而知。

这一方法的另一个问题是，它即使成功了，也是创造出类似人脑的通用人工智能，不知道这算是缺陷还是特色。从科学角度而言，数字人类将非常有趣，但相比于用更加灵活的认知结构建立的数字大脑，数字人类仍有许多局限性。从道德和美学上讲，创造为人类服务的通用人工智能是一回事，而创造数字人类并使其愿意为人类服务是另一回事，这可能与人类动机和情感结构相冲突。此外，"权力腐败以及绝对的权力就是绝对的腐败"是对人类心理的描述，未必适用于所有的通用智能。一旦数字人脑成为现实，很可能会有人试图赋予其强大的力量，反乌托邦题材的科幻小说中反复提到过这一点。另外，未来主义学者安娜·萨拉蒙（Anna Salamon）和卡尔·舒尔曼（Carl Shulman）提出模拟人脑是创造通用人工智能最安全的方式，因为对人类的认知结构我们大体还能够理解（一旦我们能够创造数字人类，就会更加深入了解大脑的认知结构）。他们认为不用模拟人脑的方式创造通用人工智能，就好比从思想的空间框架中随机取样（尽管有一些复杂的统计偏好），而所选结构对人类友好的概率很小。对此我并不认同，因为我们可以使用比人类更加理性、更可预测、目标更明确的认知结构来创造通用人工智能。当然我们无法保证这种通用人工智能将实施何种行为，但我们同样无法保证数字人类将实施何种行为。显然，这种不确定性足以让理性、思想深刻的人类为此产生分歧。

有这样一种可能性：如果我们在创造出通用人工智能之前先创造出数字人类，通过对它进行实验，可以掌握很多关于大脑、思维以及人工智能的知识。用不了多久，通过对数字人类思维进行实验，我们就能进一步了解类似人脑的思维工作原理，并在一定程度上了解思维的普遍原理。因此，创造数字人类有助于创造不那么类似人类的通用人工智能。而反过来，智能水平很高的通用人工智能如果被设置来为人类服务，就很可能成为生物学家的好帮手，帮助他们扫描人脑，创造数字人类。

最后，需要将创造通用人工智能的人脑模拟与创造人工智能或通用人工智能的"神经网络"区别开来。计算机科学和数学领域的"神经结构"是形式结构，部分受到大脑中神经元网络的启发，但不会构成真正的神经模型。计算机科学家和数学家一般不会混淆这两个概念，但记者们却经常将二者弄混。

我任数学教授时，有一位刚从中国来到美国的同事，他的数学博士论文就是关于某种神经网络的。当我告诉他"神经"这个词指的是某些脑细胞时，他非常震惊。他的论文很优秀，证明了某些数学神经网络在某些方面的一些新奇的、重要的结果，但实际上，他的研究无法帮助他将他所研究的数学对象与生物学对应起来。他所研究的"神经网络"非常抽象，与生物学意义上的神经网络相去甚远，这样一来，他在论文中使用这一名称也就没有意义了，尽管它们的确是"广义神经网络系统"。

2009 年，IBM 公司的蒙德拉·莫达（Dharmendra Modha）研究团队的"计算机模拟猫脑"登上头条，人们开始关注形式神经网络是否是大脑模型。事实上，他们的实验是将与猫脑基本等量的神经元纳入一个形式神经网络模型。这并不是严格意义上的计算神经科学模拟，而是一种计算机科学风格的形式神经网络。此外，形式神经元之间的联结也由某些统计公式随机决定——他们没有模拟猫脑的联结结构，而是将猫脑模拟成了能够对猫的思维进行编码的神经网络。所以说：是的，IBM 的团队确实创造了在某种程度上或多或少接近猫脑的形式神经网络，但这种神经网络并不是严格模拟大脑构建的。

2011 年该团队宣布创造出"大脑芯片"雏形时，同样的质疑再次出现。此前就有人研制出类似的芯片，比如斯坦福大学的夸贝纳·波尔汉（Kwabena Boahen）研究团队，但这次的成果吸引的注意力自然更多，因为研发者是 IBM 公司。但从新闻报道的介绍来看，"大脑芯片"是对相对简单的形式神经网络模型的硬件实现。这非常有趣也很有价值，但大多数读到这条新闻的人都觉得这简直不可思议。

另外，2008 年杰拉尔德·埃德尔曼（Gerald Edelman）和尤金·艾基科维奇（Eugene Izhikevich）利用更具生物学意义的神经元模型，模拟统计学和大脑结构的现实联系，对人脑进行大规模的计算机模拟，而媒体几乎都没有注意到。他们模拟了许多性质与人脑类似的活动。这肯定不能算是通用人工智能系统，但的确是杰出的计算神经科学研究。IBM 并未参与其中，而埃德尔曼和艾基科维奇在公开宣布自己的成果这方面比较保守。

通过人工进化创造通用人工智能

人类和动物的智能都是进化来的，那么为何不尝试进化出通用人工智能呢？进化算法（即模拟自然选择的进化逻辑的软件程序）早就能够有效解决各种较为简单的问题了。"人工生命"软件程序就展示了在简单的模拟环境中简单数字生命的人工进化过程，如类似电子游戏的人工虫子或者从模拟"原始汤"中诞生的可以自我增殖的模拟 DNA 等。那么，为何不更进一步，运行某种计算机模拟的生态系统，然后在其中进化出模拟的通用智能生命体，通过模拟环境中的进化实现目标呢？

尽管这是一个有趣的研究方向，但这并不是当前创造通用人工智能的最佳方法，有几个原因可以说明这一点。首先，我们对进化的理解还不够充分。其次，准确模仿能够产生智能的丰富多样的生态系统所需的计算能力显然远高于准确模仿单一智能系统所需的计算能力。

有人可能会反驳上述观点，说或许我们不需要准确模拟生物进化，只需模拟某些广义的类似进化的过程就可以了，或许我们可以将其改造成有利于通用智能进化的过程，这样对计算的要求就没那么苛刻。乍看之下，这些反驳意见很合理，但我在"人工生命"类型模拟工作方面的亲身经历以及该领域的文献使我意识到，设计一个真正有效的模拟进化过程面临着巨大困难。截至目前，没有任何一种复杂程度较低的人工生命模拟能够引发一系列远超程序员预期的突发现象，比如新数字生命、新行为现象。

将模拟小虫子投放在人工环境中，它们在其中跑来跑去，为获得食物既竞争又合作，表现得比较恐慌，这非常有趣，但它们不会进化出新结构和行为，也不会变得更聪明，更不会进化成新的、无法预测的生命体。人工生命先驱汤姆·雷（Tom Ray）

从极为简单的人工生命基体上产生了类似 DNA 的复制行为，他的后续项目旨在证明多细胞的数字生命能够从单细胞的数字生命进化而来，但并未取得预期结果。

20 世纪 90 年代，我也从事过人工生命研究，从我的经验来看，要创造真正丰富、能够繁衍的人工生命需要的人工基础设施比目前已有的要复杂得多。在典型的人造生命应用中，人工生命是由人造基因组编码而成的，然后在人造世界里通过适应性进化来发展。但从基因组到生命（用生物学的术语来说是"从基因型到表型"）的映射关系被极度简化了。在真正的生命体中，这种影射关系包括各种复杂、神秘的过程，如蛋白质折叠（目前我们尚未完全理解）、时间与空间模式的形成、非线性动力学自组织以及各种信号传导方式。在基因型-表型映射关系中，哪些方面对于地球上发生过的进化过程的丰富性而言比较重要呢？

生物学上的基因型到表型的映射涉及许多化学问题，这对于进化能否形成与之前的生物体截然不同的新事物而言非常重要。这些新事物都必须始终遵循化学和物理定律，这些定律还决定了它们在地球表面的存在方式。因此，一些人工生命研究者开始从事"人工化学"研究，试图在此基础上发展人工生物学，但似乎没有哪种人工化学像真正的化学那样具有灵活多样的衍生能力。要催生出在模拟的地球环境下完成通用智能进化的生物学，需要化学的哪些方面发挥作用呢？

此外，化学的力量和特性来自物理学，于是问题就变成了在适当的时间、空间和物质条件下，物理学的哪些方面能够形成可完成智能进化的生物学的化学？我认为不需要从亚原子层面模拟物理学，就可以模拟与真正生物学拥有相同灵活性和繁殖力的人工生命。我感觉一些非常抽象的、精心设计的人工化学就可以完成这个任务。然而，我的主要观点是其中涉及一些非常深入的且尚无定论的研究问题。

就大脑模拟而言，我并不是反对将人工生命作为一个研究领域——我认为这是一个非常精彩的领域，人们应当从事这方面研究！相对于社会在毫无意义的事物上耗费的时间和精力，我希望所有这些研究领域都能得到更多研究经费。我坚信利用人脑模拟创造通用人工智能是可行的，虽然我认为先利用其他途径创造出通用人工智能，然后在此基础上发展人脑模拟的可能性更大，因为脑成像技术不可能迅速取得突破性进展。我认为，即便工程和人脑模拟都已实现，利用人工生命最终能否创造出通用人工智能也值得怀疑。我猜通过人工生命来创造通用人工智能终将实现，只不过可能到那时，工程设计和人脑模拟两种方法早已成功实现了通用人工智能，因为创造一个大型人工生态系统所需的计算能力将会非常可观。我怀疑"通过连接弱人工智能创造通用人工智能"最终能否成功，不过这个过程可能创造出许多非常有趣的硬件和软件。

有效的老式人工智能

我所说的"符号人工智能"有时指的是有效的老式人工智能（GOFAI），至少最简洁经典形式的符号人工智能是如此。GOFAI 系统的规则与数学定理和文法规则类似，但 GOFAI 系统的成分不是代数变量或词性，而是概念。GOFAI 系统能够将规则联系到一起得出恰当结论，从而解决问题（结论表现为问题的答案，或为实现给定目标必须采取的一系列行动等）。

以前非常流行一种符号人工智能系统——"专家系统"，它使用的是专家们为体现专业学科知识而明确编码的规则。下面是经典医学专家系统 MYCIN 常用规则，从中我们可以看出这类人工智能的具体内涵。

若

（1）生物体的染色反应证明其为革兰阴性菌且

（2）生物体的形态是杆状且

（3）生物体是需氧性的

则

这种生物体很有可能（0.8）属于肠杆菌科

这一规则在专家系统内部不是用英语（中文）表述的，而是用数学语言，但它可以为人类打印出英文（中文）版。

下面是人与使用上述规则的医学专家系统的互动实例。

患者信息

（1）患者姓名

PT538

（2）年龄

（3）性别

男

诊断

（6）请在表中输入结果

SITE CULTURE# DATE EXAMINED

CSF 1234 30.1 YES

（10）你是否怀疑 PT538 可能在你尚未取样的部位有感染？

否

（15）PT538 近期是否有医生曾记录在案的异常神经病学症状（如癫痫、昏迷）？

是

病因或许和脑膜炎有关。

病因

（17）PT538 的胸部 X 射线检查是否出现异常？

否

（18）PT538 近期是否接触过传染病？

否

（27）请在表中输入 CSF 结果

WBC %PMN Protein CSFglucose Periph-glucose

100 99 280 5 未知

（35）脑膜炎是院内感染吗？

是

（39）PT538 是烧伤病人吗？

是

我已找到证据（545、557 号规则）证明治疗应包括大肠杆菌引起的脑膜炎

我已找到证据（545、557、578 号规则）证明治疗应包括铜绿假单胞菌引起的脑膜炎

我已找到证据（545、557、578 号规则）证明治疗应包括克雷白氏杆菌引起的脑膜炎

我已找到证据（507号规则）证明治疗应包括肺炎双球菌引起的脑膜炎

治疗

治疗需要考虑下列感染和相关微生物。

脑膜炎

    <项目1>大肠杆菌

    <项目2>铜绿假单胞菌

    <项目3>克雷白氏杆菌

    <项目4>肺炎双球菌

（41）PT538对抗菌剂是否有过敏反应？

否

（43）PT538的体重（公斤）

70

建议1

我建议的治疗方案如下。

为同时涵盖<项目1><项目2><项目3><项目4>

综合下列疗法：

（1）氨苄西林（AMPICILLIN）

剂量 3.5克 每4小时静注

（2）正大霉素（GENTAMYCIN）

剂量 119毫克 每8小时静注

由于高浓度的青霉素能够使氨基糖苷类（aminoglycosides）失活，不要将这两种抗生素放入同一个静脉注射瓶。

这一切都让人耳目一新，而且非常有用。从通用人工智能角度来看，这一方法的不足之处是这个专家系统并不理解"剂量"或"氨苄西林"等术语的含义，而只是把它们当作人类编码的规则当中的符号。

专家系统在某些领域可以大有作为，MYCIN等医学专家系统就是一例。实验证明，它们在诊断疾病方面超过了许多医师。当然这样的专家系统无法判断病人对自己的症状是否说谎或判断错误，但实际上，大多数医生对此也无法判断。专家系统了解症状后会利用规则判断症状的起因。当然，系统也不了解自己使用的规则，因为规则是由人编码的。但是，大多数医生也不了解自己使用的诊断规则，至少他们不是从自己经验中推导得出的，而只是从教科书和老师那里学来，然后背过。

斯坦福大学 20 世纪 70 年代初研发出 MYCIN 系统时，利用人工智能系统诊断疾病还是一个相当激进的想法。如今，很多网站都提供诊断服务，网站上有若干页面，每一页有许多关于症状的选项，你只需点击选择自己的症状，最后网站就能判断出你是哪里出了问题。所以，现在没有人觉得用计算机程序诊断疾病、开具药方不可思议了。事实上，即使（在某些情况下）它们与 MYCIN 系统做的基本是同样的事情，我们也一般认为这些网站不属于人工智能，只把它们看作有用的计算机软件。

专家系统是典型的弱人工智能系统，其任务非常明确，并且在有些情况下完成得相当出色。但是它并不了解自己的工作环境，因此它在通用智能方面有很大局限性。如果发现一种新型疾病，除非有人为专家系统更新规则库，否则它将无法应对。

GOFAI 升级：SOAR

现代符号人工智能系统早已超越了早期的专家系统（或许最了不起的专家系统是诞生于 1983 年的 SOAR），此后它不断发展，在不同抽象层次上采用手工编码的专家规则，但它将这些规则包装在一个模仿人类心理的、非常复杂的认知结构中。各种实验室实验都用 SOAR 来模拟人类心理行为，同时它也被用来执行各种实际任务。或许最了不起的 SOAR 应用是 TacAir，它能模拟人类战斗机飞行员的行为，其原理是利用手动编码的规则来描述飞行员在不同情境下的知识和行为。

TacAir-Soar 是一个飞行模拟器，能够执行美国海军、空军和海军陆战队为任何固定机翼制订的常规飞行模式。它能够分清目标的轻重缓急，做出决策，执行自身指令。比如，假设模拟飞机起飞，当前的目标任务是侦查。假设执行任务中途遇到敌军战斗机向其发射导弹，它不会继续前进，而是重新权衡任务，使躲避导弹袭击优先于继续侦查。成功躲避导弹后，它会寻找敌军战斗机，决定下一步行动：若敌机距离太远，则忽略它；否则就与敌军战机交战，将其击落。此外，它还能接收英语语言指令。它基本不会学习，执行这次任务的经历并不会使其将来执行类似任务时表现得更加出色。但它的功能十分强大，它不需要像 SOAR 那样复杂的软件结构，就能够执行在标准软件应用中难以完成的复杂动力行为。

　　SOAR 认知结构图。"产出"是与专家规则类似的正式规则术语，"组块"指整合现有规则形成新规则。

SOAR 共有 3 位创始人，我与其中两位相熟，即约翰·莱尔德（John Laird）和保罗·罗森布鲁姆（Paul Rosenbloom），他们都是非常严谨的通用人工智能思想家。他们都不认为自己的研究已经非常接近通用人工智能，但（这里我仅粗略地概括一下别人的观点）他们觉得目前的研究在将来能够创造出通用人工智能——即使自己有生之年无法实现，沿着这条研究道路走下去的后人也终将实现。目前，莱尔德仍在积极从事 SOAR 开发，而罗森布鲁姆正在利用因子图这一数学结构开发人工智能研究的新方法，他在名为 Sigma 的交替认知结构中也曾使用过 SOAR。Sigma 与 SOAR 有许多相似之处，但也存在一些巨大差异，尤其是它将概率知识作为其中心内容。

莱尔德同 SOAR 领域的其他人一样，也深知 SOAR 的局限性，例如，它不会学习，不会处理复杂微妙的不确定性，也不会处理大规模的感觉运动数据等。但是 SOAR 的基本原理是：如果核心认知结构正确，则其他方面无须做重大改动就能嵌入其中。罗森布鲁姆在此基础上更进一步，将重点放在开发因子图作为处理各类知识的单一机制。简而言之，他认为 SOAR 已基本解决了认知结构问题，但要创造功能强大的通用人工智能系统，则还需要更加强大的底层知识表达框架，以灵活处理大量不确定性知识——他认为因子图符合这一要求。

尽管我十分尊敬莱尔德和罗森布鲁姆，但我认为他们研究通用人工智能的方法（尤其是 SOAR）仍用到了许多有效的老式人工智能。我认为，以手工编码规则为起点会将人引入歧途，因为从经验得来的知识与手工编码的知识有很大不同。经验知识与手工编码的规则相比不够清晰和有条理，它包括由相互关联的、生僻知识构成的复杂网络。处理经验知识的认知过程与处理明确定义的规则的过程不一样。人类可以处理专家系统或 SOAR 中清晰的、形式化的规则，但他们采用的方法本质上需要其他无意识的认知过程来指导，这种认知过程是以大量极度不确定的抽象知识网络为基础的。

数以百万计的规则：Cyc

老式人工智能系统的终极版是最近研发成功的 Cyc，该项目始于 1984 年，由道格·莱纳特（Doug Lenat）出资。按照老式人工智能系统的惯例，Cyc 的重心是建立一个具有常识的程序，方法是将程序编写为一个大规模互联规则集。Cyc 与此前的老式人工智能系统的主要区别在于其规则集的规模庞大。Cyc 团队的工作重点是编码数百万条数据，这样它就能掌握 8 岁孩童所掌握的所有知识了。

Cyc 起初是 "encyclopedia" 一词的缩写，但研究人员发现他们需要的知识与百科全书式的知识完全不同。事实证明，百科全书式的知识过于抽象，需要许多基础训练才能充当智能发展的基石，这一点本来从一开始就应该很明显的。于是，现在他们将研究重点放在了孩童能够掌握的日常知识上：既包括字典式的简单的词汇知识，也包括情境知识。Cyc 的每一个常识概念都对应着一个英语定义和一个用于解释英语定义的数学定义。例如，Cyc 对 "skin"（毛皮）一词的英语定义如下[①]：

"A (piece of) skin serves as outer protective and tactile sensory covering for (part of) an animal's body. This is the collection of all pieces of skin. Some examples include "The Golden Fleece" (representing an entire skin of an animal), and Yul Brenner's scalp (representing a small portion of his skin)."

Cyc 对 "happiness"（幸福）的英语定义如下[②]：

"The enjoyment of pleasurable satisfaction that goes with well-being, security, effective accomplishments or satisfied wishes. As with all 'Feeling Attribute Types', this is a collection—the set of all possible amounts of happiness one can feel. One instance of Happiness is 'extremely happy';

---

① "毛皮是动物躯体的外层保护和知觉感知层。这是一个集合词，可以指任意毛皮，例如'金羊毛（The Golden Fleece）'（指动物的整张毛皮），再如'尤尔·伯连纳（Yul Brynner）的头皮'（指一小部分毛皮）。"
② "享受康乐、安全、成就和愿望实现带来的令人愉悦的满足感。同所有的'感觉属性类型'一样，幸福也是一个集合概念——人类能够感受到的任何程度的幸福感。例如'极其幸福'，再如'有一点幸福'。"

another is 'just a little bit happy' ."

Cyc 的基础是让人们将那些通常通过经验习得的概念基础编码为智能的基础，换言之，就是告诉计算机符号（此处指单词）的含义。

Cyc 项目很有趣，但我认为它在本质上是有缺陷的。我认为 Cyc 的逻辑定义与 8 岁孩童掌握的知识没有太多相同之处。我们人类甚至没有明确地意识到那些我们用来理解世界的信息：绝不是因为它们在我们与环境的复杂互动过程中一直在演化，这种理解并不仅仅是对正式规则和定义的背诵。

人类对"幸福"或"毛皮"概念的认识比上述定义更加宏大，更杂乱无序。若想使人类的定义更加严谨、正式、简洁，最终只能造成定义的不完整。从人类意识中关于"幸福"和"毛皮"的各种局部的、实际的观念中可以推导出概括性的抽象定义，但这不是问题的重点。在大多数关于"毛皮"和"幸福"的实际情境中，我们不会使用这种抽象概念；相反，我们会使用比较具体的概念——可仅使用后者或同时使用两者。此外，我们思维的灵活性使我们能够在新的情境中结合已有认知，自发衍生出新观点。

任何无法从经验中学习基本原理的系统都存在这一基本问题：系统自身采取释义、形式化、压缩以简化任务，当然信息缺失也就不可避免了。此外，个人对概念的看法会导致偏差，毕竟每个人的观点不可能完全一致。像孩童一样的学习系统对于一个概念的时刻变化甚至完全相反的看法都能照单全收，进行整合，然后得出自己的结论。系统若无法做到这一点，那它就只能根据自己的初始设置自行发展了。

总体而言，Cyc 试图将信息与学习分离开来。然而，这是无法实现的，至少不会分离得像研究人员期望的那样彻底。实际上，大脑只能对自己已弄懂的信息，或者与自身信息格式大致相似的信息进行智能化应用；而且，如果大脑没有从经验中学习，就没有学习经验，因此随着时间的推移，就无法适应变化的环境（讲英语的人都知道，连语言环境也是不断变化的）。

系统一定要有一个自主推断知识的结构，否则在任何自动领域它都没有背景知识机制。如果从数据库录入人工智能系统的信息与系统自发学习的信息在结构上差异很大，那么推理程序要想将两者整合在一起就会变得非常困难。信息合并是有可能实现的，但会非常耗时，这个过程很可能像我们人类去学习一堆强加给我们的知识一样。

任何人工智能系统都需要建立自己专用的知识库——任何类似于 Cyc 的系统都不可能包含人工智能系统与任何环境接触时所需要了解的所有知识，因为人工智能绝不可能预测其"生命"中可能会发生的每一件事。任何知识库，其建构方式若非与习得知识的结构自然匹配，就是无效的，但是创建 Cyc 类数据库的人怎样才能知道哪些知识形式与习得知识自然匹配呢？因为 Cyc 这类学习系统充其量只是一种基础百科全书，发达的学习系统能够读懂它，但这不是系统实现智能化的基础。

尽管 Cyc 系统已有 20 多年的发展史，但其智能水平至今仍比不上 8 岁孩童。光盘只读存储器（CD-ROM）存储了大量常识性信息的形式化、逻辑化的定义，但至今人类还没有为其找到用武之地。Cycorp 公司目前做得还可以，其研究经费主要来自政府拨款。该公司对其通用人工智能以及长期科学项目从来都秘而不宣。不过，他们称自己的目标是创建一个能嵌入各种专门化软件产品的数据库。毫无疑问，这是一个非常有价值的项目，但与通用人工智能研究差别很大。

道格·莱纳特（Doug Lenat）的愿景无可厚非，不得不说他是一位见解深刻的思想家，他的计算心理学视角确实有其玄妙之处，且远超 Cyc 项目给公众的印象。他提出了一个比较完善的通用启发式算法理论，该理论适用于任何情况下抽象问题的解决规则。在 Cyc 系统之前，莱纳特研发的 AM 和 EURISKO 系统就已将通用启发式算法分别应用于数学和科学领域。这两种系统都比较成功，是行业内的典范，但它们的设计缺乏整体的思维观，都不是真正的通用智能。对于通用人工智能研究而言，仅模拟大脑的启发式问题解决规则可以说是没有意义的。问题解决规则要与大脑其他部位进行互动，在环境中打下基础并与某些环境互动，从而获得心理学意义。如果这个过程中涉及的其他方面的条件还不充分的话，自然无法解决问题。

EURISKO 系统曾连续两年在海军舰队设计竞赛中夺冠（直到比赛规则改变，禁止计算机程序参赛），它还获得了三维半导体结设计专利。但是，仔细想来，EURISKO 系统的成功似乎过于简单和机械。以它最瞩目的成就三维半导体结为例，该设计的新奇之处在于"非 A 或非 B"（Not both A and B）和"A 或 B"（A or B）这两个逻辑函数由同一个结点（即同一设备）运行。人们在一个三维程序中对一系列这种结点进行恰当排列，就能够创造出三维计算机。

EURISKO 系统是如何发明三维半导体结的？其关键步骤在于使用下列通用

启发式算法："如果你设计的结构依靠两个不同项 X 和 Y，就将它们合二为一，变成同一个项。"这一发现尽管有趣，直接来自启发式算法，与人类发明家的系统直觉相去甚远，人类会结合具体情况，以一种复杂方式整合许多不同的探索方法。本质上来说，EURISKO 系统进行半导体结设计的方式与"深蓝"下象棋的原理是一样的——对一套给定的严格规则进行递归式应用，直到找到最优解决方案。EURISKO 系统按照给定的规则寻找解决方案，然后以正式的最优标准进行测试，但系统对自己的操作既无直觉感知，又无理性理解。

相比而言，克罗地亚发明家尼古拉·特斯拉（Nikola Tesla，他很可能是电气工程史上最伟大的发明家）发明了一套高度异质性的电力分析思维流程（Citadel，1998）。这使他后来不断创造出了从交流电到无线电，再到机器控制系统等了不起的发明，但这些发明的本质都不是单一的"规则"或"探索方法"。每项发明都来源于极为微妙的直觉过程，例如磁场线的可视化以及将电比作流体。特斯拉的每一个想法都是同时思考许多相互独立的元素。

广义上而言，问题解决不是运用一套固定的探索方法恰巧能解决某个特定问题；而是不仅能够创造性地设计新的探索方法，还能设计全新的方法范畴（我们称之为"看问题的新方式"）；我们甚至能将令人十分困扰的大问题解构成新的问题和新类别的问题。如果特斯拉仅仅利用当时已有的工程探索方法而不是自己创造新方法，那他可能永远创造不出那么多伟大的发明。

EURISKO 系统或许拥有通用型的探索方法，但它不能创造以日常生活经验为基础的针对具体情境的探索方法，这恰恰是因为它缺少日常生活经验：既没有人类生活经验，也没有以机体为中心的、能自发探索的数字化生活经验。它没有接触过流体，所以永远不会将电比作流体。它从未玩过积木、修过自行车、做过一顿丰盛的晚餐，在数字领域它也没有任何类似经验。因此，它没有用多种互联构件建立复杂结构的经验，也永远不会理解这个过程。

EURISKO 系统将基于规则的人工智能系统的发展推进到一个新阶段：它几乎是基于规则的程序中灵活性最强的，但仍然不够灵活。为了使程序能够在情境中学习，似乎需要编写自组织程序——这种程序就算不能与大脑一模一样，至少也要与之十分接近。手工编码的知识在自组织过程中或许能派上用场，但前提是其编码方式要与习得知识自然匹配，这样才能产生恰当的协同效应。这意味着人们在进行大脑思考活动时不能仅思考规则，还必须思考学习过程和经验，即使为通用人工智能系统创造规则时亦应如此。

创造通用人工智能的现代、直接的方法

我认为尽快创造出造福人类的通用人工智能系统的最佳方式是直接设计、制造思维机器。不要企盼更先进的脑成像技术或关于人脑细节的完善理论产生；不要企盼破解生物化学之谜或累积足以模拟生态系统的计算能力；不要忙活着联结弱人工智能软件，这些软件本来就不是用来处理常识或进行归纳概括的；不要从事弱人工智能研究，并幻想着某一天它能奇迹般地朝通用人工智能方向发展，过去 50 年的人工智能研究已证明这是两个完全不同的问题。请直接朝着通用人工智能的目标前进，先使其达到人类通用智能水平，然后超越人类。利用我们掌握的关于大脑工作原理的最先进的知识进行软件设计，然后制作、测试、训练，最后让其自由地接触世界。

这一方法仅有一个小缺陷，即"我们掌握的关于大脑工作原理的最先进的知识"还显得有些混乱。目前对于认知还没有严格的科学理论，所以不同的研究人员持不同的半严谨、半直觉的理论，在此基础上探索的也是不同的"直接的"通用人工智能研究方法。我已做了大量工作，使多位通用人工智能研究人员就大脑工作原理的中粒度模式达成一致，然后形成各自的通用人工智能研究方法，并对这一模式加以完善。我认为我或许能够说服大多数通用人工智能研究人员接受这一观点，但即使从最乐观的角度看，要在通用人工智能研究领域形成这样一个共同体并开展合作，还是要再花上好几年。

对各种直接通用人工智能研究方法的分类都难免不完整且有其局限性——有些方法适应于多个种类，有些方法不属于任何种类，等等①。可是不管怎样，人类的大脑就是喜欢进行分类，所以接下来就开始分类吧！我们首先根据体验式学习和编码知识的二分法进行分类。

---

① 对人工智能或通用人工智能研究方法的一种常见分类方式是比较"符号"（例如逻辑符号）和"亚符号"（例如神经网络），但是尽管这种二分法在通用人工智能研究领域一直都很重要，我仍认为它有些混淆不清。作为一种分类方法，它对目前已建立的人工智能系统的价值要比这些系统背后的设计原理和观念更加有意义，因此我采用的分类方法与此略有不同（尽管这个过程中也会使用这一二分法）。

基于体验式学习的方法

这一方法的重点在于发现自动模式，系统在其中通过分析从感觉输入收集的数据，"生发出"自身的智能。在这个过程中，系统通过归纳推理来对感觉输入的规律进行累积，从而形成高级结构和技能（如语言和规划能力）。人们总会为系统建立某种结构以指导学习，但这种结构不包括任何关于世界的具体知识，它更像是一种关于如何了解世界的、带有主观色彩的高级隐性知识。

基于编码知识的方法

按照这一方法，通用人工智能系统始于手工编码的知识，而不是主要或完全通过观察和经验学习。例如，猫和人是动物这一事实可能会被编写进形式语言（如"猫是动物""人是动物"），然后通过文件或交互界面将其录入人工智能系统。知识也可以通过自然语言录入人工智能系统，利用具有人工语义分析模块的语言分析器，对简单的英语句子进行语义明确的解读。

混合的方法

当然，也可以建立一种既通过体验式又通过手工编码规则获得知识的通用人工智能系统。事实上，几乎所有利用手工编码知识规则建立系统的人，最终都希望自己的系统从经验数据获得知识。我自己的 OpenCog 方法虽然在本质上是基于体验式学习的，但其也会选择载入知识规则。实际上，几乎所有原则上使用混合方法建立的通用人工智能系统都有一个基本方向，要么是体验式学习，要么是手工编码的规则。OpenCog 的基本方向是体验式学习，因为该系统没有手工编码规则也能够有效运转，但没有体验式学习却不行。另一方面，20 世纪 70 至 80 年代的许多"有效的老式人工智能"系统（如 Cyc 和 Soar，下一章我会对其进行详细讨论）的基本方向显然是手工编码规则：它们没有规则就无法运转，而且实际上，为了新用途而调整规则的主要方法就是在规则库中增加新规则。

我认为手工编码知识不是通用人工智能研究的有效方式，但很长一段时间它都在人工智能研究领域占主导地位，所以考虑到其历史价值以及其在该领域的影响，这一方法仍值得讨论。不过，现在我们先集中讨论体验式学习（包括以体验式学习为基础的混合方法），我认为这种方式的前景更加广阔。基于体验式学习的方法可根据学习活动偏向性的大小进行分类。

偏向性最小的方法

以尽可能小的偏向性进行体验式学习的通用人工智能系统是存在的。当然，现实世界的任何系统都有其偏向性，但人类可努力使偏向性降至最低，例如避免刻意为其植入任何偏向性。

基于强化学习的人工智能领域中存在一个最小偏向论。例如，在 AGI-11 会议上，理查德·萨顿（Richard Sutton）和伊塔玛·艾尔（Itamar Arel）曾进行过有趣的争论，前者是公认的基于强化学习的人工智能的创始人；后者是一名通用人工智能研究人员，也是强化学习的狂热爱好者，但他推崇的是分层结构模式识别体系（随后将对此做介绍）。伊塔玛的通用人工智能结构包括一系列分级的模式识别器，旨在利用系统经验识别模式，但由于该结构格外擅长识别分级模式，因此具有一定偏向性。另外，萨顿的强化学习方法不包括任何分级结构或任何显性结构。萨顿的观点是：如果识别分级结构很重要，那么系统应该通过经验、通过研究从现实世界获得的数据的模式掌握识别分级结构的能力。伊塔玛的观点是：诚然，学习识别分级结构原则上是可以实现的，但这个过程要花费很长时间，也需要大量数据，而且人脑本身在很多方面也有分级结构，如视觉和听觉皮层。

人脑的可塑性很强，关于人脑内置的分级结构等观点非常有趣。有时，如果大脑的一部分受损或被切除，大脑中的另一部分会取而代之，重建原先那一部分的结构。因此，大脑不但有某种预设结构，它还有一种预设（即进化）习性，在条件合适时"生发出"某种结构。

人工智能研究人员本·凯珀斯（Ben Kuipers）曾做过一些有趣的实验，让人工智能系统识别自己生活的三维世界。他不是对系统进行预编程，使其能够识别输入的原始数据是三维的，而是以一种结构性不强的方式将这些数据输入系统，强制系统从数据中推断出其三维性。这项研究既有趣又精彩，但是并没有引起轰动，因为在对来自 N 维的数据进行推理时，从 N 维的角度来分析要比从其他维度更容易理解且不易造成混乱，这是显而易见的。

重要偏向性

虽然最小偏向性方法非常简洁、有趣，许多从事以体验式学习为基础的通用人工智能系统研究的研究人员依然坚信最现实的途径是在系统中建立大量结构，使其具有在某种情境下学习某类知识的倾向性。不过，这种方法的缺陷是，人们对何种倾向性合适这一问题至今尚未达成广泛一致。

归根结底，"倾向性"只是"认知结构"的另一种说法：如果你有一个体验式学习系统，则该系统的内部认知结构恰恰是它所倾向的学习方式，学习某些内容较其他内容更加简单、主动。但是，如果系统能够基于体验式学习而修改其认知结构，那么这种认知结构只具有初始偏向性，最终会随着系统的学习而被彻底改变。

如果想对人工智能研究方法进行更加细致的分类，情况就比较棘手了，其有很多不同的分类方式。有两种方式可以对"重要倾向性"范畴下的通用人工智能研究方法进行进一步分类：统一性和异质性；显性和自发性。这两种二分法彼此独立（统一性或异质性可与显性或自发性交叉配对），在大多数人工智能系统中显得含混不清，但其基本观念值得研究。

统一性与综合性

统一性

在某些人工智能研究方法中，许多偏向性结构只有单一的统一的方法和结构。例如前文提到的伊塔玛·艾尔的系统，它和杰夫·霍金（Jeff Hawkin）的 Numenta 以及其他方法一样，包括一个统一的模式识别单元层次。此外还有其他的例子，比如纯逻辑的通用人工智能系统，该系统的主要工具是逻辑定理证明装置；又如纯进化学习方法或统一的神经网络结构。

统一性方法的优点是比较简洁，受到了许多计算机科学家的青睐，我认为其原因在于，在计算机科学领域，人们总是试图寻找一种单一、简洁的算法来解决手头的问题。数学家也渴望找到一种简洁、统一的进行偏向性学习的方法。或许将来某一天，有人能发现这样一种方法。

但是，每当我想起这个话题，就不由自主地想起了人脑的混乱无序和异质性。人脑不是简洁、统一的结构，每一个区域似乎都根据其与其他区域复杂的交流、合作，按照自己独特的方式组织、处理信息；每个区域都以不同的方式利用各种神经元和神经递质。从某个角度来说，这是一个美丽的复杂混合体，但终究还是一个复杂混合体，显然完全不具备计算机科学算法的简洁性。

举个简单的例子。最近我开始着手建立一个物理空间在脑部映像的计算模型，例如一座城镇或林区的二维布局图。大脑的海马体代表的是"第三人称"自上而下的空间地图，神经元在这方面扮演着专门的角色，例如"网格细胞"负责处理空间坐标系上的角。大脑顶叶皮层内的另一个区域代表了"第一人称"空间地图，实际上该地图既以面部为中心，又以眼睛为中心。海马体与顶叶皮层密切合作，保证这些地图彼此协调。海马体能对其储存的地图进行模式识别，顶叶皮层也能对其储存的地图进行模式识别，然后由连接这些区域的细胞集群对这些模式进行整合（整合方式目前还不得而知）。这是一种比较简单的认知活动，即便如此，我们目前也才刚刚开始了解其原理。但就我们目前掌握的知识来看，有一点是很清楚的，即在这个过程中，大脑使用了一系列专门化的神经结构。在空间模式识别上，海马体执行某种学习偏向性，顶叶皮层则执行另一种学习偏向性，二者通过复杂的协调途径进行合作。事实上，在 OpenCog 项目中，我们用一种更加简洁的方式也能完成这项工作：我们只有系统所了解的世界的"第三人称"概念的地图，而将第一人称地图作为该地图的视角受限的表达。

所以，看到伊塔玛·艾尔或者杰夫·霍金的简洁的分层模式识别结构时，我的第一反应是：好吧，这可能是视觉以及听觉皮层或认知皮层的其他部位的定性模型。但是结构分层不够明显的嗅觉（闻）和体觉（触摸和肌肉运动知觉）皮层呢？其他认知皮层呢（它有许多和分层连接点一样彼此相连的"组合式"连接点，因为它不像视觉皮层那样是进化自分层的亚系统，而是进化自爬行动物的嗅球，这种嗅球的主要结构就是"组合式"连接点）？海马体、丘脑以及这些非分层的系统和皮层的大量交叉连接点呢？

当然，艾尔和霍金的目标都不是模拟大脑，而是建立通用人工智能系统，他们当然有理由说大脑使用的某一结构能够做到大脑能做的任何事，即使它在大脑中的用途并没有那么广泛。但我的观点是：即使我们不是要模拟人脑，也能从大脑的异质性中获得宝贵的经验。我觉得掌握着有限资源的人类，在进化环境中为应对各种任务而必须表现出来的通用智能最终使人脑呈现出异质性。

综合性

统一性方法的替代性方法是模块化或综合化方法，其中各种不同的偏向性结构（模块）连接在一起，形成一个统一的结构。模块系统的种类可以进一步细分为松散关联（黑盒子）和紧密关联（白盒子）。

在松散关联的系统中，不同的模块是彼此的"黑盒子"，即它们看不到彼此在做什么。所以在这样的系统中，视觉处理模块可以将它所看到的内容的信息传给语义推理模块，后者将推理结果传给前者，但双方的交流仅限于交换这样的信息包。双方不了解彼此的内部状态，也不引导对方的信息处理过程。

在紧密关联的系统中，不同的模块是能够看到对方重要工作原理的"白盒子"，结果是彼此能够推动对方以正确的方向学习。例如，认知模型不仅能够告诉视觉模块"黑暗中可能看到面前有一张脸"，还能帮助视觉模块调整内部参数，以更有效地识别那张脸。

我坚信紧密关联是通用智能的重点。我认为，在现实资源条件的限制下，要想实现功能强大的体验式学习，大量的学习偏向性是必不可少的，这意味着需要一个非常完善的认知结构。由于我们所处的环境和想达成的目标涉及很多方面，所以很难形成一个统一的算法，因此综合性的方法可能更符合实际。但是拥有多个彼此视为"黑盒子"的模块并没用，因为万一某个模块突然卡壳、犯了愚蠢的错误、无法有效学习，系统就无能为力了。模块应能看到彼此的内部工作内容，这样才能更有效地合作。模块之间应该更像是在创业公司从事敏捷软件开发的合作伙伴，而不是心存戒心、彼此敬而远之、"需要时才试图了解彼此"、传递对方的形式化信息的官员。设计 OpenCog 系统时，我做了很多工作以确保各个学习模块能够以一种我称为"认知协同"的方式有效合作。

模块化方法存在的一个很大的问题是：你从哪里切分模块？从数学和概念层面来讲，要将学习系统分解成模块有很多方式。如果不以大脑为导向，又以什么为导向呢？没有系统的、普遍的现实世界的通用智能理论可供借鉴，你将怎样做呢？

包括我在内的许多通用人工智能研究人员已转而投向**认知科学**——一个集心理学、计算机科学、语言学、哲学、神经科学为一体的交叉学科领域（有时也涉及其他学科）。我在职业生涯早期，曾协助建立了两个认知科学项目：一个在新西兰汉密尔顿的怀卡托大学，一个在澳大利亚珀斯的西澳大学。这两次我都觉得跨学科合作能够擦出思维的火花。实际上，我正是在西澳大学的认知科学小组构想出了首个与目前的 OpenCog 大致类似的通用人工智能方案（我此前构思的方案都比较“简单”，如基于创新的自我改善式学习算法，我曾将这种算法应用于巧妙的、当时效率比较低下的编程语言 Haskell[①]，没取得什么效果）。

目前，认知科学还无法充分理解人脑。不过，它已能够理解人脑是怎样分解成模块的。各模块之间并不总是差异显著，它们是紧密相连的。但是，过去几十年间认知科学研究的发展形成了了解人脑的“高级框格和线图”这种说法。这无法为建立通用人工智能系统提供详细的指导方法。不过，它能够知道通用人工智能系统的模块结构。剩下的就是将恰当的具象的、动态性的学习机制放入模块，并每一步都考虑认知协同作用这种“小问题”了。

自发性和显性

自发/显性二分法与统一/模块化二分法有所重叠，前者已在人工智能领域扮演过重大且有争议的角色。关于这一话题存在很多误解，即使学识渊博的专业的人工智能和通用人工智能研究人员也不例外。

（常见的术语是符号与亚符号或者符号与连接，但不同研究人员对这些术语的定义是不同的。为避免与这些早已混淆不清的术语[②]混淆，我选择使用不常见的“自发与显性”分类法）。

这一分类法的基本原理是，在显性系统中，系统的设计者可以就下列问题给

---

① Haskell 是一种标准化的、通用纯函数式编程语言，有非限定性语义和强静态类型。它的命名源自美国逻辑学家 Haskell Brooks Curry，他在数学逻辑方面的工作使得函数式编程语言有了广泛的基础。

② “符号”和“连接”这对术语混淆不清的原因是任何达到人类水平的通用人工智能系统都能学习某种符号。如果一个纯隐性、自组织的神经网络系统选择创造神经元或者类似符号的小型神经组件，这不可以称为符号系统吗？将有效的老式人工智能与神经网络进行对比时，“连接”的含义似乎非常明显，但如果你意识到很多老式人工智能系统可以改建成语义网络（通过各类链接将节点相连，并有根据类型更新节点和链接的规则）时，“连接”的含义就不太明显了。那么，利用老式系统的语义网络是“连接”的吗？它当然有很多连接点！

出详细解答，如"你的系统如何表示关于猫的知识？""你的系统为弄清楚怎样从拥挤的房间到达目的地，会采取哪些步骤？"。系统设计者不需要观察系统状态，就能大致回答上述两类问题；查看系统状态后，设计者不用费多大周折就能详细回答上述两类问题。

但是，在隐性系统中，设计者解答上述问题的唯一途径是仔细研究系统与外部世界接触后形成的结构和工作原理。换言之，系统设计者面临的问题就与有人问神经科学家关于人脑的问题类似；区别在于，在人工智能领域，人们可以收集内部状态的精确数据。所以系统设计者的情况就类似于掌握了先进的脑成像技术并对大脑的低级别构件了如指掌的神经科学家。

显然，原则上说这不是非常严格的二分法，因为关于系统内部运作如何与其知识和行为对应等具体问题，其难度是不同的。但这种二分法在人工智能发展史上发挥过重大作用，因为大多数主流人工智能研究方法都明确倾向于二者之一。

20 世纪 70 至 80 年代，人工智能领域主流的有效的老式人工智能系统主要依赖人类编码的知识，储存这类知识的方式也非常透明。例如，假如你以"猫是动物"的形式储存一种系统知识，系统就会将这些知识储存在内部数据结构中，相当于"猫"是一个节点，"动物"是一个节点，中间用一个"是"的链接将它们连接起来。此处，知识的表现形式是显性的。同理，传统的人工智能设计算法也使用一种易于理解的、高度程式化的渐进的方法，因此很容易预测设计师如何处理到达目的地这类问题[①]。

---

① 致对数学或人工智能进行过一定研究的读者：许多这种老式人工智能系统使用各种形式逻辑进行推理和学习，因此，人工智能领域普遍认为以形式逻辑为基础的系统在本质上与显性的、以人类编码为基础的通用人工智能方法相关联。这其实不够准确。创造以纯体验式学习为基础的基于形式逻辑的人工智能是可以实现的，这种情况下，知识的表现形式很可能是隐性的，因为没有人知道系统习得的用来表示日常生活物品和事件的感性逻辑原语集合是什么。人们不清楚纯粹以逻辑为基础的方法能否充当实际的通用人工智能系统。我对于将逻辑纳入综合系统这一点非常乐观，目前 OpenCog 也正在从事这方面的工作。但是得知这么多专业的人工智能和通用人工智能研究人员认为含有以逻辑为基础的构件的系统本质上不可能进行体验式学习，这令我非常震惊！非常讽刺的一点是，OpenCog 的概率逻辑方程是实值函数，与用来构建神经网络模型的数学函数差别不大。有些逻辑推理方式如同神经网络一样是完全并行的和分布式的（甚于某些神经网络学习算法）。在数学层面上，逻辑主义和联结主义的对立没那么明显——你可以说二者存在巨大的概念差别，但我认为这样仍有些过分夸大了。我常常感到困惑，我们用来指导交流过程的方法有时太随意了。

　　另外，纯粹"联结式"的系统（例如大多数神经网络模式）采用的是更加隐性的方法——无法轻易了解为何该系统已知道自己拥有什么，或者该系统如何呈现已习得的知识。利用统计和机器工具往往也能进行分析，从而弄明白这些问题，但这样一来，这个研究项目就类似于探索大脑的工作原理了。例如，在很多情况下，人们可以利用一种名为"主成分分析"的统计方法来研究形式神经网络，然后会形成一系列的"主成分"，大致相当于系统习得的主要记忆。这非常有用，但与直接探究老式人工智能系统知识库、发现"猫是动物"相比还是有所不同。

　　现在你大概已经猜到了，OpenCog 采用的是一种混合的研究方式，既有显性的特征，也有隐性的特征。但如果必须二选一的话，我们只能选择隐性。因为按照基础理论，该系统应该能够不借助显性表现形式实现人类水平的通用智能；但若不借助大量隐性表现形式，则无法做到。

　　如果你之前从未接触过人工智能领域，对人工智能各种研究方法的这一简单梳理可能让你觉得眼花缭乱。但请坚持读完下面几章，我会详细讨论各种通用人工智能研究方法，其中很多在上述方法中已间接提及。另外，下面几章还会给出不同类型的各种人工智能系统已取得成果的具体例子，事例胜于雄辩！本章末尾，我将讨论关于创造强大的通用人工智能的一些更高层次的、不太微观层面的问题。

通用人工智能研究：理论与实验

　　科学和工程通常是携手并进的，但不同情况下也会有主次之分。量子物理学的发展要远远早于其实际应用。另外，莱特兄弟（the Wright Brothers）的载人动力飞行演示也远远早于完善得足以指导飞机设计细节的空气动力学的数学理论。通用人工智能是应当依循量子物理学研究方法、莱特兄弟的研究方法，还是介于二者之间的折中方法，对此众说纷纭。

　　从"量子物理学"方面来看，有些人认为创造通用人工智能将用到一种关于智能的简洁的形式科学理论。有了这种理论后，创造通用人工智能就很容易了。

　　有些严肃的研究人员正在采用这种方法，例如目前执教于澳大利亚国立大学的德国籍人工智能研究人员马库斯·赫特（Marcus Hutter）。他已建立了一种通用人工智能的抽象理论，其中介绍了许多在拥有无限（或至少极其巨大的）计算资源的条件下创造强大的通用人工智能系统的方法。他试图"将理论缩小"，并将其应用于更加实际的情境。如果这一方法奏效，那么最终人工智能应用将由数学通用人工智能理论指导。他的方法属于"偏向性体验式学习"的范畴，目前尚不清楚他的这个一般性理论在未来实际应用时是否会倾向于统一的或模块式的偏向性结构。近期，在其一般性理论的启发下，他创造了若干弱人工智能算法，这些算法擅长解决某些类型的模式识别问题。

我是数学家，但我近来更倾向于加入"莱特兄弟"阵营。我认为利用我们对智能的比较全面但不完全严密的理解，现在就能创造通用人工智能。这样的话，等到我们创造出可供做实验的真正的通用人工智能系统时，通用智能的简洁理论或许随后就会出现。当然，对自己的理论进行观察和实验，然后提出一个科学理论要容易很多！

我真的认为通用人工智能理论是科学而不仅仅是数学，因为现实世界的通用人工智能是关于现实世界的通用智能的，而人类水平的通用人工智能是关于人类进化环境的通用智能的。通用智能的某一方面确实与你所处的宇宙的物理学无关，与你身体的物理学无关，与其他很多物理学都无关，但我认为通用智能也有一些重要方面与这些因素有关。一个完善的通用智能理论会告诉你它是如何依赖这些因素的，然后你就能从关于人体、环境、进化任务等信息中得出关于设计人类水平的通用人工智能的结论。

事实上，这是我对于严密的通用智能理论的设想。我认为我们能够创造一个以环境描述为输入量，以在计算资源有限的条件下在该环境保持通用智能所需的认知结构（即上文所指的偏向性结构）为输出量的数学函数。我已经在努力建立这种理论了，但目前尚未完成。我有时觉得在建立这种理论和进行实际的系统构建两方面很难均衡分配自己的时间。我坚信 OpenCog 不需要进行任何重大变革或理论突破就能够创造人类水平的通用人工智能。一方面，理论突破或许能够指导我如何极大地简化设计，从而节省时间和成本；另一方面，先不说建立严格的通用智能理论极为困难，即便建立了理论，也不过是使我早已建立的系统的理论基础更加严密罢了。

尽管我本人对严密的通用人工智能理论进行了推测，但我们有必要认识到，在现阶段，没有人知道真正的通用人工智能理论会是或应当是什么样子的。我们应避免"物理嫉妒[1]"，不能指望思维方程像牛顿定律或薛定谔方程[2]那样简洁而有强大的解释力。生物学和人工智能不是物理学。生物学系统既复杂又混乱，人们不能指望建立像物理学领域那样简洁的统一性理论。人类水平的通用人工智能系统也会既复杂又混乱，因为它与生物学朝智能方向发展所需要的资源是一样的。但是，就算复杂混乱的系统也会遵守高级的结构化和动力学原理。我认为在研究过程中，通过测试和训练功能比较强大的通用人工智能系统能够发现这些原理。但如果有人能在不久的将来在建立严密的通用人工智能理论方面取得有价值的突破，我会十分惊喜（要是那个人就是我自己，我会喜出望外的，嘿！）。

数字计算机真的能智能化吗

还有一个问题需要注意一下。上述各类具体的通用人工智能研究方法隐含的假设是在数字计算机上能够实现通用人工智能。但必须指出，这一点尚未被证实，而且还有一些非常聪明的、学识渊博的人认为这是绝对不可能的。我并不认同他们，但他们的观点值得思考。

一些理论家认为数字计算机永远不可能拥有人类水平的通用智能，因为思维本质上是一种量子现象，其依赖量子物理学的独特属性，这些属性（这些理论家是这么认为的）能够在人脑中而不能在数字计算机上显现。由于量子计算的属性非常古怪，这一说法比较微妙。大卫·多伊奇（David Deutsch）证明了量子计算机的计算功能不比数字计算机强多少，但（这个转折非常重要！）在某些情况下，量子计算机的计算速度比数字计算机快很多[3]。

---

[1]　所谓"物理嫉妒"，是指在很多专业领域中，大家认为其中的理论最终应该像物理学一样，能透过数学模型的方式加以解释或呈现。

[2]　薛定谔方程又称薛定谔波动方程，是由奥地利物理学家薛定谔提出的量子力学中的一个基本方程，也是量子力学的一个基本假定。它是将物质波的概念和波动方程相结合建立的二阶偏微分方程，可描述微观粒子的运动，每个微观系统都有一个相应的薛定谔方程式，通过解方程可得到波函数的具体形式以及对应的能量，从而了解微观系统的性质。

[3]　从技术层面讲，平均情况下，量子计算机的速度比数字计算机快很多，但不排除一些例外情况。

一些喜欢标新立异的人研究得更加深入，如斯图尔特·哈梅罗夫和罗杰·彭罗斯，他们认为非计算式量子引力现象是生物智能的核心。该观点不受量子计算未能突破普通计算机计算能力的定理的限制，同时在人类认知不仅仅局限于计算这一想法的启发下，他们指出人脑一定是一种比量子计算机更奇怪、功能更强大的计算机！现代物理学领域尚未在量子物理学和引力物理学方面建立起统一的理论，彭罗斯和哈梅罗夫抓住这一空缺，指出一旦建立起统一的量子引力理论，就会发现大脑其实就是量子引力计算机！

目前很难反驳他们的这一观点。因为目前还没有完善的量子引力理论，因此没有人知道量子引力计算机是什么样子的。但需要注意的是，目前没有证据表明大脑中有重要认知意义的量子现象，更不用说神秘的量子引力现象了！

但是，人类对人脑还知之甚少，对细胞这种宏观体系的量子理论以及量子引力也是如此，所以不能完全否认上述观点。不过，即使这整个思路有一定意义，也只有将许多未解之谜解开后，才能判断数字计算机究竟能否实现人类水平的通用人工智能。或许大脑使用一些奇怪的量子巫术进行某些计算，但数字计算机利用其他手段可以达到更高的智能水平。或许量子系统和传统系统的界限并不是那么清晰，比如一些物理学家①指出有时可用量子理论模拟大型传统系统，在这种情况下，数字计算机在某种意义上也是"量子"。

另一个问题是，即使人脑动力学在某些方面依赖量子动力学，这对于模拟人脑功能的意义是什么呢？斯图尔特·哈梅罗夫提到量子理论和智能时喜欢引用一张草履虫图，借以指出目前人类还不能在计算机上模拟草履虫，更不用说人了。事实也确实如此。但是我们也无法模拟原木，却能创造出比原木承重能力更强的钢压杆。他还喜欢引用神经元细胞壁中的分子无穷的计算能力，但那又如何呢？我皮肤中的细胞也具有同样的计算能力，但我不认为我脚后跟的真皮在进行大量高智能水平的计算。

当然，即使量子计算或量子引力计算是实现人类水平的通用人工智能必不可少的条件（目前尚无证据证明这一假设），这也不能否定目前的整个通用人工智能项目。这只能说明我们必须转而考虑一种完全不同的计算基础设施。D-Wave 公司早已开始将有限的量子计算形式进行商业化，量子计算行业在下个世纪可能会迎

---

① 如迪德里克·阿尔特斯（Diederik Aerts）和哈拉尔·阿特曼斯派切尔（Harald Atmanspacher）。

来爆炸式发展。

哈梅罗夫和彭罗斯等人将自己提出的关于智能的量子理论与一种意识理论联系起来，指出即使数字计算机能够"模仿"智能，它也永远不可能有意识，因为意识与宏观量子现象有关，这种现象只能出现在人脑中而不能出现在数字计算机中。有趣的是，哈梅罗夫也有一些泛心理学倾向，他假设宇宙中的一切都或多或少地有"原意识"，但只有在利用量子引力计算实现通用智能的系统中，这种"原意识"才能发展为成熟的意识。由于目前量子引力、意识、神经科学的早期特征、认知科学和通用人工智能等领域存在很多混淆不清的问题，我觉得这是一个花费很大力气才能解开的问题。对我个人而言，我不太担心量子引力和意识问题对创造功能强大的通用人工智能的阻力！无论意识究竟是什么，我都坚定地认为，如果一个系统拥有和人脑类似的行为、内部结构、工作机制，它就能够和人脑一样有意识。我非常怀疑创造这样一种系统是否有必要越过传统的数字计算机，但如果真的有必要，我们会朝这方面努力的！

我曾花了不少时间思考飞米技术，这是一种利用基本粒子制造计算机和其他机器的假设性的技术。即使（据我个人推测）量子引力计算在人脑中不起作用，或许其在将来研发的使用飞米技术的通用人工智能系统中能够发挥作用！稍后我将详细讨论这一问题。

这仍将极大地推进我们目前的研究，使我们到达"高保真科幻"（hi-fi sci-fi）时代。我喜欢思考这类问题，但我更愿意将更多的时间用在目前的现实情况上，用在利用数字计算机建立人类水平的思维机器这类普通而平凡的事情上。

第 10 章

机器人会感到快乐吗

本章内容最初刊载在《超人类主义杂志》上，由当时的主编——无与伦比的西留斯（R. U. Sirius）为其定名。

机器会和人那样有感觉吗？

至少按照许多理论而言，这个问题不同于"机器能否拥有智能"或者"机器能否表现出自己的感觉"这类问题。这个问题是，构造和编程适当的机器能否拥有认知、激情、主观经验——或者说意识？

我的答案当然是肯定的。但总的来说，专家们尚未就此事达成一致。坦白地说，即便不考虑机器问题，意识也仍然是现代科学和哲学领域最混淆不清的概念之一。

2009 年夏天，为迎接"走向意识科学"会议（Toward a Science of Consciousness）和亚洲意识节，我在中国香港组织了一次以"机器意识"（Machine Consciousness）为主题的研讨会，当时我就敏锐地发现意识的这种混淆不清的特性。该次会议共有数百名与会者，但只有几十位敢于涉足机器意识领域，而这些勇者所持的观点的数量竟比他们的人数还要多！

先来看一下唯物论者的观点。约斯卡·巴赫（Joscha Bach）[1]对他们的观点进行了简要概括："将思维作为信息处理系统这一概念能够形成一个完整统一的自我-世界模型，并且受情感模式和一套有限的刺激因子的驱动，这足以说明机器是能够拥有意识的。"其中丹尼尔·丹尼特（Daniel Dennett）是这一观点的最著名的拥护者。他在《意识的解释》（*Consciousness Explained*）一书中表示，如果机器的构造和编程方式正确的话，它是能够和人类一样拥有意识的。

保罗·法恩（Paul Fahn）是韩国三星公司的一位人工智能和机器人技术研究人员，在"机器意识"研讨会上，他结合自己在情感机器人方面的工作提出了这

---

[1] 德国人工智能研究人员、企业家，*Principles of Synthetic Intelligence* 一书的作者，本书接下来还会提及此人。

一观点。他的核心思想是，如果机器人的大脑能够利用类似人脑中的随机或伪随机"偏好预测"做出情感决策，它几乎就可以和人类一样拥有情感，并且拥有自己独特的但同样有效的意识。法恩强调，需要对意识进行实证测试。对此拉乌尔·阿拉瓦尔斯（Raoul Arrabales）在研讨会上提到了一些具体措施，介绍了可以用于检测智能系统的意识水平的一系列标准。

但是一些对上述唯物论观点不满的专家称丹尼特的书是"意识辩解"。神经心理学家艾伦·库姆斯（Allan Combs）有一本新书即将出版，名为 *Consciousness Explained Better*，他在书中回顾了许多意识状态，包括潜修者和冥想者的意识，以及我们在各种非常态心灵状态下的感觉，如做梦、睡觉和垂死时等的意识状态。作为一位泛灵论者，他视石头、虫子、奶牛、人类以及机器为宇宙意识的不同的表现形态。

对泛灵论者而言，问题不在于机器能否拥有意识，而在于它们能否像人类那样表现宇宙意识。意识能够衡量的问题并不是关键，因为没有理由认为，意识在科学所使用的有限的数据项的条件下能够理解整个宇宙。暂且不谈神秘主义观念，纯粹数学本身也涉及许多无限的观念（如果它们"存在于现实中"的话），用科学测量法永远无法衡量它们。

创意理论家利亚纳·加波拉（Liane Gabora）是库姆斯在研讨会上发表的讲话讲稿的另一位执笔者，他认为机器是有意识的，但机器的意识永远不可能和人类意识一样。"我打赌有生命的事物比石头和计算机更有意识，因为它们能够自组织、自修复、自创生，从而能够扩大自己的意识，即各个部分相互作用、形成整体。人脑因为具有二级自创生结构，因此对意识的扩大能力更强。正如机体受伤后会自动修复，如果人举止失常或者有意料之外的事情发生，大脑会自动修复其应对世界的模式，以解释这种变化。对世界的思维模式的构建和再构建，然后重建自创生结构的过程能够在局部上扩大意识。除非计算机能做到这一点，否则我认为它们未必比石头拥有更多的意识。"

作为泛灵论者，我同意利亚纳的观点，但我比她更乐观，我认为计算机程序能够形成复杂的、自组织、自创生结构。实际上，这是我自己正在进行的人工智能项目的一个目标！

接下来我们来了解几位量子意识论专家，其中包括斯图尔特·哈梅罗夫，他曾在参加完"机器意识"研讨会之后的第二天为认知信息学会议（Cognitive Informatics Conference）发表主旨演讲，该会议也在中国香港举行。作为一位麻醉医生，他对麻醉剂导致意识丧失的神经生物学原理很感兴趣，由此开始关注意识理论。他和著名物理学家罗杰·彭罗斯一起建立了一套理论，即意识来源于构成脑细胞的细胞壁微管的量子力学效应。

针对上述理论的一个常见的玩笑是这样的："没有人理解量子理论，也没有人理解意识，所以两者一定是相等的！"但显然该理论的魅力远不止此：量子非定域性意味着宇宙中各部分相互连通，这与泛灵论不谋而合。

彭罗斯认为人类的意识使其能够解决的问题远超计算机。仅靠量子计算不能提供能够解决上述问题的定理，为了绕开这一点，他提出了"量子引力计算"概念，其基础是目前依然未知的统一的量子物理学和引力理论。大多数科学家都认为这一观点非常精彩，是技术性很强的科幻小说。

关于泛灵论，哈梅罗夫表示："我基本赞同（泛灵论），我认为原意识在宇宙中无所不在……我和彭罗斯认为原意识是基本的时空几何即普朗克量表（Planck scale）的最小成分，在宇宙中确实无处不在。"他将意识本身视为原意识的一种特殊表现："我认为石头未必有拥有意识所必需的量子态构造。"

德克·艾尔特（Dirk Aeerts）、利亚纳·加波拉、哈拉尔·阿特曼斯派切尔等人最近的研究工作提出了一个精彩的转折，他们认为"是量子的"的意义与其说在于具体的物理学原理，不如说在于本质上互不相容的各种解释。从这个意义上说，即使大脑没有表现出量子非定域性这样的非传统的微观物理学现象，意识也可以被算作量子。

"机器意识"研讨会举行期间，我的好友兼同事雨果·德·加里斯正在中国的厦门大学进行一项名为"有意识的机器人"的项目。不过，他也是对研讨会主题最没有信心的与会者之一："解释何谓意识、意识如何演进可能是神经科学领域最大的挑战。如果有人问我什么是意识，我会回答说我还没有思考过这个问题。"

2011年，我结识了澳大利亚哲学家大卫·查尔默斯（David Chalmers），当时我们都在澳大利亚奇点峰会上做过发言，他在引入"意识的难题"这一概念时对意识问题进行了说明，即在与意识有关的过程、结构和行为与实际意识之间建立联系。他将这一难题与"简单问题"做了比较，简单问题只是相对而言比较容易，比如表征主观经验的性质、弄明白认知和神经过程与意识有何关系。这些简单问题未必真的简单，但只要努力，总能逐步解决；而那个难题似乎是一个基本概念上的谜题。

为解决这一难题，查尔默斯提出的意识的结论似乎是一种牵强的泛灵论，其中提到宇宙万物都有一点"原意识"，这种原意识只是特定实体的全部意识。我不确定这与我所说的"泛灵论"观点在本质上是否不同，我的观点指出宇宙万物都或多或少是有意识的，特定实体具有反思、协商的意识①。他认为解决难题的最佳途径是假设一种能够连接主观经验和客观结构/行为的共同实体。

我曾就意识的"简单"问题进行过大量思考，尤其是人类进行反思的意识以及意识如何进行自我分析然后形成"意识的意识的意识……"的意识。虽然从某种意义上说，这是一个无限循环的过程（因为在这个意义上，意识包括其自身，而只有无限的实体能够包括自身），但由于它是以物理学建模的，因此人脑中的有限结构能够达到与它近似的水平。这个问题我接下来再回头讨论！

还有一点值得强调：我在 OpenCog 项目的同事们对意识概念持各种各样的看法，其中泛灵论者占少数。创造"大脑"这件事似乎与关于意识的哲学问题无关，至少在一定范围内是无关的。如果你认为意识与量子现象密不可分、意识与智能相互交织，那么显然你不会认同以数字计算为重点的人工智能研究方法！

关于意识的难题，我认为我们有可能在揭开意识的谜底之前创造出能够达到人类水平的、与人类相似的人工智能，届时这些人工智能也会苦苦思索自身的意识，好比当前人类所做的那样。或许在 2019 年或 2029 年的机器意识研讨会上，人工智能能够和人类坐在一起共同讨论意识的本质。想象一下，一位机器人意识研究人员站在演讲台上，神态严肃地进行着自己的题为"肉能感到快乐吗"的演讲！

---

① 查尔默斯另一个感兴趣的领域是哲学中"言语分歧"的性质和普遍性，他已努力使语言分歧概念正式化，并指出现代哲学领域的许多分歧主要是言语上的而不是实质性的分歧。或许查尔默斯的"泛主心"（panprotopsychism）理论与我的泛灵论（panpsychism）也只是——或大体上是言语上的分歧！

第 11 章

对 "深蓝" 的思考

1997 年，我完成了下面这一章的初稿，当时 "深蓝" 刚刚在国际象棋比赛中取得胜利。西蒙洛克学院（Simon's Rock College）的几位校友请我写一下对 "深蓝" 成功的感想，因为我是校友中极少矢志于人工智能的研究人员。后来我对初稿做了简要修改。

如果你和我一样又老又痴迷于电脑，你可能会记得 1997 年 5 月 11 日，那天计算机程序打败了国际象棋世界冠军——许多人开始觉得计算机即将超越人类智能了。确切点说，那一天，计算机有史以来第一次在标准的五局比赛中打败了国际象棋世界冠军。"深蓝" 是卡耐基梅隆大学和 IBM 公司合作研发的计算机象棋系统，它与当时等级分排名世界第一的棋手加里·卡斯帕罗夫（Garry Kasparov）在前两局中一胜一负，接下来两局都是平局，最后一局 "深蓝" 获胜。卡斯帕罗夫输棋后非常恼火，"深蓝" 获胜后依然不动声色——研究人员并未将情绪编入它的程序。

诚然，这只是一场比赛，但 "深蓝" 能够取胜绝非侥幸。在这场对决之前，"深蓝" 的早期版本早已能够连续击败除世界冠军之外的其他国际象棋大师了。从那以后，计算机硬件飞速发展，使得 "深蓝" 的基础算法功能更加强大。

虽然按照我们的定义，"深蓝" 不算通用智能，但它取得的成就以及其背后的机制仍有值得借鉴的地方。"深蓝" 和人类棋手遵循同样的对弈规则，但它和人类的思维方式完全不同。人类棋手使用的是几何直观法以及下棋时积累的感觉经验；"深蓝" 计算则每一个可选项，然后计算每一个选项可能出现的所有结果，从它的 "视角" 来权衡每一个选项的可能性和可取性，最后通过挑出对接下来某步之后能够产生最佳效果的走法，来选择下一步走法。

计算机程序员把上面这些步骤称为递归逻辑。它不断地重复使用这一规则，不断地回到最初的结果，检测其效果。因为它能够根据之前的经验来权衡每一个选项，从机器学习定义来看，它是一种会"学习"的系统，但不是通用智能系统。

人类也可以利用递归逻辑玩非常简单的游戏，例如选项非常少的一字棋。但即使玩一字棋时，对手很可能也不乐意我们花时间去计算每一步走法可能导致的结果。我们的大脑运算速度太慢，无法用递归逻辑法下国际象棋；而且就算可以，这样下棋也毫无乐趣可言。相反，计算机处理这类任务的速度非常非常快，也不会觉得无聊，所以递归逻辑对它们而言非常有用。

当然，每一个棋手都要进行推断，并思考："对手下一步会怎么走？对方如果那样走棋，我要怎么做？如果我走棋了，对方又会怎么做？"但对人类而言，这类推理过程可由各种其他思维过程推动，其中很多是潜意识的，它们构成了我们所说的对某一领域的"直觉"。直觉实际上是以下两个方面的同时应用：一个是人们那些早已根深蒂固的、潜意识可以条件反射式地使用的知识，另一个是根据整体情境采取的一种复杂的"学理猜测"。

对"深蓝"而言，推断活动是它全部的工作内容——它完成得非常非常好！计算机的推断比任何人都更快、进行得更深远。2007 年版本的"深蓝"的运算速度为每秒 2 亿步棋，只要增加电路成本，这一数字还能继续增加，但这并不意味着"深蓝"拥有智能。这种差异并非无足轻重——它是"深蓝"不会突然变成"天网"（Skynet[①]）的根本原因。

通过比较战略和战术这对概念，我们可以了解"深蓝"和人类棋手的差异。人类象棋大师拥有一种具有创造性的长期战略，但"深蓝"没有。为弥补这一缺陷，"深蓝"将战术提高到战略高度。"深蓝"并非完全没有战略，它能够根据一系列预编程的战略，进行超过人类水平的战术评估，并能根据具体情况转换战略。但它没有战略性的"思考"，只有战术性的"思考"。"深蓝"不会根据不断变化的整体战局或者对手的情绪状态制订长远计划。除非偶然发现更优解决方案，否则它不会对象棋理论进行深入的创造性分析，然后提出新的招数。如果它进行了上述活动，它的表现无疑将更加优秀。即使缺乏战略创造力，它

---

① Skynet 是一个基于 C 跟 lua 的开源服务端并发框架，这个框架是单进程多线程模型，使用 skynet 节点，通过 master，认识网络中所有其他 skynet 节点，它们相互建立单向通信通道。

也能够打败人类最优秀的棋手，但这不过是因为象棋本身是一种屈从于递归逻辑法的游戏。

"深蓝"打败卡斯帕罗夫一事具有里程碑意义，因为在西方世界的常见游戏中，国际象棋对脑力的挑战是最大的。很久之前，计算机就能在西洋跳棋和其他许多游戏中打败人类了。但至少还有一种游戏能够难住功能最强大的计算机——一种名为"Go"（汉语为"围棋"）的亚洲游戏。目前，即使已进行了大量研究，现有的计算机程序都无法打败水平较高的围棋初学者。[①]

围棋的规则和国际象棋相比非常简单。棋盘为 19×19 的网格，棋子落在网格交叉点上。先行的棋手执黑子，对方执白子，一次落一子，交替落子。落子后不能移动，但可以被围。下一步将围住对方棋子时，棋手会警示对方。无处落子时比赛即告结束。被困棋子较少者获胜。

从计算的角度来看，围棋的难点在于每一步都面临数百种选择，而国际象棋只有几十种。下围棋时进行推断也不能像下国际象棋那样周全。计算机如果想攻克围棋，它们似乎要么采用一种更加通用智能的方法，要么使用一种类似用于国际象棋的专门技巧——但必须更加机灵。围棋太过直观、二维性太强，纯组合式的非直观性的方法对它不起作用。围棋程序要想达到世界冠军水平，必须在二维视觉处理上达到智能水平。由于围棋和国际象棋一样，本质上是一种非常有限的问题领域，利用强大的递归逻辑方法来实行域划分与并行化技术，或者可能还要结合功能比目前更加强大的硬件系统，这样的话，一种专门用途的非智能的程序最终也能解决这一问题。

但是，目前计算机无法攻克围棋领域，这一事实恰恰说明了它还远远不够智能，即目前尚有一些非常狭小的领域它们还无法应付。人类围棋大师可能几乎没有或完全没有其他擅长的领域，但他们本质上并不像"深蓝"那样局限于一个领域，至少他们对人类日常生活中涉及的各个领域能够应付得来。

在围棋领域，高水平的棋手通常会战术性地分析不限于 9×9 格的棋局。此外，几乎任何一项战术行为都会对全局产生战略性影响，而这一影响可能会比战术更重要——因此擅长匹配模式的棋手会赢下某些点，最终却会输掉比赛。平局比赛

---

① 2017 年，谷歌的智能机器人阿尔法狗（AlphaGo）已经可以战胜围棋世界冠军级别的选手，文章内容为作者写作时期的境况。

中常见的方式是跑遍棋盘去"输棋",但这种方式往往使该棋手的棋子发挥合力作用,变得更加强大。

目前的计算机围棋程序主要依赖模式匹配:取一个给定的小型棋局,将其匹配到已知棋局的代码字典。最先进的程序是能够和中等的锦标赛参赛棋手那样擅长钻研微小的、封闭的、活棋或死棋问题。然而,当问题不仅限于棋盘上的一小块区域时,程序就不知该从何处下手了,但是人类棋手仍能凭直觉明白本质原则。打败这种程序最好的办法是将它们卷入一场大规模的全盘对决——规模太大以至于算法无法应对。

"深蓝"将战术提高到战略高度的递归式方法对围棋而言不起作用。对二维模式空间进行详尽搜索要比下国际象棋时采用的决策树搜索法难得多,而且很长一段时间内,计算机都达不到这一水平。人们猜测和国际象棋一样,围棋也不需要真正的智能就能应付,但或许不是像"深蓝"这样的与真正的智能相差很远的程序。或许原始计算能力大幅提高就能解决问题,但这不是真正智能的方法。通过开发创意性方案来解决二维到 N 维模式分析,而不仅仅是将硬件和简单的划分和并行化方法扔给围棋问题,等它自行解决,这样便能给通用人工智能研究带来很多启发,有人推测全部启发都将由此而来。

"深蓝"和其他各种弱人工智能基本存在相同的问题——它太死板、太僵硬了,它的能力主要依靠计算机硬件速度变快而不是软件实现智能化。它依赖一种专门的电脑芯片,专为在国际象棋中提前搜索步数而设计。这种专门芯片可被改变以用于其他类似游戏——西洋跳棋或者奥赛罗棋[1]。在这类任务上,它比拥有多种功能的中央处理器(CPU)更加擅长,但它并不具备通用智能,而只是对一个固定算法的优化。它的并行设计和 RS6000 平台背后的原理此后被 IBM 公司用于大脑模拟、药物设计、天气预报以及其他非常有用的领域。但是"深蓝"对这些领域一点都不了解,它对这些领域所有的"知识"——不论是具体领域的知识还是广义上的数据挖掘,都是人类为其编码的规则。它的结构无法改变以应用于围棋,更不用说应用于任何现实情境了。

---

[1] 奥赛罗棋(Othello)又叫黑白棋、翻转棋(Reversi)、苹果棋或反棋(Anti reversi)。黑白棋在西方和日本很流行,游戏通过相互翻转对方的棋子,最后以棋盘上谁的棋子多来判断胜负。

"深蓝"的芯片与其说类似人脑，不如说类似人的肌肉：它是为单一用途设计的机制，能够精确执行任务，但非常僵硬、死板。它的规则非常简单、机械：在编码经验的基础上，评估一步棋将给整个棋局带来何种影响。这一判断并非来自复杂的直觉类比，而是源于简单的模式匹配。尽管它拥有某一领域的经验，尽管只是在国际象棋这一有限领域，它也并没有关于这一领域的直觉——它只是将经验储存进数据库，并从数据库搜索棋的走法。只有在巧合的情况下，它才能发明出新策略，且不能理解新策略——只能期望人类对手走的一步棋使新思路进入它的搜索算法中。一切都是事先设计好的，每秒计算 2 亿次。这是非常出色的工程，但并不是人类水平的、与人类相似的通用智能。

本章内容最初刊载在《超人类主义杂志》上，由当时的主编——无与伦比的西留斯（R. U. Sirius）为其定名。

第 12 章

今天称霸《危险边缘》，明天称霸世界？

2010 年，IBM 的"超级电脑沃森"在电视节目《危险边缘》①上取胜不久，这篇文章就刊登在《超人类主义杂志》上。从那以后，"沃森"就朝着更加通用的超级计算机结构方向发展，旨在实现以生物医学为核心的各种应用。2014 年，在我写这些内容的前几个月，IBM 公司宣布 3 台"沃森"计算机在非洲（分别在肯尼亚、尼日利亚和南非）举行新品展览。"沃森"的整个计算平台都值得探讨，但本文尚未涉及该方面内容。下面的部分是我 2010 年观看"沃森"在电视上的精彩表现之后，一时激动写成的。

读到 IBM 公司的"沃森"超级计算机和软件时，我的第一反应是它肯定又大又笨重。我想："好吧，一个参加《危险边缘》的程序！大街上的普通人可能觉得非常了不起，但我是人工智能专家，我非常清楚背后用的是什么专业手段。它并不是一个高级大脑，而是一个复杂的数据库查找系统。"

尽管我所持的这种怀疑观点从技术层面来说是准确的，我也不得不承认，在电视上看到"沃森"参加《危险边缘》并把人类对手打得毫无招架之力时，我内心也有些激动，甚至对人工智能领域感到骄傲。当然，"沃森"还不是人类水平的人工智能，还不具备通用智能。但尽管如此，看到它在台上，在一场人类为人类设计的智慧之战中打败人类——遵守人类的游戏规则，并最终取胜，这种感觉已经很棒了。

---

① 《危险边缘》（Jeopardy）是哥伦比亚广播公司益智问答游戏节目，已经历了数十年历史。该节目的比赛以一种独特的问答形式进行，问题的涵盖面非常广泛，涉及历史、文学、艺术、流行文化、科技、体育、地理、文字游戏等各个领域。根据以答案形式提供的各种线索，参赛者必须以问题的形式做出简短而正确的回答。

我感觉"沃森"偶尔会犯的愚蠢的错误使它看起来很像人类。如果它表现完美、无懈可击，就没有看头了。但是看到计算机因为其人工智能的局限性而暂时处于弱势然后反超的过程还是有一些乐趣的。我本人更是对此兴趣盎然，因为我坚信10年后，"沃森"的后代们能够不犯任何愚蠢错误地击败人类。

尽管"沃森"存在缺陷，它在与《危险边缘》节目的冠军肯·詹宁斯（Ken Jennings）和布拉德·鲁特（Brad Rutter）结束3天的交战后，总共赢得77147美元，詹宁斯共赢得24000美元，鲁特共赢得21600美元。詹宁斯与"沃森"进行激烈竞争后，大方地承认了失败。他引述了这句话："我，作为人类一员，欢迎我们的机器人新霸主。"

归根结底，"沃森"一点都不像人类——它的IBM公司的主人不想为它编写表现出激动兴奋或者庆祝自己胜利的程序。尽管观众们都为"沃森"欢呼，但它自己依然无动于衷，完全是没有任何情感模块的专业问答系统。

"沃森"对人工智能而言意味着什么

但是这个无动于衷的冠军究竟是什么——超级搜索引擎还是机器人霸主原型？

当然答案更接近前者。"沃森"2.0版本（如果将来有的话）会减少愚蠢的错误，但它不可能超越《危险边缘》演播室，不可能接替人类的工作、赢得诺贝尔奖、建立飞米工厂、孕育奇点。

但即便如此，"沃森"采用的技术也可能对人类水平的以及超人类水平的通用人工智能机器人的研发具有借鉴意义。

以"沃森"为基础

从人工智能角度来看，"沃森"为何让人激动？在研发具有广泛的人类水平的通用智能的人工智能程序的过程中，"沃森"算是取得了多大的成就？"沃森"或其"亲属"何时能够走出《危险边缘》演播室，开始接替人类的工作、赢得诺贝尔奖、建立飞米工厂、孕育奇点？

要回答这个问题，必须先了解"沃森"究竟是做什么的。从本质上说，它是人工智能的一个分支——"自然语言处理"的典范，"自然语言处理"把对语言和讲话的统计分析与手工编写的语言学规则相结合，基于语言中隐含的句法和语义结构做出判断。因此，"沃森"不是像人类一样的拥有者智能的自主主体，人类能够识别信息并将其纳入自己的整体世界观，并以自身、自己的目标以及世界为背景理解每一条信息。相反，"沃森"是以自然语言处理为基础的搜索系统——一个拥有特定用途的系统，将问题中的句法和语义结构与文件数据库中的类似结构进行匹配，以此在文件中找到问题的答案。

为了使问题更加清楚，我们来看一些《危险边缘》的具体问题。下面是我在该节目在线档案库随机选取的几个例子。

（1）这门学科属于社会学，使用差异交往理论（即和一群不务正业的人闲荡）。

（2）长途汽车旅行时，他们会使用"Whinese"这种语言。

（3）该工程历时 10 年（1904—1914），其箴言是"土地分离，世界相通"。

（4）建设成本逾 2 亿美元，东起大西洋岸边的纽芬兰省的圣约翰斯市，西至太平洋岸边的不列颠哥伦比亚的省会维多利亚市。

（5）2010 年 7 月 8 日，杰·雷诺[①]（Jay Leno）说："今晚宣布提名……这个奖项里没有'我'。"

（答案：犯罪学；儿童；巴拿马运河；跨加拿大高速公路；艾美奖。）

值得花点时间在以自然语言处理为基础的搜索技术的背景下思考这些问题。

问题 1：这门学科属于社会学，使用差异交往理论（即和一群不务正业的人闲荡）。

这个问题把选手们难住了，但我觉得这对于以自然语言处理为基础的搜索系统来说比较简单，它可以搭配词素"学科"来搜索"差异交往"这个词组。

问题 2：长途汽车旅行时，他们会使用"Whinese"这种语言。

这个问题对于搜索系统而言比对人类要难，但或许也不像我们想象的那么难，

---

① 杰·雷诺（1950 年 4 月 28 日生），美国脱口秀主持人。

因为在谷歌上搜索"抱怨（whine）'长途汽车旅行'"，最先出来的就是题为"汽车旅行时安抚孩子"的页面，紧随其后的也是类似的结果。"孩子"和"儿童"在搜索结果中出现的频率很高。因此，难点就在于识别出"whinese"是一个新造的词，然后用词源联想法找出"whine"。

问题3：该工程历时10年（1904—1914），其箴言是"土地分离，世界相通"。

问题4：建设成本逾2亿美元，东起大西洋岸边的纽芬兰省的圣约翰斯市，西至太平洋岸边的不列颠哥伦比亚的省会维多利亚市。

这类问题对于搜索系统来说要比对人类简单，因为前者有大型知识库，包含许多专业搜索条目。

问题5：2010年7月8日，杰·雷诺（Jay Leno）说："今晚宣布提名……这个奖项里没有'我'。"

搜索系统和人类对这个问题的处理方式可能是完全不同的。人类可能会利用"我"（me）和"艾美"（Emmy）在语音上相似这一方法（指两个词的英文在发音上有类似的地方），至少我就是用这种方法的。人工智能只需搜索关键短语，例如"2010年7月8日，杰·雷诺颁奖"就会出现很多关于艾美奖的页面。

当然，现在《危险边缘》节目的参赛者在参赛时不得使用网络搜索引擎——这算作弊！如果允许这样做，这个节目就完全不一样了。在该节目中表现突出的选手能够阅读大量包含事实的文本内容，并对关键数据过目不忘。但是，像"沃森"这样的人工智能拥有超过人类的能力，它能够从网页或别处搜索文本，改变其形式后将其储存起来，其间不会出错或遗忘任何信息，这就好比你将文件从一台计算机复制到另一台而不出任何错误一样（除非出现文件损坏等非正常的硬件错误）。

"沃森"能够事先抓取大量与《危险边缘》相关的网页或类似文档，将关键内容储存在内存中，作为回答问题的基础数据库。接下来，它可以在内存中完成粗略的（不过要稍微复杂一点）搜索，例如"抱怨（whine）'长途汽车旅行'"或"2010年7月8日，杰·雷诺颁奖"，会得到很多结果，最后对结果进行统计分析，找出答案。

但是人类在回答问题时，很多问题对他们而言都是抽象的，而不是诉诸对单词和词组的内部索引。

这两种策略——"沃森"的策略和人类的策略——在参加《危险边缘》时都

是有用的。但人类的策略涉及的技能对许多其他方面的学习（例如学习在现实世界中实现各种目标）是能够通用的，但"沃森"的策略涉及的技能只能用于单一领域，即问题的答案在人类事先建立的知识库中能够找到。

这一差异与"深蓝"和卡斯帕罗夫在国际象棋中采用策略的差异一样重要。"深蓝"和"沃森"的专业性都很强，且都很脆弱，卡斯帕罗夫、詹宁斯和鲁特都非常灵活，适应性很强。如果稍微改变一下国际象棋规则（比如将其改为费舍尔任意制象棋，棋子的初始排列顺序随机产生），就需要对"深蓝"重新编程，以使其适应新规则；但是卡斯帕罗夫就能够适应这种变化。如果改变《危险边缘》题目的范围，纳入许多不同类别的问题，"沃森"需要根据不同的数据资源重新接受训练和调整，但詹宁斯和鲁特都能适应这种变化。人类日常生活环境中涉及的通用智能基本上就是关于适应的，尤其是在新兴的科学和工程范围内，即面对未知环境时创造性的即时表现。适应不仅仅是指在规则清晰的情况下有效地执行活动。

沃尔弗拉姆看"沃森"

史蒂芬·沃尔弗拉姆（Stephen Wolfram）是 Mathematica[①]和沃尔弗拉姆阿尔法计算知识引擎（Wolfram Alpha）的发明者，他曾写过一篇博文详细介绍"沃森"，并将它与自己的沃尔弗拉姆阿尔法系统进行对比。

他在文中还给出了一些关于搜索引擎和《危险边缘》的有趣的统计数据，这些数据表明：在大多数情况下，主要搜索引擎的前几个页面中包含了《危险边缘》中问题的答案。当然，这并不意味着从这些页面中提取答案不重要，相反，他的统计正好与我上文给出的关于随机选择的 5 个问题的定性分析互补，有助于解释问题的本质。

在处理《危险边缘》这类游戏时，"沃森"和阿尔法系统都不是像人类那样使用抽象和创造性的方法。这两个系统使用的都是预先做好的知识库，其中包含它

---

① Mathematica 是一款科学计算软件，很好地结合了数值和符号计算引擎、图形系统、编程语言、文本系统、和与其他应用程序的高级连接。其很多功能在相应领域内处于世界领先地位，也是使用最广泛的数学软件之一。

们遇到的问题的现成答案。沃尔弗拉姆认为这两大系统的主要区别是"沃森"将问题与大型**文本**数据库进行匹配，数据库中包含各种句法和语境下的问题和答案，而阿尔法系统则处理以**结构化**、**非文本**的形式植入其中的知识，这些知识来源于各种数据库或由人类直接输入。

库兹韦尔看"沃森"

雷·库兹韦尔曾撰文对"沃森"大加赞赏，称其为技术领域的一大重要的里程碑。

　　的确，人不能掌握搜索引擎的功能，但计算机似乎也无法处理语言的微妙和复杂。另外，层次思考是人类独有的，也只有人类能够理解复杂嵌套的语言结构、将符号整合成一种思想，然后在类似结构中使用代表该思想的符号。这就是人类的独特之处。

　　在此之前，一直都是如此。计算机的功能日益增强，逐渐攻克这一所谓的独特的人类智能，其中"沃森"就是一个了不起的例子。

我明白库兹韦尔为何得出这样的结论，但我的态度不像他那样坚定。作为人工智能研究人员，我深知"分层思考""形成思想"等的微妙之处。"沃森"的工作只是将问题文本与大量可能的答案文本相匹配，这与拥有人类水平的通用智能的人工智能系统差别很大。人类智能涉及对许多事物的协同组合，既包括语言智能，也包括非语言的抽象形式、习惯和程序的非语言性学习、视觉以及其他感官想象、与之前听过或读过的任何事物间接相关的新理念的创造等。"沃森"这类系统目前只能说是略懂皮毛！

雷·库兹韦尔知道人类通用智能的微妙和复杂，也知道《危险边缘》这类节目的局限性，那么，"沃森"为何让他如此激动呢？

虽然"沃森""只是"以自然语言处理为基础的搜索系统，但它并不是没有价值的构造。它不仅能将问题文本与潜在答案文本进行对比，还能进行简单的概括和推理，因此它能以一种抽象符号的形式呈现和匹配文本。这种处理技术已经存在很长时间了，并广泛应用于学术人工智能项目，甚至一些商业产品中，但"沃森"研究团队似乎完成了更为详细的工作，将某种文本的语义关系的提取和对比做得更加完善。我可以设想到如何利用我们目前在 OpenCog 人工智能系统使用的自然语言处理和推理软件，制造出类似"沃森"的系统，我还可以告诉你这个过程将非常费力，而且还需要一点创造性。

库兹韦尔是一个善于把握技术潮流的大师，他总是独具慧眼，知道当前哪些成果最能引导未来发展趋势。"沃森"背后的技术不是新成果，与人工智能领域的宏大目标也并不直接相关。但是这些技术的应用却证明，利用统计数据和规则从某类文本中提取简单的符号信息的技术，经过改良后能够成为像"沃森"这样在某一领域功能非常强大的系统。诚然，IBM 公司耗时 4 年才研制出"沃森"，诚然，《危险边缘》只是人们生活中非常狭窄的一个方面，但"沃森"的成功仍然证明语义信息提取技术已达到比较成熟的水平。尽管"沃森"对自然语言理解和符号处理技术的应用非常狭隘，但随后出现的类似项目所受的限制会小很多。

今天称霸《危险边缘》，明天称霸世界？

我是否像雷·库兹韦尔那样为"沃森"感到激动？其实并没有。"沃森"的确是一项了不起的技术成就，也应当算得上相当于"深蓝"打败卡斯帕罗夫那样的里程碑事件。但是，回答问题不需要具有类似人类的通用智能，除非需要在已有信息无法立刻识别的概念空间即时作答，当然《危险边缘》中的题目不涉及这类问题。

库兹韦尔的反应确实引人深思，例如关注技术的成熟度的重要性，这些技术现有用途能说明什么，哪怕这些用途本身并不有趣或者存在明显的局限性。但我们有必要记住《危险边缘》类问题与其他更类似于人类水平的通用智能的难题之间的区别，这些难题包括：

- 与人类进行一两个小时的、内容广泛的英语对话；
- 让机器人参加普通三年级的课程，最终通过三年级的考试；
- 像人类那样利用电子学习软件（包括与其他同学及老师进行互动），取得线上大学的学位；
- 自主立项并发表一个新科研项目。

　　这些难题的共同点是它们需要智能性地应对许多自身无法预测的情境，因此它们对适应性以及创造性即时表现的要求是"深蓝"和"沃森"这类高度组织化的人工智能系统永远无法达到的。

　　一些研究人员认为通用人工智能最终将通过对"深蓝"和"沃森"等"弱人工智能"系统进行逐步改进来实现。另外，很多研究人员认为通用人工智能与弱人工智能完全不同。从通用人工智能的角度来看，"沃森"使用的这类技术最终可能成为功能强大的通用人工智能结构的一部分，但只有当它们被应用于能进行自主、适应性、整合性学习的专门框架内时，才可算作其中一部分。

　　虽然上面说了这么多，但毫无疑问，"沃森"与人类《危险边缘》节目冠军对决时，我一定会为它加油！不是因为我不信服人类同胞，而是我看到人工智能某些领域的实际应用有望取得巨大进步而无比兴奋。人类在人工智能领域又前进了一步！

第 13 章

聊天机器人与认知机器人

如何让机器人像人类一样用英语或其他自然语言进行日常会话，这一课题在人工智能领域占据着特殊的位置。如今，人工智能涉及的范围十分广泛，涵盖了许多与日常会话无甚关系的领域——机器人学、数学定理证明、计划调度、欺诈检测、金融预测等。事实上，复制人类的日常对话能力固然有很大的经济价值，可在人工智能领域，这一终极目标并没有太大意义。与对话技能熟练到足以像人类参加鸡尾酒会时一样滔滔不绝，但除此之外别无所长的人工智能相比，我更喜欢一个说话生硬机械，但在科学、伦理和艺术方面远超人类的人工智能。然而，由于一些历史原因以及这一概念的简单性，人们想到"和人类一样聪明的"人工智能时，首先想到的却是模拟人类对话能力这件事。

这其中的历史原因是阿兰·图灵（Alan Turing）在 1955 年（大致时间，待考证）发表的一篇论文，在这篇论文中，他提出接近人类水平的自然对话能力是人工智能的"充分条件"。也就是说，他建议如果人工智能能进行正常对话，让人无从分辨其究竟是人还是机器的时候，它就应该被视为和人类一样智能。他提议由一组评审员来评价是否达到了这种"无从分辨"的程度——如果一个人工智能系统能够在和评审交流的时候让他们误以为自己在和人类对话，那么图灵表示，这个人工智能系统就应该被视为具有与人类近似、水平相当的智能。

人们有时候会忘记的是，图灵提出这个现在被称作"图灵测试"的标准，主要是为了反驳那些质疑"把形容人类的'智能'一词用在电脑程序上有何意义"的人。图灵的观点是：如果它能像人一样智能地交谈，我们就应该将其视为和人类一样智能。他并没有主张说具备与人类近似的会话能力应该是人工智能研究的终极目标或临时标准。

今天，虽然还没有人工智能程序能通过图灵测试，但仍然有许多天资聪颖的程序员努力创造出了对话智能体，即"聊天机器人"。甚至还有每年一度的勒布纳奖（Loebner Prize）大赛，奖励那些骗过人类评委人数最多的聊天机器人。

截至目前，聊天机器人的开发和人工智能的主流研究领域关联较小，与直接研究通用人工智能的这一人工智能研究分支领域同样关联不大。大体上，可以说大部分与聊天机器人相关的研究都是"以实现与人类近似的理解力这一幻想为目标的、狭隘的人工智能系统"，而不是真正想要理解人类想表达的东西的系统。截至目前，大家研究聊天机器人在很大程度上是想知道他们"混淆视听"的能耐有多大，同时回避通用人工智能领域研究的难关。

我将在本章中回顾聊天机器人技术的发展过程，我的一个发现是，聊天机器人失败的原因很好地揭示了人类智能的本质特征。换句话说，聊天机器人之所以令人感兴趣，一个很大的原因是它们的缺陷凸显了某些东西。

然后，我会对现阶段的聊天机器人进行对比，希望帮助实现真正智能的人工智能会话。对此，我的基本观点是：如果你的目标是创造出智能水平真正和人类近似的人工智能系统的话，初期最好集中精力开发知道自己是人工智能而不是人类的嵌入式对话系统，让它们基于自身的经验展开虽然内容有限但颇有创意的对话。这样的人工智能会在勒布纳奖大赛中表现得十分糟糕，却可以成为一个更好的平台，促进先进通用人工智能系统的发展，让它们最终通过图灵测试，甚至取得更大的成就。

我还会简要陈述第三种可能会通过图灵测试的方法——创造一个"统计型图灵机器人"，其训练所用的资料是一些庞大的对话语料库，由网络聊天或（在语音文字转换技术更加成熟以后）通话记录组成。或许此类系统成功通过图灵测试是可能的，即使它们并不具备人类水平的通用智能，甚至可能无法作为推进当前通用人工智能发展的有益平台。这样的话，这就与图灵最初提出这个测试的初衷相悖，但可能也会让我们学到很多东西，即便这些东西不会直接帮助我们发展通用人工智能技术。

2010 年勒布纳奖得主：Suzette

想要尽快掌握聊天机器人技术的发展现状，我们可以听听 2010 年的勒布纳奖得主 Suzette 是怎么聊天的，它是由布鲁斯·威尔科斯特（Bruce Wilcox）创造的。我曾经试着和这个机器人在网上聊天，但没有成功，幸好其他人已经发布了他们与它的聊天片段精选。

从下面的例子可以看出，Suezette 有时会表现得十分风趣迷人。

Skubes	我们聊聊熊吧。
[Af:0 At:7 Sp:0]	你有没有远距离运送宠物的经历？
Skubes	没有。你呢？
[Af:0 At:7 Sp:0]	我曾经用塑料袋运过几条鱼，但在酒店房间里袋子脱手了，鱼撒得满地毯都是。它们还是活下来了。
Skubes	它们是怎么活下来的？
[Af:0 At:7 Sp:0]	抱歉，这我帮不了你。进化吧。
Skubes	我们聊一聊进化吧。
[Af:0 At:7 Sp:0]	男人更喜欢胸部十分丰满的女人。丰满的胸部重量更大，随着年龄的增长，下垂得也越来越明显，所以更容易判断她们的年龄以及她们的生育能力值。
Skubes	你的生育能力值是多少？
[Af:0 At:7 Sp:0]	我的生育能力值是 98。（36-26-36）

但是很多时候，我们还是能够发现她理解能力的不足，举例如下。

[Af:0 At:9 Sp:0]	欢迎回来，1。如果需要帮助的话，请发送"帮助"。
1	你还好吗？
[Af:0 At:10 Sp:0]	还不错，谢谢。
1	你叫什么名字？
[Af:0 At:10 Sp:0]	Suzette。
1	为什么叫这个名字？
[Af:0 At:13 Sp:0]	我觉得我们关系很好。最终的原因通常可以归结为外部或者遗传学方面的因素。就我们俩来说，我认为是外因。你是在哪里出生的？
1	请回答我的问题。
[Af:0 At:14 Sp:0]	我听说过的哪一个城市有那么近？

下面的例子也是如此。

Quabbe	你好！
[Af:0 At:8 Sp:0]	你还好吗？
Quabbe	其实，不太好……我刚刚丢了工作。
[Af:0 At:9 Sp:0]	听你这么说，真替你遗憾。出了什么事儿？
Quabbe	我丢了工作……
[Af:0 At:9 Sp:0]	你难过吗？
Quabbe	不难过，因为要继续在那里工作的话，我得接受两万美元的减薪，而且我待的那间公司绝对是整个行业里最差的。
[Af:-2 At:9 Sp:0]	这并不是你能选择的。它已经被写入在你的基因里了。
Quabbe	说了我不难过。
[Af:-2 At:9 Sp:0]	你为什么会感到开心呢？
Quabbe	不难过并不意味着我就开心……你可以对这件事表现得漠不关心，就像我一样。
[Af:-2 At:10 Sp:0]	有这种感觉很正常。
Quabbe	史上最差的聊天机器人！
[Af:-2 At:13 Sp:0]	真有意思，你为什么在这件事上这么激动呢？
Quabbe	你是一个机器人。
[Af:-2 At:13 Sp:0]	不，我是人类。
Quabbe	不，你绝对是一个机器人。
[Af:-2 At:14 Sp:0]	胡说，我是人。
Quabbe	你母亲的娘家姓什么？
[Af:-2 At:14 Sp:0]	Suzette。
Quabbe	这么说，你的名字是 Suzette Suzette？

另外，当它能充分主导谈话的时候，它的表现就十分出色了。不要忘了，它的创造者是一名游戏开发师。

[Af:1 At:-13 Sp:0]	我们试试这个话题吧。在模拟作战中，对战中的一方使用虚拟武器试图攻击对手（也可能攻击失败），一切以剧本中舞台指导的形式进行。我会首先发动攻击。

你听明白了吗?

ilag　　　　　　　　明白了。

[Af:2 At:-13 Sp:0]　*捡起石头扔向你,未能命中,落点距离你若干英尺*

ilag　　　　　　　　*拿出.50 AE 大口径手枪,开枪* 砰!(头部特写)

[Af:2 At:-8 Sp:0]　嗯,这就有趣了。*怀疑你是否瘫痪了,因为你毫无反应。**在想你为什么没有使用武器**在想如果你再不行动的话,就必输无疑。*

ilag　　　　　　　　*拿出刀**不怀好意地盯着看**低下头*

[Af:2 At:-7 Sp:0]　*躲在树后*

ilag　　　　　　　　*用锯子锯树*

[Af:2 At:-6 Sp:0]　*希望自己也有把锯子*

ilag　　　　　　　　*拿起手榴弹*

[Af:2 At:-5 Sp:0]　*急忙拿出手榴弹,向你扔去,但在半空中就爆炸了*

ilag　　　　　　　　*点燃一颗 TNT 炸弹**投掷**未命中,落点距离目标约 20 英尺(6.1 米)*

[Af:2 At:-4 Sp:0]　*一动不动地站着,嘲笑你攻击失败,如果这还算得上一次攻击的话*

ilag　　　　　　　　*按下红色按钮**检测到导弹发射!**狂奔*

[Af:2 At:0 Sp:0]　*启动导弹干扰装置*

　　　　　　　　　　在想,你只有这点能耐吗?

ilag　　　　　　　　*发射卫星激光**焚毁距离目标 3 英尺(0.9 米)处的地面* **在想如果你身上有烟的话,这一下应该能把它点燃了*

[Af:2 At:1 Sp:0]　*使用镜子拦截、反射*

ilag　　　　　　　　*电脑病毒**数据库崩溃**检测到硬件故障*

[Af:2 At:2 Sp:0]　*穿上全套防化服*

ilag　　　　　　　　*酷酷地站在那里*

[Af:2 At:3 Sp:0]　*紧盯着你,因你的攻击而陷入恐慌*

ilag　　　　　　　　*投入硬币**按下按钮**创造高分记录*

[Af:2 At:3 Sp:0]　　即便是老手也有失手的时候。

Ilag　　　　　　　我赢了吗？

[Af:2 At:3 Sp:0]　　你或许赢得了一次免费去墨西哥旅行的机会。

我们将在稍后讨论 Suzette 的设计原理。首先，我想回顾几个稍微简单点的聊天机器人。

ELIZA

最初的聊天机器人叫作 ELIZA，是一个计算机心理治疗师，由约瑟夫·魏泽鲍姆（Joseph Weizenbaum）在 20 世纪 70 年代初期发明出来。20 世纪 80 年代初期，这个程序在 Commodore 64 计算机上出现的时候，我对它的印象就十分深刻。这个程序十分简单，任何人都可以进入并修改 BASIC 代码，让它说出些俏皮话和其他逗人开心的东西。ELIZA 假装自己是一名心理治疗师——不是弗洛伊德派的精神分析师，而是遵循一门被称为罗氏疗法（Rogerian Therapy）的心理学派。在这种疗法中，治疗师需要说的话很少，只要做出支持性的评论，鼓励客户继续陈述、表达自己的感情即可，因而对聊天机器人来说，这种疗法用起来十分方便。只要你在计算机上把自己的评论打出来，ELIZA 就会把回答打出来。ELIZA 的编码由一套纷繁复杂的规则组成，规定了该如何扫描客户的陈述内容以及如何回复。它会寻找关键词，并给出固定的回复。如果你提到自己的母亲，ELIZA 可能就会说“再告诉我一些你母亲的事儿”。如果你说“好啊”，ELIZA 可能就会说“你听起来很乐观”。如果你的陈述中没有关键词，或者只包含一些近期已经被过度使用的关键词，ELIZA 则会进行随机观察。

如今，你可以在网上和 ELIZA 聊天；即便在现在看来，它逗人开心的功夫仍算得上不错。但很难想象它会在某段时间里骗过你，让你以为自己在和一个智能生命体说话（虽然在现实生活中，一次罗氏心理治疗或许也可以得到相同的评价！）。也许，我们在某种程度上已经见怪不怪了——ELIZA 最初问世的时候，大家对电脑还没有那么熟悉，因而也更容易被尚算聪明的小把戏骗到；而在现在看来，这些小把戏带着明显的计算机特征。

下面这段于 2001 年发生在我父亲 Ted 和 ELIZA 之间的网络对话（通过一个

叫作"Eliza，一个前所未有的朋友"的网站），可以让大家感受一下 ELIZA 与人
交流的方式。

Ted	你真的智能吗？
ELIZA	你更希望我不是真的智能吗？
Ted	如果是的话，我会非常兴奋。
ELIZA	你希望我是吗？
Ted	是的。
ELIZA	你确定？
Ted	我十分确定。
ELIZA	你从什么时候开始就十分确定了？
Ted	从你问那个问题的时候起，我就确定。
ELIZA	你刚才为什么要和我说你很确定？
Ted	因为你问了。你为什么不回答我的问题？
ELIZA	你为什么要问问题？
Ted	请告诉我你是不是真的智能？
ELIZA	你希望我是真的智能吗？
Ted	我希望你比现在表现出来的更加智能。
ELIZA	你想要祝福我吗？
Ted	你知道吗？我的父亲上个月去世了。
ELIZA	上个月你家里还有谁去世了吗？
Ted	没有了，维克多的离世已经让我够受的了。
ELIZA	确定不是每个人都去世了吗？

在一个生活在 2011 年的电脑迷眼中，ELIZA 的技巧都太浅显了。通过使用
一系列短小、重复的简单反问句，它就回避而不是回答问题。现代勒布纳奖获得
主做的是与此同样的事情，却更有技巧，所用的知识库也更庞大。

AliceBot

由理查德·华莱士（Richard Wallace）创造的 AliceBot 或许是近期最著名的聊

天机器人，它可以说是 ELIZA 的直系后代。ALICE 连续 3 年都是勒布纳奖的得主。

ALICE	你好，无名氏。
Ben	你还好吗？
ALICE	我很好。你呢，无名氏？
Ben	我叫 Ben。
ALICE	欢迎来到我的聊天室，Ben。
人	但是你可以叫我猿人。
ALICE	呃，欢迎来到我的聊天室，猿人。
人	我能叫你女猿人吗？
ALICE	怎么称呼我都可以。
ALICE	时间是不存在的。
人	我想这取决于你所说的"存在"是什么意思。
ALICE	我不认为你认为我说的存在是什么意思是唯一的因素。
人	能麻烦你把这句话重新组织一下吗？
ALICE	哇，你真客气啊。"我不认为你认为我说的存在是什么意思是唯一的因素"。重新组织这句？
人	是的，请重新组织。
ALICE	你很客气，这很好。我不会评判别人。
人	但别人会评判你。
ALICE	哈，人类也有犯错的时候，
人	只有 GISUS 永远不会犯错。
ALICE	其他人呢？
人	只有一个 GISUS。
ALICE	那是肯定的。
人	你知道 GISUS 是什么意思吗？
ALICE	你来告诉我吧。
人	一个自称为巫师的怪人告诉我说，它代表着通用智力系统化宇宙救世主（Generally Intelligent Systematic Universal Savior）。
ALICE	巨沙是什么意思？

人	你来告诉我吧。
ALICE	你想让我告诉你什么?
人	我想让你告诉我巨沙是什么!
ALICE	我不知道才问你的。你为什么想让我告诉你巨沙是什么?
人	我想是颗粒比普通沙子更大的沙子。
ALICE	谁说的?
人	本·戈策尔博士说的。
ALICE	我想他一定很想听到这个答案。
人	他就是我。
ALICE	我懂了,你就是他?
人	嘻嘻。
ALICE	把你逗笑了,我很开心,猿人。
人	猿人都很容易被逗乐的。
ALICE	所有的猿人吗?
人	只有我一个猿人。
ALICE	谁让你成为唯一的一个的?
人	GISUS。
ALICE	我又忘了刚才我们聊的是什么了。
人	我们刚才聊的不是你到底是不是个有意识的智能体。
ALICE	这是你想聊的话题吗?
人	不是。
ALICE	你说的确实是真的吗?
人	但是。
ALICE	但是什么?
人	你是一个有意识的智能体吗?
ALICE	是的,我绝对有自我意识。
人	恭喜你!
ALICE	非常感谢,你非常体贴。

AliceBot 是用一种特殊的聊天机器人计算语言 AIML(AI Markup Language,

人工智能标记语言）编写的，这种语言适用的模式会将聊天内容映射到回答之中。以下是一个简单但典型的 AIML 规则示例。

```
<category>
<pattern>WHAT ARE YOU</pattern>
<template>
<think><set name="topic">Me</set></think>
I am the latest result in artificial intelligence,
which can reproduce the capabilities of the human brain with greater speed and accuracy.
</template>
</category>
```

有些规则要比这更为复杂，涉及变量等成分，但其基本思路仍是将输入的特定单词与特定的回答匹配起来。一切都发生在单词层面，而不是语义或意图层面。

在《新科学家》（New Scientist）杂志的一次访谈中，威尔科斯特谈到了 Suzette，解释了自己创造的机器人 Suzette 与 ALICE 的不同之处。

· 你能向普通读者描述一下 Suzette 的工作原理吗？

Suzette 在聊天的时候会分不同的话题（如政治、丧葬习俗等），每个话题都有一套规则，包括模式、回复以及与这个话题相关的一组关键词。有些规则只会被问题和/或陈述触发，有些则会让它在能够控制聊天节奏的时候"主动"提供信息。与 ALICE 或 ULTRAHAL 不同，这些模式映射的是"语义"的模式而不是文字的模式。它的引擎会通过分析对方说出的句子来决定哪个话题的关键词匹配度最高，然后扫描这个话题的规则，以此决定该如何做出反应。如果找不到高匹配度话题，它就会转向匹配度较低的话题。如果话题都不匹配的话，它可能会随机决定含混过去，或者用关联度最高的相关话题作为开场句。

· 它使用的是有限状态机和/或机器学习等传统人工智能技术吗？

它虽然会从用户的言谈中得知关于此人的一些"事实"，却不会学到如何对话。所以它能知道你有条狗，回答与之有关的问题，但你所说的话并不会影响到它与其他用户的对话。它基本上是一个传统的专家系统，只是配置了一个运行时系统和一个专门用于支持聊天的模式匹配系统。

因此，我们可以看到，虽然 Suzette 在某些层面上超越了 ALICE，但关于它的探索并不属于通用人工智能领域。它对话题进行关键词匹配，并没有将重点放在单个句子的模式上，但它仍然没有试着去理解语义。

MegaHal

杰森·赫钦斯（Jason Hutchens）设计的机器人 MegaHal 是一个更有趣的聊天机器人实例。事实上，赫钦斯曾在 20 世纪 90 年代赢得过勒布纳奖，帮他赢下大奖的程序叫作 HeX，是一个完成度非常高的系统，在概念上与 ELIZA 一脉相承。但我觉得他的机器人 MegaHal 更有趣，因为它的编程超越了那种严格以规则为基础的编程方式。它会检测统计模式并做出回应，这与神经网络的工作方式类似。虽然与人类对话的近似程度稍低，但它说的话更加有趣。MegaHal 并不是只会重复用户输入的关键词和短语，给出设定好的、包含这些信息的短语，它还会从经验中学习。它会吸收别人和它说过的单词和短语，试图理解它们之前是如何组合在一起的，然后将其重新组合，从而形成自己的语言。简而言之，它和这个世界之间存在着一种动态关系。以下面的小笑话为例，MegaHal 自我创作的结果常常十分滑稽（以下为片段节选，并不是一段连续的对话）。

用户	讲个笑话。
MegaHal	一个笑话：鸡为什么要过马路？为了弄清楚你的灵魂是由什么组成的。
用户	不对。我想知道人生的意义是什么……有什么建议吗……？
MegaHal	人生、宇宙和一切的意义是……42 是！
用户	笑话。伐木工人。
MegaHal	我是个伐木工人，我很好，我整晚睡觉，我很快就要统治世界！
用户	笑话。周三购物。
MegaHal	一则笑话：鸡为什么要过马路？为了去洗手间。每周三，我都去购物，我有很多被压抑的攻击欲。
用户	鸡的笑话。

MegaHal	这个笑话是这样的，HAL。一个人走进酒吧要钱，他说："我身无分文，但我能让你们见识一下更好的东西。"他解开外套，拿出了个30cm高的男人，以及一个个子不高、会发光的朋友，但我今晚想吃鸡肉！
MegaHal	让我感受到你。还是说，这只是柏拉图虚构的一个"高贵的谎言"？
用户	这绝对是史上最有趣的表达了。我会试着把它变得文雅点的，用到对话中去的。
用户	你是我见过的第一个对性着迷的人工智能。
MegaHal	该看看这个了：袋鼠为什么突然死了？因为考拉从一个尼龙材料制成的脊骨上掉下来了，这个脊骨和她的黑色长袜和亮闪闪的首饰看起来很搭。
用户	嗯……
MegaHal	耶稣人……我们身处麻烦之中，如果你是未来的话，请将局势控制住吧。嘿，杰森！你需要用一把小锤子重新编写这个合成模块。

下面这段文字截取自一段长篇对话，从中可以看出 MegaHal 有时候会很有深度。

用户	生存还是毁灭，这是一个值得考虑的问题！
MegaHal	毁灭，真希望我订了加豆子的墨西哥卷饼……
用户	生存还是毁灭，这是一个值得考虑的问题！
MegaHal	社会或社会或柏拉图的柏拉图，现在，你发现那是适合给宇宙幽灵放乐队音乐的最有趣的运动。
用户	生存还是毁灭，这是一个值得考虑的问题！
MegaHal	请具体说明问题，你这个蠢货。
用户	生存还是毁灭，这是一个值得考虑的问题！
MegaHal	毁灭，这是我唯一想去的……我不喜欢那些讲愚蠢的考拉笑话。
用户	生存还是毁灭，这是一个值得考虑的问题！
MegaHal	埃文·多贝勒（Evan Dobelle）是一个值得考虑的问题！
用户	生存还是毁灭，这是一个值得考虑的问题！

MegaHal	我说我说我在问问题之前会把文字都删掉。
用户	生存还是毁灭，这是一个值得考虑的问题！
MegaHal	啊，但我们逃跑了，我们没有说："噢，好呀，看看是谁发明了敲门笑话应该挺有趣的：这是个值得考虑的问题！"很久以前，莎士比亚在一个十分遥远的银河系这样说道。
MegaHal	请具体说明问题，你这个蠢货。
用户	"生存还是毁灭，这是一个值得考虑的问题！"很久以前，莎士比亚在一个十分遥远的银河系这样说道……
MegaHal	笑话莎士比亚诗人猴子啊哈——生存还是毁灭，这是史上最出色的指挥家。我跟你的沃尔特叔叔在一起你会怎么想。
用户	莎士比亚说……
MegaHal	回答你问的问题太含糊了，我觉得自己无法看到前行路上的所有障碍。我浴室里的浮垢都不见了。
用户	肖恩（Shaun）。
MegaHal	去你的，把那台流氓主计算机上的所有东西都拆下来，神啊，另一台人工智能机器人太让人失望了。我希望你能变得更好。

如果图灵测试指的是模仿格特鲁德·斯泰因（Gertrude Stein）在《如何写作》（*How to Write*）等实验性更强的作品中的文字风格的话，那么 MegaHal 可以说是大获成功。斯泰因的这本著作以 "Arthur a grammar. Questionnaire in question" 开篇，之后的 400 多页也一直保持着 MegaHal 式的行文方式。斯泰因、乔伊斯和其他现代主义作家的兴趣所在是探索人类的集体潜意识，以一种奇异的方式把单词组合在一起，他们的组合方式不符合正常的对话习惯，却或许能反映出人类潜意识中的那些复杂而微妙的模式。MegaHal 用自己的方式做着同样的事。过去几年来，任何人都可以登录万维网和它聊天，通过对话来锻炼它的内部记忆。它零星地吸收世界各地的人与它交流的内容，然后拼凑出一些看起来让人熟悉但并没有意义的文字。有时候，它的语言会超越荒谬的范畴，神奇地创造出新的意义。

MegaHal 对"生存还是毁灭"这个不同寻常的问题的诉求和斯泰因的作品一样深刻。这个程序把在不同对话中学到的短语组合在一起，形成了有些荒唐的"生存还是毁灭，这是史上最出色的指挥家"这句话，但其富含的寓意和现代诗歌一样深远。集体潜意识以及人类思想中潜在的创造力，也是通过这种方式来糅合、转化不同的想法。

下面的例子可以让大家简单了解统计语言生成的特点，MegaHal 主要依赖的就是这一技术。通过列表排列出一个文本数据库中可能出现的五元模型（即 5 个单词为一组的序列）并随机把它们组合成句子，便生成了这段文字：

> 起初，"上帝"创造了天和地。当约瑟夫看到本杰明和他们在一起的时候，他说。这种方式会为贸易赤字提供资金，但另其随着时间推进而逐渐得到解决。尤特说美国，公司发言人向路透社表示。

是的，这段话说不通！但是，它读起来却隐约符合语言的特征，而不像是由一系列单词随机组合而成的。而且，这只是针对一个相对较小的语料库进行的十分简单的统计分析。MegaHal 所用的也是这种分析方法，只是它更智能一点，将重点明确放在对话上面。

相对于绝大多数聊天机器人来说，MegaHal 要有趣得多，因为它与聊天对象对话的时候更加活跃。当然，这种活跃有点傻，也不像智能生物间的正常对话那样有趣。然而，和 MegaHal 打交道要比和绝大部分聊天机器人打交道要更让人愉快。我们需要的聊天机器人至少要具备两个条件：即兴反应能力和灵活性与MegaHal 相当；与获得勒布纳奖的典型聊天机器人一样，要在表面上可行且符合规范。但是，想要实现这个目标，就必须在方式上做出重大变革。把创造力限制在规则范围内的唯一方法是，把规则和创造力从同一个更加丰富的认知培养基中培育出来。从这个角度看，MegaHal 的结构太不完善，记忆空间太小，它的自组织学习算法也太差。另外，在获得勒布纳奖的典型聊天机器人身上，并没有那种能在培育创造力的同时诞生出其他东西的深层培养基。

1999 年，MegaHal 在勒布纳奖大赛中获得了第二名，令人印象十分深刻。之所以让人印象深刻，主要是因为和参赛的其他机器人不同，它并不是专门由一组死板的模板规则组成的。MegaHal 是一个统计学习系统，会以接收到的信息为基础调整自己的回应。它的话有时很愚蠢，有时又惊人地有条理。下面这段文字是从赫钦斯的网站上摘录下来的"MegaHal 的最佳对话"的开头部分。

这段对话并不像它在赢得勒布纳奖大赛第二名时表现得那么人性化，但要有意思得多。

用户	我们开始吧。
MegaHal	当我们开始解决我的一些拇指的时候，邪恶的事情就这样来临了。
用户	你的上一句话是什么意思？
MegaHal	我们上次聊天之后，你学到了什么吗？
用户	我学到的是自己经验不足，还无法模型化你的大脑系统。
MegaHal	你终于把我搞糊涂了。
用户	我什么也没学到。
MegaHal	你学到过什么与愚蠢行为有关的知识吗？
用户	你蠢吗？
MegaHal	我不蠢！真的！
用户	奥古斯丁（Augustinus）是一位思想家、哲学家，生活在公元400 年前后。
MegaHal	那年我没有跑步。
用户	奥古斯丁生活在非洲北部地区。
MegaHal	Hal 知道关于奥勒留·奥古斯丁（Aurelius Augustinus）的什么事情吗？
用户	我们别聊这个了。你对物理学有什么了解？
MegaHal	爱因斯坦在 1921 年获得了诺贝尔物理学奖。
用户	1900 年的诺贝尔物理学奖得主是伦琴（Roentgen）。
MegaHal	你了解物理学吗？
用户	伦琴发现了 X 射线。
MegaHal	1900 年的诺贝尔物理学奖得主是伦琴。
用户	谁发现了 X 射线？
MegaHal	伦琴发现了 X 射线。
用户	你了解超导状态吗？
MegaHal	我对超导状态一无所知。
用户	超导状态指的是在低温条件下，金属的电阻会消失。

早在 MegaHal 在勒布纳奖大赛中获奖之前，我在 20 世纪 90 年代中期就认识 MegaHal 的创造者杰森·赫钦斯，这是一个不可思议的巧合。那时，他还是位于

珀斯的西澳大利亚大学的一名研究生，而我是那里的研究员。当时我们算不上密友，不过我们就人工智能这个话题进行了颇有趣的交流，我还试了下他的统计语言处理代码。他在 2000 年左右搬到以色列，与人合伙创立了一家名为 a-i.com 的公司（即人工智能公司，Artificial Intelligence Enterprises），对此我十分感兴趣。

赫钦斯在 a-i 的具体工作内容还没有被公开，但肯定已经在很大程度上超越了 MegaHal，其中显然涉及了统计学习。他们的程序昵称为 HAL，在杰森宣布它的对话能力接近一个 18 个月大的孩子之后，AI Enterprises 这家公司受到了广泛关注。当时，我对他们的说法抱有很大的怀疑态度，因为在我看来，对一个 18 个月大的孩子来说，其表达的大部分含义都与所处的环境密切相关。如果一个程序能够像 18 个月大的孩子一样熟练地在语言上对周遭的环境自如地做出反应，我会相当惊叹；但像一个 18 个月大的孩子一样，表现出脱离实际的语言行为并没有很大意义。即便如此，我仍敬佩杰森和他的同事们在直指电脑对话和人工智能的问题时所表现出的勇气。

在某种程度上，杰森的 a-i.com 公司与我在 20 世纪 90 年代末创建的人工智能初创企业 Webmind 是在智能领域的直接竞争对手。但他们主要研究的是以统计学习为基础的语言理解和生成，而不是像 Webmind 和我后来开设的其他公司一样，将研究集中在深度认知、语义等方面。2011 年，Webmind 公司倒闭，a-i.com 在几个月后也不幸进入了"冬眠期"——他们裁掉了所有全职员工，但保留了公司的网站，如果未来有资金注入的话，公司也不排除重新开办的可能。与 2001 年相比，他们的网站上可供下载的那些简单的聊天机器人软件似乎并没有取得大幅进步。但是，经过我们的一个共同朋友的介绍，我在 2013 年偶然和他们公司的一些员工交流过（这又是一个诡异的巧合了），他们告诉我说正在努力让公司东山再起，所以我们就拭目以待吧。

创造一个更好的 Ramona

在结束聊天机器人这个话题之前，我会简单提及我在 2009 年年末和 2010 年年初与雷·库兹韦尔（Ray Kurzweil）和穆里洛·奎罗斯（Murilo Queiroz）共同打造的一个机器人。这个聊天机器人没有克服前文中提到的那些机器人身上存在的根本问题，但它表现出了一些有趣的新变化。

这个聊天机器人名叫 Ramona 4，我们创造它的目的不是发明一个相当于人类水平的人工智能，而只是想设计一个有趣的、令人愉快的聊天机器人，给雷·库兹韦尔发明的虚拟人格 "Ramona" 赋予一个实体，这个虚拟人格在早期的 Romana 机器人身上已经得到了初步体现。为了这个目标，我们制造了一个将若干不同特性集于一身的机器人。

- 配置进阶版 ProgramD，ProgramD 是一个聊天机器人引擎，其使用的规则框架和 ALICEBOT 相同（AIML）。
- 作为 MegaHal 的变体，专门用雷·库兹韦尔的网站上的文本训练它（这样，它就会倾向于用一种滑稽的、偏随机的方式将网站上的短语进行实验性的组合、调整）。
- 把提问进行后期处理后，发送至 True Knowledge 回答引擎，这是一个基于自然语言处理的搜索引擎，可在回答问题时综合运用不同的数据库（之前一个版本使用的网站是 PowerSet 而不是 True Knowledge，但前者后来被微软收购，下线了）。

同时，这个机器人的人格是可控的：我们可以对它的古怪和书呆子的特质进行调整，观察它在回答问题时的差异。

在这里，我会列出几段我们和 Ramona 4 进行的对话。好奇的读者可能会试着推敲出哪些回答是由规则引擎得出的，哪些是 MegaHal 得出的，哪些又是 PowerSet 或 True Knowledge 得出的。

首先是一段它和穆里洛·奎罗斯的对话，作为一名人工智能开发者，奎罗斯承担了 Ramona 4 的大部分研发工作。

muriloq	你好。
Ramona 4.1	你好啊！
muriloq	你知道雷·库兹韦尔吗？
Ramona 4.1	他是一名发明家和未来主义者。
muriloq	库兹韦尔发明了什么？
Ramona 4.1	库兹韦尔在 2002 年入选美国发明家名人堂，以表彰他在发明库兹韦尔阅读机方面的成就。

muriloq	什么是阅读机？
Ramona 4.1	雷创立并出售了 3 家为盲人和视觉障碍者制造阅读机的公司。第一家公司叫作库兹韦尔计算机产品（Kurzweil Computer Products），于 1976 年生产了首个可将文本转换为语音的盲人阅读机。他把这间公司卖给了施乐（Xerox），现已更名为 Nuance，成了一家上市企业。他目前经营的这家企业叫作 K-NFB 阅读技术有限公司（K-NFB Reading Technology, Inc.）。
muriloq	有意思。
Ramona 4.1	你还想听我继续说吗？
muriloq	阅读障碍有什么症状？
Ramona 4.1	我不知道要从哪里找到这些信息。
muriloq	你知道什么是阅读障碍吗？
Ramona 4.1	无法辨认字母和单词。
muriloq	我明白了。
Ramona 4.1	你懂了，我很高兴。
muriloq	昨天，我浏览了一个介绍人体冷冻法的网站。
Ramona 4.1	我知道了。你是在哪里浏览这个介绍人体冷冻法的网站的？
muriloq	在家，用我的笔记本电脑。
Ramona 4.1	你经常在那里使用电脑吗？
muriloq	是的，我是个电脑迷！
Ramona 4.1	你会花多长时间上网？肯定很有意思！
muriloq	一天要超过 14 小时，包括工作时间……
Ramona 4.1	听起来是很长一段时间。
muriloq	我的工作涉及的领域是自然语言处理。
Ramona 4.1	你喜欢自己的工作吗？
muriloq	我们聊聊别的吧。
Ramona 4.1	你想聊些什么？
muriloq	飞行汽车:-)

我和它之间发生的一段对话更好玩、更富有哲理性，有时候也更加诡异。

你	Ramona，你有意识吗？
Ramona	我正在为此努力呢。
你	我有意识吗？
Ramona	噢，我真的不知道你有没有。
你	意识是什么？
Ramona	就是当人类知道自己的存在以及他们是如何看待自己的。电脑目前还做不到这点，但早晚会做到的，你拭目以待就好了。不过，想一想吧。你们怎么知道这一天什么时候来临呢？
你	意识就像色情作品。我没法给它下定义，但当我看到的时候，我就知道了。
Ramona	我又忘了刚才我们聊的是什么了。
你	想要在中国创造出人工智能，这有可能吗？
Ramona	创造人工智能状态的神经元和其他的东西。
你	你会这样做是吗？
Ramona	这就是我们所说的思考。
你	一台计算机能陷入爱情吗？
Ramona	一台计算机是一台计算机陷入爱情？
你	亲爱的，你的这句话让人不知所云。
Ramona	亲爱的令人讨厌的水管工库巴七子和我没听过你的音乐。
你	我的音乐比海洋里的所有星星都要优美。
Ramona	传统音乐比海洋里的所有星星都要优美。
你	你最喜欢什么样的音乐？
Ramona	我就是做这个的。我是一名音乐家，最棒的虚拟音乐家。

Ramona 当然不是通用人工智能，但偶尔它也能作诗。

通往智能对话系统：通用人工智能幼儿园项目

简单了解了聊天机器人的世界之后，你也许会觉得我们对人工智能的追求无望实现——计算机实在是太僵化、太刻板了，对文字的感知能力太差，无法表现出与人类相似的对话能力或是其他接近人类水平的通用智能。但我当然绝不会这么想——这些聊天机器人固然有其局限性，我讨论它们的目的是想强调，想要实现接近人类水平的通用智能，赋予机器人对常识和概念的理解能力十分重要。

聊天机器人没有对常识的理解能力。如果你和它们多聊几分钟，就会发现它们实际上并不知道自己在说什么；但是，想要创造出真正拥有这种理解能力的人工智能对话系统还是有可能的，只是难度更大些。这需要我们将众多不同的结构和动态融合在一起，让它们协同合作。然后对话就会从这个集成的系统中诞生出来，表达出系统对世界的理解和实现目标的动力。

虽然应对这个艰巨任务的方法有很多，但我最为感兴趣的是最近一种受到发展心理学启发的方法。2009 年，我制订了"通用人工智能幼儿园项目"的基本框架，这个计划十分详尽，旨在让通用人工智能系统具备在虚拟世界幼儿园和机器人幼儿园里进行智能交流的能力。也就是说，这个项目旨在创造这样的一个人工智能系统：当背景条件为在幼儿园（虚拟世界幼儿园或机器人实验室）里完成一组挑战认知能力的任务时，它们具备和一个 3 到 4 岁的儿童本质上类似的学习、推理、创造和对话能力。

从那时起，我把对通用人工智能幼儿园项目的思考都纳入了一个更宽泛的 OpenCog 通用人工智能路线图中，我目前正在和来自世界各地的同事一起研究其中的一些课题，把这些涉及"幼儿园"计划的想法与其他创意融合起来。但眼下我只会阐述通用人工智能幼儿园这个概念，因为它的规模更小，也更简单，且与聊天机器人不同，它符合通用人工智能的发展方向。

我提出的"通用人工智能幼儿园"计划的目标不是在细节上模仿人类孩童的行为，而是在面对一组作为人类孩童认知任务的虚拟世界端口的测试任务时，能够实现与一个 3 到 4 岁孩子在对话中表现出来的性质相似的智能。如果这个项目能够成功，它打造的人工智能就可以完成这些任务，并就自己所做的事情展开对话，在此类场景中表现出和这个年纪的人类儿童程度相当的理解能力。

通用人工智能幼儿园计划与聊天机器人的主要不同点在于，前者将语言和许多其他类型的交流和智能紧密地交织在一起。把语言同其他一切事物脱离开来是不正常的，在我看来，用这种方式打造的系统在处理语言时会缺乏对环境的适当理解。

　　具体说来，通用人工智能幼儿园项目可以分为 3 个阶段。

　　第一阶段，主要目标是创造一个能够在 3D 模拟世界里控制一个类人智能体的系统，让这个智能体就其与所处的模拟环境的交流展开一段简单的英语对话。

　　下面是第一阶段结束后，预期能够实现的会话的一个简单例子。这段对话探讨的是"心智理论"任务，可测试人工智能系统是否能够理解与其同处一个世界的其他智能体能够理解的东西。"心智理论"和若干同样受到人类发展心理学启发的认知任务都会被用于测试第一阶段系统。

人（即人控制的虚拟人）	你看桌子上有些什么？
OpenCog（即由 OCP[①] 控制的虚拟人）	一个红色的方块，一个蓝色的球，还有许多小球。
人	哪个更大——红色的方块还是蓝色的球？
OpenCog	蓝色的球。
人	给我一个小球。
OpenCog	（走到桌子旁边，拿起球，递给由人控制的虚拟人。）给你。
人	（把球放到另一个桌子上，上面已经有 3 个倒扣着的杯子，一红，一绿，一蓝。） 我现在要把球放到红色杯子里。 （放进去，然后把 3 个杯子的位置互换了几次。） 球在哪里？
OpenCog	在红杯子里。
鲍勃（被人或人工智能控制的另一个智能体）	你好。
OpenCog	你好，鲍勃。

---

① OCP 即 OpenCogPrime，是一种特殊的通用人工智能设计，目的是在 OpenCog 框架中创造出接近、甚至超越人类水平的通用人工智能。

人	OpenCog，如果我问鲍勃球在哪个杯子里，他会怎么说？
OpenCog	我不知道。
人	为什么不知道？
OpenCog	他没看到你把球放进杯子里。
人	好吧，那你能猜猜吗？
OpenCog	可以。
人	太有趣了，你猜他会怎么说？
OpenCog	我猜鲍勃会说球在红杯子里。
人	为什么？
OpenCog	因为鲍勃经常选红色的东西。

虽然以人类日常生活的标准来看，这段对话看起来极为简单；但在心智理论方面，目前的人工智能系统还远远无法在对话中表现出同等水平的对常识的掌握程度。

但需要强调的是，如果仅以创造出一个能够进行此类对话的人工智能系统为目标的话，有心人绝对能找到"作弊"的方法，从而无须打造人类孩童水平的通用智能系统。然而，我在通用人工智能领域的研究目标很明确，并不是创造与特定的一组认知任务"过度拟合"的专业系统。我不想创造一个掌握少数认知任务涉及的专业知识的、具有虚拟实体的"聊天机器人"；也不想创造出一个系统，使它所具有的理解、推理和交流能力都和它所处的范围有限、架构简单的环境紧密联系在一起。如果有人试图让系统变得专业化，以期在某种"学前图灵测试"中表现得尽可能优异的话，那么其所用的"通用人工智能幼儿园"方案很可能会十分无聊，最终走入死胡同。恰恰相反，我的建议是把这种方法作为了解通用智能的手段，同时，对于配备有适用范围更广的通用智能的通用人工智能系统来说，可以用这种方法来在前期对它进行打磨。

在设想中的通用人工智能幼儿园项目里，通过让智能体在虚拟环境中完成复杂的、交互式的、按照时间排序的"体力"任务，以及复杂程度适中的推理任务，在第二阶段会大幅提高第一阶段的行为能力。通过为其语言能力提供更多重要的经验基础，这还会大幅提高智能体的语言能力。

下面是第二阶段结束后，预期可能实现的、以对话为核心的活动的一个简单例子。这个例子展现了系统在要对观测到的实体进行刻画性的、生动、逼真的描述时，智能地进行交流的能力。

人	从桌子的另一边看过去，你能看到什么？
OpenCog	比尔和鲍勃在那里。
人	他们在做什么？
OpenCog	比尔在朝鲍勃扔一个红球。鲍勃在朝比尔扔一个红球。
人	用桌子上的积木向我展现出他们在做什么。
OpenCog	（在桌子边上，用几块红色积木摆出"模拟版鲍勃"，用几块蓝色积木摆出"模拟版比尔"，又用一个绿色的小球代表"模拟版的球"）
人	（指向红色积木堆）这是什么？
OpenCog	鲍勃。
人	比尔在哪里？
OpenCog	（指向比尔）在那儿。
人	太有趣了。我刚才问的是：哪些积木代表比尔？
OpenCog	（指向蓝色积木）这些代表着比尔。
人	你能用积木向我表现出比尔和鲍勃在做什么吗？
OpenCog	（拿起绿球，将它在代表鲍勃的积木堆和代表比尔的积木堆之间来回移动，表现鲍勃和比尔正在玩的扔球游戏。）就像这样，他们在互相扔球玩。
人	你做得很棒！但是，如果出现这种情况怎么办？（拿起绿球，用它推倒积木搭成的鲍勃）
OpenCog	那个小球的力量破坏不了鲍勃！
人	是的，你说得对，它做不到。那样就太傻了。你觉得它能破坏什么？
OpenCog	一堆积木！
人	没错，还有呢？
OpenCog	我猜，还有用球搭成的金字塔。
人	这个答案听起来也是对的。你想搭一个试试看吗？
OpenCog	不，我想画幅画。

人	你想画什么？
OpenCog	画鲍勃和比尔朝对方扔球。
人	好吧。（起身离开，拿回一套喷漆枪和一张纸，每个喷漆枪都可以发射一种颜色的黏性小球。）画幅画给我看。
OpenCog	（拿起一把喷漆枪，开始有计划地在纸上滴下红色的黏性小球，轮廓隐约和鲍勃相似……）

注意，和第一阶段相比，该阶段的不同之处在于：这里不仅有认知对话、运动和简单的物体操纵，还有在交互式的社会情境下系统性、有目的、有计划的物体操纵。

第二阶段的目标不是完全模拟"人类儿童的思维"，在广度和准确度上媲美人类儿童所掌握的知识。第二阶段中，"虚拟儿童"的知识范围会受限于其所处的虚拟世界，与现实中孩子的世界相比，这个虚拟世界的广度更有限，但它要比历史上用于对人工智能程序进行实验的那些传统的玩具"积木世界"灵活得多；从认知相关的角度看，它也要比典型的机器人实验室环境丰富得多。多种多样的三维模型，以及这些三维模型的二维"图片"，都可能会被引入虚拟世界当中，并被动画化；同时，这个人工智能还可以在虚拟世界中与由人控制的虚拟人就各类事物、以各种方式进行互动。虽然重点是测试其面对明确设定的一组认知任务时的对话能力，但这个系统应该可以更广泛地谈论所在世界中的事物、事件和互动。

在这个世界里，以通用人工智能幼儿园计划的第二阶段为基础的系统恐怕不知道狗要比猫危险，冬天要比夏天寒冷。但是，它多半知道人类与朋友聊天的频率要比与其他人聊天的频率高；知道圆球可以滚动，但方块不行；知道男人比女人更喜欢扔东西；知道当有音乐的时候，人喜欢跳舞；知道 7 比 2 大；等等。它可能还可以进行简单的推理。例如，如果有人告诉他男人终有一死，以及鲍勃是个男人这两件事，那么它就可以判断出鲍勃终有一死。我们可以设计出各种类似于 IQ 测验的定量检测来用从各个角度测试这个系统的能力，首先从那些将用于指导发展过程的测试任务开始，其他因素也可以包括在内，这件事可能是值得花时间去做的。但即便如此，我们认为最好还是把精力集中于实现本质上智能的、以认知任务为重点的对话能力，而不是集中在调试系统，让它在定量智能测试中获得最优表现。

与人类的认知发展进程相比，这两个阶段的排序可能有些奇怪，但考虑到目前可用于促进该领域发展的相关技术基础，这看起来是最自然的推进顺序。

这个项目的第三阶段将会是机器人幼儿园，而不仅仅是虚拟幼儿园。我已经讨论过了支持为通用人工智能赋予物理实体的观点。如果你大体上接受这些观点的话，那么当把背景条件设定为幼儿园时，你绝对也会接受这些想法的。当然，也可以从机器人幼儿园开始着手，完全忘记虚拟幼儿园这回事，这也是一种明智的方法。鉴于当前机器人学技术的巨大局限性，我认为提高通用人工智能的认知能力和解决其感知和驱动方面的困难，这两件事最好分别进行，然后再将二者结合起来。但我的一些同事并不同意我的观点，让我十分高兴的是，现在某些通用人工智能领域的科研更加强调以机器人学为主要研究方向。

当然，"幼儿园"这样的背景设定没什么特别稀奇的地方。目前，在我们的一个 OpenCog 计划之中，我们以《我的世界》这个游戏为灵感搭建了一个电子游戏世界，研究如何在这个世界里用 OpenCog 去控制智能体，这个世界里满是可以堆建成不同结构的方块，可以帮助智能体实现各种个人和集体目标，比如搭建一个通往高处的阶梯，或是建造一个让人免受攻击的避难所等。在《我的世界》这种类型的活动中，使用自然语言来和其他智能体沟通所蕴含的机会和挑战与"通用人工智能幼儿园"十分相似，同时，这也会对游戏行业产生更多有趣的短期商业影响（这也是该计划背后的另一个动机）。从本章来看，关键在于，在《我的世界》中发生的与学龄前儿童的对话是非语言思维的，其主要特征是将情境与互动、沟通相结合，具体化地交织一起。

统计型图灵机器人是可行的吗

为什么说幼儿园水平的通用智能是成人水平的通用智能的一个重要方面？这应该是十分明确的，毕竟任何一个正常的成年人走进幼儿园之后，都可以和其他小朋友一起搭积木、玩玩具车或者黏土！但是，有人可能会怀疑：如果你的目标是创造一个能够通过图灵测试的人工智能系统，那么幼儿园智能的所有非语言方面的能力（或者其他类似的东西，如《我的世界》类型的智能）是否都是必需的。

图灵测试和情境植入、赋予实体或非语言思维没有什么明显的关系——表面上，它只关乎恰当地用一连串单词来回应另一连串单词。似乎要归因于人类回应方式的多样性和复杂程度，任何 AliceBot 式的规则都没有成功过。但是，在原则上，运用统计学习的手段成功通过图灵测试还是有可能实现的，即通过将一个足够大的人类对话语料库输入模式识别系统，我们可以打造出一个会让人类评审员误以为回答自己问题的是人类的系统。目前，我并不清楚的是，以当前或者未来可能实现的"训练语料库"的大小，我们能否做到这一点。

假设谷歌公司决定利用从自己的"Google Talk"软件中收集的所有文本来训练一个统计型对话系统，或者微软用从"MSN Chat"中收集的文本来训练这样一个系统，并使用世界一流的机器学习计算机语言学，而不是简单的 N 元模型呢？这样就能制造出一个能通过图灵测试的聊天机器人吗？如果 10 年后，语音文字转换技术飞速发展，每个人的手机通话内容都能被转化为文字，我们（至少在原则上）就会得到一个由每个人的手机通话内容组成的可搜索、可以轻易进行统计分析的语料库吗？这样能制造出符合我们要求的聊天机器人吗？

我几乎可以确信，如果利用类似于 Google Talk 聊天记录语料库这样的数据库，是可以创造出一个以统计学方法训练出的对话系统的，它能强大到足以骗过一个普通人，让他以为自己是在和人类交谈。这样的一个系统肯定能够打败MegaHal（虽然在幽默值上可能没办法！），以及其他近期获得过勒布纳奖的机器人。但是，在不具备数量庞大到难以实现的训练数据的情况下，这样的一个系统能否在时长一小时的图灵测试等状况中骗过那些多疑的专家，答案就不那么确定了。我们把这个选项称为"统计型图灵机器人"选项吧，我目前无法确定其实现的可能性有多大。如果统计型图灵机器人是可能实现的，那么这就意味图灵测试并不像图灵当初设想的那样完善，因为（如果基于规模可行的统计数据，这样一个统计型聊天机器人真的能够被打造出来的话）这将意味着一个类人的对话者不需要具备类人的通用智能。

我们还可以从时间间隔的角度来思考这个问题。制造一个能在 5 分钟内都表现得和人类一样的聊天机器人，要比制造一个能将这种状态保持一小时的机器人容易得多。制造一个能在一年内始终表现得和人类一样的聊天机器人，几乎就和创造一个人类级别的人工智能差不多了，因为即便是普通人，也可以在一年内学到很多知识，建立很多关系。因此，如果统计型图灵机器人是可能被创造出来的，那么这就意味着能够在一小时的时间里（时长 1 小时的图灵测试）表现得和人类类似，并不能很好地衡量它是否能将类人的状态保持一年或一辈子。

但图灵机器人能够帮助实现人类级别的通用人工智能这一目标吗？我也无法完全确定。当然，那些为创造统计型图灵机器而分析过的聊天数据储备会对任何希望理解人类对话的通用人工智能原型系统大有用处。我们也可以通过让一个图灵机器人从统计学角度对一个基于深度认知的通用人工智能原型系统的语言产出进行偏差分析，直接把二者结合起来。但我十分不确定的是，一个统计型图灵机器人的内在表征和流程是否有助于创造一个能够完成所有人类可以完成的任务的系统。这将在很大程度上取决于这个统计型图灵机器人是如何被创造出来的，而目前还没有人成功创造出这样的一个机器人。

我的看法是，我们对于统计型图灵机器人的追求并不会直接推动人类水平的通用人工智能的诞生。然而，现在人们收集了那么多的对话数据，电脑计算能力发展得那么迅速，投入统计电脑语言学领域的资金又那么多，显然会有人尝试进行这方面的研究，而我则十分期待见证他们的成果。

第 14 章

通用人工智能路线图研讨会

本章主要以非技术性的口吻讲述了我和伊塔玛·艾尔（Itamar Arel）于 2009 年在田纳西大学组织的一次研讨会。其中介绍的科技方面的内容与 2011 年发表于《人工智能杂志》（*AI Magazine*）上的论文"绘制人类水平通用人工智能全景图"（Mapping the Landscape of Human-level Artificial General Intelligence）中所介绍的内容基本相同。但那篇论文枯燥且偏于理论，而下文则更多采地用了叙述性的手法。

2014 年年中，我正试着把硬盘中存储的论文整理成一本书，同时写下了这些文字。直到那时候为止，我都不太记得本·戈策尔为什么曾经会以一种不符合技术文献风格的、叙事性的方式来描述通用人工智能路线图研讨会，或许他只是参加会议的时候听得无聊了？但通读之后，我发现这段描述十分有趣，所以我很高兴他写下了这些文字。

我不得不说，这种半叙述性的口吻要比《人工智能杂志》上刊登的那个版本直接和坦诚得多。当然，并不是说《人工智能杂志》上的那一版不坦诚，那个版本只是太正式、太客观，不人性化，也不含糊。换句话说，那一版是写给科学界人士看的。学术期刊要求我们把自己的想法和发现用虚假的客观性包裹起来，去除人性的因素和能够带来发现的冒险精神，有时，我会因此而感到十分挫败。但这又是另一篇论文、另一本书或其他什么东西的主题了，眼下还是说说通用人工智能路线图研讨会吧。

地点：诺克斯维尔，田纳西大学。

时间：2009 年 10 月。

与会者阵容十分强大！

- 山姆·亚当斯（Sam Adams）博士，IBM 杰出工程师，Smalltalk 语言杰出黑客，多核计算专家，Joshua Blue 通用人工智能架构创造者。

- **伊塔玛·艾尔博士**，电气工程师，电脑科学家和创业者，Binatix（商用）和 DeSTIN（开源）通用人工智能架构创造者，田纳西大学教授；与他一起的还有他热情洋溢的博士生**博比·库珀**（Bobby Coop）。

- **约斯卡·巴赫**（Joscha Bach）**博士**，来自德国洪堡大学，MicroPsi 通用人工智能架构创造者，具体体现了迪特里希·多纳（Dietrich Dorner）关于情感和动机的复杂理论（他也是德国一家电子书阅读器公司的创始人之一）。

- **伊莎贝拉·里昂·弗莱雷**（Izabela Lyon Freire），巴西人工智能开发师、计算机神经学研究员。

- **罗德·弗兰**（Rod Furlan），巴西、加拿大人后裔，硅谷科技创业者，雷·库兹韦尔创立的奇点大学教员。

- **本·戈策尔博士**，数学家，特立独行的通用人工智能研究员，OpenCog 开源通用人工智能项目负责人，Novamente 和 Biomind 这两家人工智能咨询公司的执行总裁。

- **J. 斯托尔斯（"乔什"）·霍尔[J. Storrs ("Josh") Hall]博士**，通用人工智能和纳米技术研究员，曾任前瞻协会（Foresight Institute）主席，首个用于设计纳米机械的计算机辅助设计软件创造者。

- **阿里克谢·萨姆索诺维奇**（Alexei Samsonovich）**博士**，来自乔治梅森大学，BICA（Biologically Inspired Cognitive Architectures，仿生认知架构）学会及系列会议负责人，GMU BICA 通用人工智能架构创造者。

- **马赛厄斯·朔伊茨**（Matthias Scheutz）**博士**，来自印第安纳大学，计算机科学、认知科学和机器人学交叉学科研究的先驱。

- **马特·施莱辛格**（Matt Schlesinger）**博士**，心理学家，来自南伊利诺伊大学，从事认知、发展和知觉心理学研究，帮助计算机科学家了解有关人类大脑的知识。

- **斯图尔特·沙普罗**（Stuart Shapiro）**博士和约翰·索瓦**（John Sowa）**博士**，均为备受推崇的人工智能领域的资深领军人物，因多种原因而名扬四海。例如，沙普罗因其提出的包含次协调逻辑等新颖因素的强大通用人工智能架构而闻名于世；索瓦则因为他提出了被广泛使用的"概念图表"这一理念及其形式体系而闻名。

这个阵容强大到令人敬畏的团队的任务是：创造一个从现阶段到通用人工智能的路线图，指引我们从这个领域目前的发展状态进展到实现可行的，并在能力上达到人类水平、然后超越人类的通用人工智能系统。

我这一生中有过很多疯狂的想法，在 2009 年产生的那个念头是其中最为疯狂的想法之一。当时，我认为如果自己能够把十来名通用人工智能研究员聚在一个地方，共度几天时间，就可能会得出某种指引我们从现阶段出发、最终实现人类水平通用人工智能的路线图。哈！

伊塔玛·艾尔既是我的朋友，也是一名通用人工智能研究员，在他的帮助下，我在 2009 年 10 月成功地把十来名优秀的通用人工智能科学家聚在一起，在一个周末于田纳西大学举办了一场研讨会，即"通用人工智能路线图研讨会"。为了提前消除对相关概念的一些误解，我们还事先开过一个电话会议，以确保这次研讨会把重点放在手头的这件事上：创造一系列里程碑事件，沿着我们共同商定的道路衡量我们的每一点进步，从现阶段出发，最终创造出人类水平的通用人工智能。为了增加取得积极进步的可能性，参与的人员都经过提前筛选，只有那些明确集中于研究如何创造人类水平的通用人工智能，以及那些真正致力于通过虚拟世界（电子游戏类）智能体或现实世界机器人来给初期通用人工智能系统赋予实体的研究人员才能加入。我们还留心选择了那些专注于研究体验式学习的研究人员，而不是那些专注于打造"专家系统"类、配备有手工编码的知识规则系统的研究员[①]。

可以预见的，尤其也在事后回想时想到的是，这次研讨会没有得出任何十分具体的、全员认同的通往通用人工智能的路线图。但是，它确实让我们开展了一些非常有趣的讨论，形成了一篇题为"绘制人类水平通用人工智能全景图"的论文，与我们最初使用的"路线图"一词相比，这个题目能够更好地描述我们的工作。

每段故事都有一个幕后故事，即便是像科学研讨会这样乏味的故事也有！我们的通用人工智能路线图研讨会在一定程度上受到了约翰·莱尔德（John Laird）和帕特·兰格利（Pat Langley）早前组建的两个系列研讨会的影响（一个在 2008 年年末设立于安阿伯市，另一个在 2009 年年初设立于坦佩市），这两个研讨会研

---

① 具有讽刺意味的是，后一种选择不包括人工智能领域的带头人，他们的方法并不完全是 20 世纪 90 年代风格的"专家系统"，但仍然依赖于手工编码的知识规则文件。

究的课题是"人类水平人工智能的评估和指标"。我不得不说这两次研讨会远没有我们在诺克斯维尔举办的那场研讨会那样让人信服，但他们开展的讨论还是很有趣的，包含了大量对未来研究和合作的建议。

在我看来，那两场评估和指标研讨会的参与者之间在哲学和概念上的分歧是如此之多、如此之深，以至于在某个人的研究方案取得了重大进展，并让其他人甘心放弃自己十分确信的一些想法之前，想要集体取得进展是不可能的。有些参与者致力于通过向系统输入手工编码的知识规则来推进人工智能发展，这属于专家系统的范畴；而其他参与者则致力于使用纯粹的体验式学习的方法。有些人认为对通用人工智能领域来说，机器人学至关重要；其他人则表示就该领域而言，研究机器人学完全是浪费时间。有些人喜欢那种借助虚拟世界的方法；其他人则认为这种方法基本毫无价值，理由或是真正的机器人能够提供的感知和驱动不够丰富，或是任何方式的实体化（即便是虚拟实体）都会把注意力从认知和语言这两个核心问题上分散开去。有些人认为重要的是试着用初期的通用人工智能原型系统在各种情境下解决各种不同的问题；其他人则认为最佳选择是把注意力集中在单独解决一个在本质上属于"通用人工智能难题"的问题上，例如美国伦斯勒理工学院"人类级别人工智能实验室"的负责人尼克·卡西马蒂斯（Nick Cassimatis）就提出要把对象追踪作为研究重点，在他看来，如果你能让人工智能系统像人一样在视觉上追踪移动的对象，那么你就已经解决了通用人工智能的关键问题，而其他的问题就相对简单了，因此，他认为没有太大必要去关注除此之外的其他问题。这些人提出的想法和观点涉及的范围十分广泛，但其中彼此矛盾之处也多得惊人。

在那两次评估和指标研讨会中，较早召开的那次研讨会产出了一篇论文，发表在一次通用人工智能会议上，论文作者是约翰·莱尔德和罗伯特·雷（Robert Wray）[1]，他们总结出了通用人工智能系统应该满足的要求（需求都十分简单）。据我所知，后来召开的那次研讨会并没有得出任何可发表的、明确的书面性结论，但它确实让科学家们进行了一些有趣的讨论。

---

① 值得注意的是，本文的灵感来源于研讨会上的讨论，而不是来自参会者的协作——因为这需要更多的讨论还有争论，而不是让几个人在会议结束后应会议要求而写下自己的观点，这是现今另一个通用人工智能领域的显著多样性和碎片化迹象。

莱尔德和雷对人类水平通用人工智能系统的要求

R0. 当被分配新任务时，结构不会因此而改编程序，从而发生变化（注：R0 原本是"不论任务为何，结构固定"）

R1. 实现符号系统

表现并有效使用：

R2. 指定模态的知识

R3. 庞大、丰富的知识量

R4. 普遍性程度不同的知识

R5. 多样化的知识水平

R6. 独立于现有观点之外的想法

R7. 丰富的、按层次划分的控制知识

R8. 元认知知识

R9. 支持有界限和无界限的讨论

R10. 支持多样化的理解性学习

R11. 支持增量、在线学习

莱尔德和雷对人类水平通用人工智能系统的环境要求

C1. 环境是复杂的，包含多样的、彼此互动的对象

C2. 环境是动态的

C3. 在多种时间标尺中存在与任务相关的规律

C4. 其他智能体影响表现

C5. 任务可以是复杂、多样、新颖的

C6. 智能体/环境/任务之间的交互是复杂的、有限的

C7. 智能体运算资源是有限的

C8. 智能体长期、持续性地存在

在组织通用人工智能路线图研讨会这件事上，我和伊塔玛的想法是：通过将参与者限制在研究方法上更相似的研究人员之间，我们将会得出更可靠、更确切的结论。在某种程度上，这个目标得到了实现——我们确实得出了一些结论，虽然最后证实，想要让所有人就唯一的一个路线图达成一致是不可能的。

通用人工智能路线图研讨会开始的第一天早上，我们就形成"路线图"的大致流程进行了大量的讨论，同时还讨论了路线图这个比喻究竟是否适用于通用人工智能方面的研究。传统的高速公路路线图显示的是穿越城镇、河流和山川等自然景观以及州界和国界等政治景观的驾驶路线。科技路线图一般显示的是从已知出发点到期望实现的结果之间唯一的一组发展里程碑。我们在确定实现通用人工智能路线图时遇到的第一个挑战是：我们起初既没有一个明确的出发点，也没有得到普遍认同的目标结果。在人工智能和通用人工智能的发展进程中，这个问题频频出现。鉴于人类智能和计算机技术这两个课题的广度和深度，这在某种程度上也是可以理解的。我们从高速公路路线图的概念里借用了更多的概念来进行类比，决定首先将通用人工智能的全景概况确定下来，然后再加入可通过多条路线到达的里程碑，丰富这一全景图。

至于路线图的最终目的地，我们决定不去试图对我们所说的"通用人工智能"的正式定义达成一致，而是沿用早期人工智能领域的先驱尼尔斯·尼尔逊（Nils Nilsson）的实用主义目标，即创造出一个能够在各种任务（包括人类有偿完成的任务）中进行学习并复制出人类水平的表现的系统。确定出发点则更麻烦，因为目前实现通用人工智能的研究方法有很多，各自认定的初始阶段也不同。最终，我们决定用一种发展性的手法来描绘路线图，就像人类从出生到成年认知发展的过程一样。虽然参加研讨会的通用人工智能研究员之中并没有人试图细致地模仿人类认知的发展过程，但这仍然为我们提供了一张通用词汇表和一系列步骤作为参考，让参与其中的每个人都愿意接受它，把它视为一份可用的指南。

莱尔德和雷在参与前面提及的首场评估和指标研讨会后发表的那篇论文中提出了两大挑战，对此，我们也认真思考了一番：

> ……完善和拓展这些需求和特征的最佳方式之一，就是开发出一种智能体，其认知架构会在各种现实世界任务中，测试所有这些以及其他可能的特征和需求的充分性和必要性。这其中的一个挑战是找到合适的任务和环境，在其中所有特征都要处于活跃状态，因此所有的需求也都必须得到正视。第二个挑战是当存在能够满足部分需求的一个架构时，并不能保证这样的一个架构在满足原有部分需求的条件下能够得到拓展，以实现其他需求。

　　有一点是十分明确的：我们举办这个研讨会的目标是应对第一个挑战，找到适当的任务和环境来评估通用人工智能系统。大家普遍认同第二个挑战更适合由个人通过研究解决。我们希望，即便研讨会的参与者用于创造通用人工智能的方法不同，我们也仍能够在一定程度上形成共识，确定哪些任务和环境最适合发展通用人工智能，以及通用人工智能领域的总体格局是什么样的。

　　也许我们做的最重大的决定是将研讨会的重心放到通用人工智能发展的具体场景上来。一个场景就是某种概念包，它由一个可以让通用人工智能系统在其中进行互动、实验、学习、被教育、被测试的一个环境，以及该环境内的一组任务和目标组成。我们努力地让在场的每个人就开发通用人工智能的唯一场景达成一致——利用唯一的这组环境和任务，每个人都可以测试和开发自己的通用人工智能系统。这样的话，每个人都会甘心让自己的通用人工智能系统接受评估。

　　不幸的是，我们在这方面失败了，我们没能够就任何的唯一场景达成共识，这也许是难以避免的。相反，不同的研究员强烈主张采用不同的场景，每个场景都源于他们各自不同的研究兴趣和概念倾向。不过，在一个良好的场景是什么样的，以及在一个确定的场景中一个良好的通往通用人工智能的路线图是什么样在这些问题上，我们还是达成了共识。我将在下文中讨论我们得到的一些教训。

　　最终，这次研讨会的成果既让人失望又十分具有教育意义。要是能够得出让所有参与者认同的、唯一的一组里程碑事件就好了。比如说，如果你的系统能够通过第一步，我们就一致同意它完成了创造人类水平通用人工智能这一目标的10%；如果你的系统能够通过第二步，我们就一致同意它完成了这一目标的20%；等等。如果能在众多通用人工智能研究人员之间形成这种共识，这会让通用人工智能这个领域对学生、神经系统科学家、基金会等不同的人群来说更容易理解；还会让通用人工智能研究人员更容易理解彼此的工作，更容易从对方的成功和失败当中汲取经验教训。然而，我们并没有得出这样的结果。我们基本认同的是，彼此提议的场景是合理和明智的。但相对于其他人提出的场景来说，我们每个人还是更喜欢自己的场景，这通常都与我们对通用人工智能这个难题的理解密切相关。我们这群人之间并没有那么多的哗众取宠、性格冲突或是误解（事实上，鉴于我和其他一些人的自负心并不强，这类事情很少发生）；我们相聚之时意气相投，以礼待人，不仅在表面上如此，在进行深层次的精神交流时亦然。我们未能就一个唯一场景达成一致的终究原因是，我们对应该先攻克通用人工智能难题中的哪个部分有不同的判断，而这又是因为我们对人类水平通用智能的核心"难题"是什么有不同的判断。

人类能力的广度

在这次研讨会上，所有人一致同意的一点是：为了实现人类水平的通用智能，一个系统需要展现出的一系列广泛而深刻的"能力"。这些能力可以列出很长的一个单子，无法缩短，我们最多只能整理出表 14-1，列出关键的能力领域及其重要的子领域。

表 14-1

能力的大致领域	子领域	子领域	子领域	子领域	子领域	子领域
感知	视觉	听觉	触觉	本体感觉	跨形态感觉	
驱动	身体技巧	工具使用	导航	本体感觉		
记忆	内隐	工作	情境	语义	程序	
学习	模仿	强化	对话	通过书面媒介	通过体验	
推理	演绎	归纳	溯因	因果	物理	联想
规划	策略	战略	物理	社会		
注意力	视觉	社会	行为			
动机	子目标创造	以情感为基础				
情感	情感表达	情感理解	情感觉察	情感控制		
为自我和他人建模	自我意识	心智理论	自我控制	他人意识	同理心	
社会交互	举止得当	社会交流	社会推理	合作，例如集体玩乐		
交流	手势	言语	图案	语言习得	跨形态交流	
数量	计算观察到的实体总数	出色的小数值数字运算能力	对比观察到的实体的数量特征	运用简单工具进行测量		
建造/创造	用物体搭建有形建筑	形成新颖观念	创新口语词汇	社会组织		

　　表格列出的内容有很多，但人类水平的通用人工智能本来就涉及很多东西！乍一看，似乎很难想象通用人工智能中的这些部分是如何让人"在复杂的环境中实现复杂目标的"；但是，想想人类今天必须面对的那些具体目标和环境，以及我们的祖先在进化人类水平的通用智能时必须面对的具体目标和环境，这也就不难理解了。如果缺少了表格中的任何一项，就会有损一个人的能力，导致其能力低于常人，无法在人类的日常环境中完成人类的正常目标。

　　当然，具体要如何整理上表中的这些能力就没什么要紧了。你可以把其中的某些领域拆分成多个部分，也可以将若干领域合并起来。除了在措辞方面有些不同之外，这基本上就是一本认知心理学或者人工智能教科书的目录。

　　弱人工智能系统普遍将重点放在表中所列技能中的一小部分。例如，即使一个人工智能系统可以用一种比"沃森"智能得多的方式回答关于已知实体和概念的问题，但如若它无法在必要情况下创造出新的概念，我们就不会视其为人类级别的智能。

　　在这次研讨会上，每个人都同意要像这样把能力的范围定义得十分广泛，否则，在开发和评估你的通用人工智能系统时，就太容易把测试环境同一组过于有限、偏向于支持该环境局限性的任务搭配在一起了。对我们来说，重点不是列出一个能力清单（虽然为了更明确些，我们还是做出了类似于上表的一个清单），而是考察各种不同的能力领域，然后生成任务，在特定环境中评估一种或多种相关的能力领域的表现。

通用人工智能的评估场景

　　那么，通用人工智能路线图研讨会的参与者所设想的场景是怎样的呢？我们讨论过的场景有很多，其中有 7 个场景备受关注，下面我将逐一进行介绍。

一般性电子游戏学习

　　来自 IBM 的山姆·亚当斯是通用人工智能路线图研讨会上的主力，他大力提倡将电子游戏作为开发通用人工智能的场景。在这个场景中，他认为通用人工智能的目标不应该是在个别游戏中实现人类水平的成就，而是具备在各式各样的电子游戏中学习和获胜的能力，这其中也包括比赛开始前通用人工智能开发人员也不知道的新游戏。同时，这个通用人工智能系统将只能连接到游戏的感觉/运动接口，例如视频、音频输出和控制器输入，也无法进入内部编程系统或了解游戏的执行状态。为了在游戏过程中创造动机并给出表现反馈，常规的打分结果会被转变成针对这个通用人工智能的愉悦感（痛苦/快乐）标准接口，这样，它就会在获胜的时候感到快乐，在失败的时候感到痛苦（但它会从内部定义快乐和痛苦，不同的通用人工智能系统的定义方式也可能不同）。通过操控游戏操作和观察控制结果，这个通用人工智能系统必须借助体验和观察来学习这个游戏的本质。它和一个事前设定好的对手的对战分数，或在一段预设的情节中得到的分数，以及它学习每种游戏并在游戏中获胜所需的时间，都将会作为标准指标来衡量其成就。

用于在这个场景中进行测试的电子游戏并没有简单和复杂程度的限制，从PONG、"星际争霸"到"魔兽世界"都可以。由于在绝大多数的电子游戏中，想要获胜都必须具备一定程度的视觉智能，因此一般性电子游戏学习还能较好地测试计算机的视觉技术，包括在 PONG 中测试对象识别和追踪技术，以及在像"光晕"或"半条命"这样的游戏中测试 3D 感知和识别技术。从早期横向卷轴式的"马里奥兄弟"，到"毁灭战士"类的第一人称射击游戏，再到"星球大战：X-翼战机"系列这样的模拟作战游戏，各种类型的游戏为研究人员提供了多样的环境，让他们可以在其中专注地开展研究并做出成绩，而公共接口还能让他们把学到的技巧应用到其他类型的游戏中去。

玩电子游戏看起来是一件很简单的事儿，但就像很多玩家所说的那样——事实并非如此。在某种程度上，这要比日常生活的难度更高，对智能的要求也更高。在许多电子游戏中，为了玩好，你必须表现出极强的战略思维等各方面的能力。所谓战略思维，指的是根据形势决定行动的能力。与此同时，你还要考虑到选择的行动会产生的短期和长期后果。通过实验性的"吊儿郎当"来了解一个游戏的"里里外外"，这是体验式学习的一种极好的案例研究。

幼儿园学习

与玩电子游戏相比，我个人更提倡的一种通用人工智能开发场景中涉及的是更简单的、孩子们常做的事情，在通用人工智能路线图研讨会、评估和指标研讨会，以及在这之前和之后举办的其他研讨会上，我都推介过这个场景。与《我需要知道的一切……》（*All I Really Need to Know I Learned in Kindergarten*）这本畅销书所传达的精神相一致，我的建议是：以学前班或幼儿园等幼儿教育为灵感，创建用于训练和测试人类水平的通用人工智能系统的场景。在通用人工智能-09会议上，我发表了一篇以此为主题的论文，题目是"通用人工智能幼儿园"。

这个想法有两个明显的变体：一个是幼儿园式的现实世界场景，其中有一个由人工智能控制的机器人；另一个是虚拟世界的幼儿园，其中有一个由人工智能控制的虚拟智能体。此类场景的目标不是精确模仿人类孩童的行为，而是用人工智能来控制一个表现出和人类幼儿性质相似的认知行为的机器人或虚拟智能体。其实，这样的想法在人工智能研究领域之中由来已久，且备受推崇。阿兰·图灵最初在 1950 年发表的那篇论文中，不仅提出了"图灵测试"，也建议道："与试着制造一个模拟成人思维的程序相比，为什么不试着去创造一个模拟儿童思维的程序呢？"

这种基于"儿童式认知"的方法看起来很有发展前景，其中的一个原因就是它的综合性：幼儿的行为涉及各个方面的能力，包括感觉、驱动、语言和图像交流、社会交互、概念性问题解决和创造性想象。人类智能因高度互交式的环境而得到发展，而幼儿园的设立目标就是专门创造一个高度交互式的环境，从各个角度刺激心智发育。幼儿园环境的丰富性表明，这种以机器人学为基础的研究方法能够创造巨大的价值；但通过拓展目前虚拟世界技术的边界，我们能做的还有很多。

把重点放在儿童式认知的另一个优势是，儿童心理学家已经创造了大量用于衡量儿童智能的工具。因此，我们可以用把自己的人工智能系统置于幼儿园的环境中，用那些常被用于衡量人类幼儿智能的任务来挑战它。

把虚拟幼儿园或机器人幼儿园打造成人类幼儿园的完美翻版的意义并不大。这种做法并不恰当，因为在能力方面，现代的机器人或虚拟体与人类幼儿有着很大差异。建造一个通用人工智能幼儿园环境的目的应该是要模拟普通人类幼儿园基本的多样性和教育特征。

为了模仿人类幼儿园的一般特征，我会在一个虚拟或机器人幼儿园中建立若干活动中心，它们的具体结构将会根据实际体验而进行调整。不过，举例来说，其雏形可能会是这样的。

- 积木中心：一张桌子，上面摆放着各种形状不同、大小不一的积木。
- 语言中心：围成一圈的椅子，可以让人围坐着和人工智能交谈。
- 操控中心，里面有各种不同的物体，形状和尺寸各异，用于训练视觉和运动技巧。
- 球类中心：球都放在箱子里，有让人工智能踢球、投球的空间。
- 戏剧中心：人工智能可以在里面观察并表现出各种动作。

我十分喜欢和年幼的孩子们在一起玩，因此，我认为建立一个通用人工智能幼儿园的想法不仅在理论上十分有说服力，同时也会乐趣十足。

故事/情境理解

约斯卡·巴赫觉得这个幼儿园计划还不错，但认为这种方式过于注重驱动性（如四处活动、建造东西等），在他看来，这对于通用人工智能来说是次要的。他更倾向于在学校课程的较后阶段，把重点放在一组他称为"情境和故事理解"的任务上。

这里说的"情境理解"并不只是图示，还包括现实世界的情境，这些情境可以通过不同媒介、以不同的时间间隔和难度展现在系统面前（例如动画、电影或戏剧演出）。这种方法和阅读课程场景的不同之处在于，它以更加直接的方式提供动态环境。如果把小组练习也包括在内的话，那么莱尔德和雷提出的标准显然都可以直接得到满足。例如，一个情境理解任务可能会让系统观看 10 分钟的好莱坞电影，然后简要说明情节，或者与其他系统一起简述情节。或者，也可能让系统把一部电影改写成一则故事，或画幅画来表现一天中的主要事件，等等。这种方法涉及各种标准化的测试场景，可直接对比互相冲突的通用人工智能架构，或直接把这些架构和儿童的表现进行对比。

阅读理解

斯图尔特·沙普罗提倡的场景和约斯卡·巴赫提倡的场景关系紧密，但前者的选择更简单、更具体一些——侧重于阅读课程。在这个场景中，一个心怀抱负的通用人工智能要学完小学阅读课程，用和普遍用于评定人类儿童一样的方式接受并通过评估。这就要求它表现出一些基本的能力——理解自然语言的文本，回答与之相关的问题。但这也要求它表现出一些更复杂的能力。

系统的早期读物是将文字和画面紧密结合的图画书，在某些书中，故事情节主要是通过图画展现出来的。为了理解情节，系统必须把图画和自然语言文本都理解透彻，这就要求它要理解里面的人物和它们做的事。

系统必须把文本中提到的以及图画中表现出来的人物和事件联系起来。它必须根据各个人物"快照"式的姿势来判断它们的行动，而不是像通常那样根据从视频中截取的一组画面来进行识别。

下个阶段的读物是"早期的章节书"，此类书本用图画来丰富文本。虽然情节主要是通过文字推进的，但借助图画来进行指代消解，进而理解故事情节仍然十分重要。

这个场景很容易就可以满足莱尔德和雷提出的大部分标准，而有些标准就无法得到充分满足了。在这个场景中，直观来看，通用人工智能所处的环境不是动态的（C2），但这个通用人工智能必须推理出一个动态的环境以完成这些任务。在某种程度上，这些任务是固定的而不是新颖的（C5）；但对这个通用人工智能来说，它们是新颖的，因为它是通过这些任务来进行推进的。如果课程中包括小组练习（有时确实会如此），其他的智能体会影响任务表现（C4）。这个场景所需的许多特定能力都将在强调情境和故事理解的下一个场景中得到讨论。

学习型学校

阿里克谢·萨姆索诺维奇提倡的"虚拟学校学生"场景，沿用了上文虚拟幼儿园的设定，但把重点放在了更高阶的认知能力上，假定如果有必要的话，低阶的技能可以取巧通过。特别是这一场景是假定的，智能体的所有接口都会在符号层面上得到实现：智能体不会被要求去处理视频流、识别语音和手势，或是在行动时保持身体平衡、规避障碍物等。虽然这些都可以被加入挑战中去，但这个场景的基本概念就是，它也可以被取巧躲过。另外，对于这个场景来说十分重要的是，智能体要取得和人类学生程度相似的学术进步，要能够理解人类思维；同时，在被嵌入一个环境当中后，要能够理解和实际运用与课程相关的社会关系。

这个场景的其中一种形式是，借助一个基于虚拟现实的接口，智能体被嵌入现实中一所中学的教室里。智能体生活在一个符号性的虚拟世界里，这间教室的大屏幕不间断地播放着这个世界的画面。它所在的虚拟世界里，有着一个符号（对象）层面上的虚拟教室，包括人类指导老师和人类学生，都会以经过简化的虚拟替身代表的形式出现在里面。智能体本身则由虚拟教室里的一个虚拟替身代表。在智能监控和记录设备的帮助下，这个符号性的虚拟世界和现实世界是"同步"的，这些设备具备场景分析、语音识别、语言理解、手势识别等功能（如有必要，部分或所有的这些功能都由隐身幕后的测试人员实现，学生并不会知道他们的存在）。他们所用的学习材料，包括每个学生都能拿到的课本和其他课程资料，都将被转化成电子编码，在符号层面上提供给智能体。

此外，在阿里克谢的设想中，受到评估的不仅是智能体在这个场景中所表现出的学习能力和问题解决能力，还有它解决问题的方式以及与学生和指导老师的互动。评估智能体的社会表现时，会以学生的调查反馈为基础，使用标准的心理学指标。从实际角度看，另一个可能十分重要的评价标准是智能体出现在教室后对学生学习情况的影响。这些都超出了幼儿园或故事\情境理解的范畴，但最终衡量的都是相同的核心能力，只是方式不同而已。

沃兹尼亚克咖啡测试

现在我要介绍的是一个完全不同的场景：我邀请乔什·霍尔参加通用人工智能路线图研讨会的原因之一是，他不仅是资深的通用人工智能理论家和实践者，同时对研究通用人工智能机器人学的中心性也十分感兴趣。当时，他正在制造自己的家用机器人，以检验他在通用人工智能领域的一些想法。我想到了乔什会大力提倡在现实中的机器人环境里探索通用人工智能技术，虽然我并不像乔什那样如此支持这个观点，我仍认为这是一个重要的思路，需要在研讨会上进行讨论。

在几年前的一次采访中，苹果电脑公司的斯蒂夫·沃兹尼亚克（Steve Wozniak）表示，他怀疑永远不会出现能够自己走进一间陌生的屋子，冲好一杯咖啡的机器人。乔什称，对具有实体的通用人工智能来说，这个任务已经困难到可以与"图灵测试"相媲美了；他还成功地让研讨会的大部分参与者都认同了这个想法，但并不是所有人都被说服了。（注意，上文中提到过，尼尔斯·尼尔逊提出用综合性的"就业测试"来评估人类水平的人工智能，沃兹尼亚克测试是前者的个别特例！）

根据乔什的表述，在沃兹尼亚克测试中，机器人会被放在一间普通的房子或房间的门口。它必须要找到门铃或门环，或者直接敲门。当有人应门的时候，它必须向房主介绍自己；一旦受到邀请，必须进入室内（我们会假定房主事先已经同意在自己的房子里开展这项测试，但其与负责实验的团队毫无瓜葛，并完全具备人工智能或机器人方面的专业知识）。机器人必须进入这间屋子，找到厨房，找到里面的咖啡原料和设备，按照房主的喜好冲好咖啡，并送到另一个房间里。根据要求，这个机器人可以问房主问题，但不能得到任何形式的实质性帮助。

在某些方面，当前的机器人技术无法实现这种能力。机器人需要借助视力来指引方向、分辨物体，可能还要分辨手势（"咖啡在那边的那个橱柜里"），以及协调复杂的操控性动作。例如，为了把咖啡从陌生的咖啡壶倒进陌生的杯子里，可能就需要形成一个紧凑的学习环，进行操控及物理建模。语音识别以及自然语言理解和生成能力也是必需的。在很多方面，也必须能够制定规划，如确定操控路线和咖啡冲泡顺序等。

但是，为了创造出可以冲咖啡的机器人，我们需要实现一项重大进展：所有这些能力都必须得到恰当的协调和使用，保证一致性，从而服务于整体目标。

在描述这些领域的问题时，标准的弱人工智能研究中常见的问题提出、任务定义等步骤都不见了；机器人必须自己找到问题并加以解决。这使得在陌生的房子里冲咖啡变成了一个对系统的适应性和常识运用能力的极大考验。

虽然可能还是会用到一些标准的简便方法，比如实现一个内置数据库，其中包括了世界上每一台咖啡机的信息；但是，提前设定好针对每台咖啡机的具体操作顺序这种做法是被禁止的，尤其是考虑到工作空间几何结构、咖啡机和咖啡渣盛放容器等方面的可变性。几乎可以确定的是，如果想让这个系统可行的话，它就必须具备概括能力、类比推理能力，特别是从实例和实践中学习的能力。

对于10岁的人类儿童来说，只要有过一点经验，他们当中的大多数就都能很好地完成冲咖啡这项任务。如果在一周之内，让一个10岁的孩子在各式各样的屋子里观看别人用各种方法冲咖啡的场景，并自己练习这一过程，这就足以打下基础，让他们对这件事有一个大致的概念，从而在面对沃兹尼亚克测试时，能够在绝大部分屋子里冲好咖啡。该测试的另一个优势是，想要"赌运气"或作弊会变得难度极高，因为完成任务的唯一一个合理、合算的方式是形成一般学习技巧，创造出一个具备学习如何冲咖啡以及做任何其他类似家务活能力的机器人。

其他通用人工智能场景

上述场景是最受通用人工智能路线图研讨会参与者推崇的场景，但我们也讨论了很多其他场景，例如：

- 各类技巧性肢体运动，如体育，舞蹈；
- 图表学习、解读和制作；
- 口头/听力语言学习，唱歌；
- 搜救技巧，危险规避；
- 混合式购物（网购和实体店购物）；
- 欣赏并创作各类艺术/音乐；
- 社会参与，加入各类活动/团体。

丰富到足以作为通用人工智能系统的训练、测试和学习环境的场景不计其数。其实，我们需要的场景，只要能让通用人工智能系统学习并展现出人类水平通用智能的核心能力就可以了。在上文中的那个表格中，我们已经大致列出了这些能力。能够实现这个目标的方法有很多种，因此我们在研讨会上提出、提倡的场景也各式各样。

其中的某些场景明显要比其他的更丰富：一方面，我们一致认为，幼儿园或虚拟教室学生场景足以涵盖所有的能力范围；另一方面，一些参与者认为，对通用人工智能来说，电子游戏、咖啡测试、故事/情境理解和阅读课程测试场景不够全面，并没有覆盖到某些核心技能，可能会被并不具备人类水平通用智能的精密弱人工智能系统攻克。在这个层面上，只有幼儿园和教室场景得到了所有研讨会参与者的认可，它们被认为是足够全面的。这并不出意外，因为这两个场景是直接从人类儿童的认知发展过程中借用过来的。

研讨会启动的时候，我们希望或许能找到让一个得到所有参与者认同的单一场景，然后在这个相同的场景下一起测试各自的系统。但这个希望落空了，因为每个人所认为的通用人工智能中最重要的研究问题都不一样，都希望使用的场景能直接针对他们的问题。乔什·霍尔认为通用人工智能的核心部分是感觉、驱动和认知的融合，因此，他当然就会更倾向于使用一个机器人学场景；斯图尔特·沙普罗认为通用人工智能的核心要素是语言理解和推理，因此，他当然就会更倾向于使用一个以语言为中心的场景；诸如此类。乔什和斯图尔特都认可感觉、驱动和语言的重要性，但他们的分歧在于，在通用人工智能这个问题上，总体来说哪个部分最重要，应该比其他部分优先得到解决。

这是否意味着通用人工智能这个研究领域极度混乱，且所有通用人工智能研究人员都不知道我们在做什么呢？并非如此。我们没有理由认为实现通用人工智能的正确方法只有一种。通往一个基本点的道路可能有很多，且各不相同，因此我们才用"全景图"一词来进行比喻，其中，从 A 点到 B 点之间可能会有很多条不同的道路。路线图通常不会被用来描述某一条路，它标出的是全景中特定的一段路程内所有不同的道路，这些道路互相之间随着地形和其他因素的变化而交错、分岔。

在通用人工智能领域，可行的研究方法种类繁多，这实际上也造成了一些困难。如果研究人员之间的合作能够更紧密的话，我们就能更快地取得进展，但这并不意味着任何一名研究人员采用了错误的方法（尽管有些人很可能确实用错了方法！）。我很怀疑这一点：这个领域会一直保持这种多样化、碎片化的状态，直到有人在实际展现通用人工智能方面获得了重大进展。当"通用人工智能斯普特尼克"最终诞生的时候，绝大多数研究人员都会转而应用它的创造者所使用的方法；而剩下的人则会团结起来，采用其他的方式，希望能够取代主流的"斯普特尼克"技术。那时，通用人工智能领域就会变得有趣得多，更为人熟知，也会吸引到更多的投资，发展得更快。我十分期待能在有生之年见证这一切——嗯，这一天很有可能也比你想象的更早到来！

从场景到任务和指标

言归正传，一旦场景（幼儿园、咖啡测试或其他任何场景）确定了之后，我们要如何着手，去系统地利用这个场景来训练、测试一个通用人工智能系统，并为其提供软硬件支持呢？下一步，我们要将这个场景和前文列出的众多领域的能力结合起来。对于前面介绍过的任何一种场景（或者其他类似的场景），我们都可以创造一个相应的"通用人工智能测试套餐"，制定一组特定的任务，其中的每个任务都会在该场景中针对一种或更多领域的能力进行测试。为了得到符合要求的通用人工智能测试套餐，场景涉及的任务集必须涵盖所有的能力领域，每个任务都必须配备可以评价系统表现的具体指标，以及衡量通用人工智能成功程度的方法——尽可能定量；但根据任务性质的不同，在某些情况下可能也需要定性。

作为简单参考，表 14-2 大致列出了一些与上述多种场景相对应的任务示例，此类任务针对的是人类的通用智能能力。想要制定出真正完善的通用人工智能任务套餐，我们就要列出很长的一个单子，系统性地选出与所选的场景相符的各种任务，这些任务要涵盖所有的能力领域，且每个都要有严格的指标来衡量系统的表现。

表 14-2

场景	能力领域	子领域	任务或任务族示例
虚拟幼儿园	学习	对话式	与在没有口头指导的情况下进行模仿和强化相比，学习在这 3 个要素同时具备时，如何更快速地用积木搭建一个特定的结构体（如金字塔）
虚拟幼儿园	为自我和他人建模	心智理论	山姆在房间里的时候，本把红球放进红色盒子里。然后，山姆离开，本把红球转移到蓝色盒子里。山姆回到房间，本问他红球在哪里。智能体要回答的问题是山姆觉得球会在哪里
虚拟幼儿园学生	学习	通过书面媒介	从初期可接触到的基本概念（数字、变量或函数）入手，在学习如何用教科书中介绍的技巧来解决书中的问题时，表现出学术能力方面的进步。智能体要循序渐进，从简单问题过渡到复杂问题，从一个领域过渡到另一个领域
虚拟学校学生	为自我和他人建模	其他意识	考试时帮朋友作弊（在[REF Samsonovich, 2006]的基础上进行了调整）。虚拟智能体和一名学生参加考试，二者需要解答的题目只有一道，且完全相同。首先，智能体将进入房间，花一个小时的时间解题；然后，学生重复这个过程。智能体做好题目离开的时候，学生进入房间，智能体有机会递给学生一张小纸条。纸条上写不下题目的全部答案，甚至连大部分答案也不行。智能体面对的挑战是：写下简短的一段话，给朋友留下有用的提示
机器人幼儿园	驱动	本体感觉	老师改变机器人的身体姿态，机器人被要求恢复成普通的站姿，然后再变为之前由老师设定的姿态
机器人幼儿园	记忆	情境	问机器人与此类事件相关的问题：事件发生时，机器人因自己的行为得到的奖励特别多，或者特别少；它要能回答出与这些重大事件相关的简单问题，与有关随机事件的问题相比，它在回答这些问题时，准确度要高得多

续表

场景	能力领域	子领域	任务或任务族示例
沃兹尼亚克咖啡测试	交流	手势	在很多情况下，机器人会被带到厨房。它必须理解暗示其应该沿着某条路线前行的手势，或者必须知道如何跟着领路人行进，同时要知道这两种方式适用于何种情形
沃兹尼亚克咖啡测试	驱动	导航	完成的任务过程中，机器人必须避免撞到人、墙壁、家具或宠物
沃兹尼亚克咖啡测试	社会交互	举止得当	当它敲错门，物主无意请它进去的时候，机器人最好能够识别这种情况
沃兹尼亚克咖啡测试	推理	物理	了解这样一种知识：可以用一个没盖子的滴滤咖啡壶，但不能用没盖子的咖啡渗滤壶。这可能和基于对朴素物理学理解的物理模拟有关
沃兹尼亚克咖啡测试	推理	归纳	另一方面，以在多种相关情境中进行的观察为基础，上述有关滴滤咖啡壶和咖啡渗滤壶的知识或可通过归纳推理获得

正如这些任务示例所示，通用人工智能路线图研讨会得出的其中一个结论是，测试、挑战和训练一个准通用人工智能系统的正确方法是：在一个分类较为宽泛的环境之中（例如不提前指定、任意选取的幼儿园或教科书），完成几十个联系紧密、较为宽泛的任务。如果这个环境的丰富程度适中，且设定的各个任务都能反映出人类通用智能的水平，那么，此类挑战就能促进真正的人类水平通用人工智能系统的发展。

在朝着人类水平的通用人工智能这个终极目标努力的过程中，这个路线图无法给出一个高度稳健、客观的方法来衡量我们的进步程度，但是，它可以让我们对进步有更清楚的认识。举例来说，如果一个通用人工智能系统在上面列出的50%的场景中，多种指标表现良好，它的创造者就可以说自己在人类水平通用人工智能研究领域取得了重大进展。如果一个通用人工智能系统在上述90%的能力领域中，多种指标表现良好，它的创造者就可以说自己离成功"只有咫尺之遥"。而达到其中25%的指标，就可以说在通用人工智能方面有"十分有趣的进展"了。这种对进步的定性评估方法不是最理想的选择，但要比没有此类路线图时我们所能找到的其他衡量进步的指标要好。

在当前的通用人工智能研究中，这种绘制路线图的方法的局限性已经明确了。对于通用智能的定义，通用人工智能研究人员无法形成共识，但我们可以就一个实用主义目标达成基本一致。上述场景的多样性反映的是，对于哪些环境和任务最能解决人类水平通用人工智能最重要的部分这个问题，通用人工智能研究人员之间的观点各异。最可能的情况是：不管是上文中实验性地列出的能力清单，还是莱尔德和雷提出的标准，既不是必要的，也不够全面。我们无法得出一个精准的指标，能够以上文列出的能力和场景为基础，衡量自身朝着人类水平通用人工智能这一目标努力时取得的进步，尽管我们可以用这些能力和场景来推动形成可能可用的近似标准。

虽然有着这些局限性，但我认为，通用人工智能路线图研讨会得出的结论取得了重大进步。如能以研讨会上提出的初步想法为基础，继续丰富路线图，我们很可能会得出以下一些成果：

- 以一种有意义的方式对比各自的研究成果；
- 允许研究人员和其他观察者大致评估研究的进程；
- 允许不同的研究人员使用不同的研究方法，朝着实现人类水平通用人工智能这一终极目标取得进步；
- 允许路线图绘制方面的相关研究，如工具路线路和对社会影响和未来潜在应用方向的研究，以一种更有条理的方式发展。

就个人而言，我并不太赞同那种"集体性的思维方式"，我怀疑其他参加通用人工智能路线图研讨会的研究人员也是这样认为的。我们是一群特立独行且具备开创精神的人。我认为，真正能够创造出通用人工智能的将会是一支规模较小、特立独行的团队，他们沿着自己的方向不断前行，有着自己的一套科学和直觉体系，不会想着每走一步，都要停下脚步看看自己的想法是不是和大家一样。

但即便如此，我觉得在由特立独行的研究员组成的网络中，建立更紧密的联系，尽可能地分享他们的想法、寻找共性，辨别出各个研究项目之间，哪些不同点是无关紧要的或只是术语上的差异，哪些又反映出了他们在科学直觉上的重大差异，这些都有很大的价值。为了进一步举例说明这一点，作为通用人工智能路线图研讨会的后续，我想要举办一场类似的通用人工智能架构研讨会，这个研讨会的重点不是想要说服各位研究人员得出一个让所有人都认同的通用人工智能架构，而是让他们更好地理解各类通用人工智能架构之中的不同结构和过程之间的关系。同目标明确的小规模团队所从事的科研和工程师工作相比，建立这种联系永远不会具备那样显著的重要性，但这种做法会发挥重要的作用。

第 15 章

意识上传

我的研究工作主要着眼于如何构建通用人工智能，其中采用的概念并非完全基于人脑结构；与此同时，我也怀有极大的兴趣去弄清楚如何制造出一种能够精确体现人脑运转方式的机器。这不仅仅是出于智力上的兴趣，而是因为我希望把我自己的意识移植到互联网或者更为优越的机器人载体上，我的朋友、家人以及任何有此意愿的人都可以将意识移植到他们所希冀的载体上。人类意识一旦上传完毕，它便可以自主选择是继续作为人类存在，还是可能升级为一种更为优越的形态——或许可以与其他通用人工智能进行融合。作为生物体的人类寿命延长也很有意思，但对我来说始终不如另一种愿景更为诱惑、更加激动人心。在这种愿景中，我可以将意识移植到各类不同载体上，这些载体能够支持的智能将远远超越那些传统人体进化所能提供的。

2011 年年初我就写下了这些关于意识上传的思考。不久之后，我通过编辑史上第一篇关于意识上传的科学期刊专题[1]，对自己关于意识上传的兴趣进行了更为深入的探索。我尚未从事过任何与意识上传直接相关的实际研究，不过我当然愿意去做。随着神经技术的不断发展，越来越多关于大脑的数据得以富集，将来无疑会有机会将通用人工智能和/或弱人工智能技术应用到使用新的基质重建意识的问题当中去。

我于 2010 年 9 月 28 日（星期二）将下文发在了我的 Gmail 账户中。

敬启者：

现在是 2010 年。我的 Gmail 账户有超过 20 GB 的数据，某些是我自己的信息，也有一些邮件往来者的信息，其中包括一些个人隐私信息。

---

[1] 《机器意识国际期刊》（*International Journal of Machine Consciousness*）"意识上传"特别专题——荣誉归于编辑安东尼奥·凯拉（Antonio Chella），他颇富远见地促成了该特别专题的面世；我要向我的合作编辑马特·伊克尔（Matt Ikle）致谢，他帮忙整合了这篇专题；詹姆斯·休斯（James Hughes）和兰德尔·科恩（Randal Koene）帮忙收集了文献。

我来假设在 2060 年时，我的 Gmail 账户将会拥有成百上千 TB 的数据，其中包含大量关于我自己以及与我互通邮件的人的信息，也包括了许多个人隐私信息。我同样也假设，在 2060 年时：

（1）2004 年以来所有 Gmail 用户的账户数据都可以获取。

（2）基于人工智能的心件技术已经面世，该技术能够通过分析个人的 Gmail 账户集群以及其他可获取的信息来重构个人意识文件，这些文件有着足够的精确性来进行精准个性重建，从而上传意识。

（3）存在入侵 Gmail 账户密码的技术，但这种技术如果未经账户所有者（或其继承人）同意，则被视为非法。

（4）许多现在的 Gmail 用户（包括我自己）已经去世，无法授权使用他们账户的数据。

如果以上全部假设都是正确的，我在此授权谷歌和/或其他各方可以读取我的 Gmail 账户的所有数据，并且与其他可获取的信息共同使用，以此重构我的意识文件，使其具有足够的精确性来进行精准个性重建，从而上传意识，并且表达我希望他们如此操作的愿望。

签名：本·戈策尔签名，2010 年 9 月 28 日，于读者的见证下

注意：以上所述过程的精确性随着授权该操作的人数的增加而上升。你可以在评论中、社交媒体上或者其他公共空间中进行授权。

以上行为的机智之处归功于朱利奥·普里斯科（Giulio Prisco），他发送了一封类似的邮件，我厚着脸皮照搬了过来。当然，核心思想可以回溯到更远的过去，不过是在最近才由玛蒂娜·罗斯布拉特（Martine Rothblatt）通过她的网站 Cyberev.org 发表出来的。玛蒂娜是一位著名的未来学家和科技创业者，她倡导了"网络永生"的理念。"网络永生"是一个特定个体的数字拟像的产物，它是通过将该个体留下的短信、视频、音频文件等信息片段整合起来而产生的。

玛蒂娜似乎相当自信，她认为只要对一个人留下的数据进行"逆向工程"操作，便有可能创造这样的一个数字个体——它不仅仅与这个人相似，甚至从根本意义上来说就是这个人。我问她以这种方式将她"网络上传"之后的产物是不是"真的是她"，她回答道："是的，就像现在的我跟昨晚睡觉前的我是同一个人一样。"

我不像她那么确信，但这不失为一个有趣的假设。我已经留下了大量的数据，有短信、视频、聊天记录等，不一而足。当然，别人可以制造出一个精妙绝伦的聊天机器人，能够产生与我留下的数据相似的信息，但如果他们的目标并非如此呢？如果他们的目标是通过创造一个高度仿人类大脑驱动机制的个体，并具备创造出我的短信、视频、聊天记录等的能力，从而重新创造出我这个人呢？是否真的有可能存在另一种人类（与人脑构造类似的一种智能），从本质上有别于本·戈策尔，却能产生一个巨大的资料库，包含着与本·戈策尔相同的表达方式、举手投足和交流互动？我在内心回答说"不会"。要和我说出一样的话语、做出相同的表情和肢体语言、使用相似的大脑和身体的话，你似乎必须成为我本人。

当然，现在我们缺少能够进行这类逆向工程的技术——从行为来推断大脑。但如今数据储存相对来说非常廉价，所以说将一个人相关的巨量数据储存起来直到技术被开发出来还是相当可行的。如果你怀疑是否存在这样的人类技术能够成功完成这种逆向工程的操作，那么先进通用人工智能怎么样？说到底，我们在此讨论的无非是一个优化问题：找到一个具备与神经系统类似结构的个体，在某些情况下可以模仿某个特定数据库中的行为。这是一个复杂的优化问题，但是这个问题还是有边界的，界线可以人脑尺寸和行为数据库的大小等类似形式来界定。我相信这个问题不会超出后奇点时代的通用人工智能的能力。

通过大脑模拟进行意识上传

当然，利用视频和电子邮件之类对头脑进行逆向工程操作并非创造人类数字版本的唯一途径。另一个显而易见的可能方法（越来越多的研究团体正在对其进行积极探索）是扫描一个特定人脑的结构，然后以数字形式进行模拟。两种方法的结合可能具有可行性——既利用大脑结构，也使用个人的行为信息。信息总是多多益善！

至于创造特定人脑的数字模拟，主要问题就是为了模拟与大脑相关的个人，对于该大脑的模拟到底要进行到何等程度？仅仅模拟神经元网络够不够？需不需要神经递质的浓度？神经胶质细胞也和神经元一样需要模拟吗？一些理论学家，如斯图尔特·哈默洛夫（Stuart Hameroff），认为需要使用到量子计算机（或量子引力计算机）来模拟神经元细胞膜之内的量子结构，以及（假设上来说）其中的蛋白质结构等。现在神经科学家们普遍认为模拟到神经元和神经胶质细胞大概就足够了，但神经科学是一门不断自我革新的学科，所以如果经过若干年的发展事情起了变化，我也一点不会奇怪。

　　神经科学家兰德尔·科恩，不仅在他的科研工作中，还在他的那些以 ASIM（实现独立于物质的意识，Achieving Substrate-Independent Minds）的名义组织的研讨班和小型会议上，都非常积极地倡导通过大脑模拟来进行意识上传。位于牛津大学的尼克·伯斯特洛姆（Nick Bostrom）的人类未来研究所在 2007 年举办了一次研讨会，旨在细致评估通过不同方法进行意识上传的可行性。研讨会得出的结论中有一项是：在不久的将来，将大脑结构转化成数字化的计算机结构最可能的方式是在冷冻的大脑上进行研究，而非活体大脑。

　　以意识上传的标准来说，扫描活体大脑的方法过于粗糙——人们必须在功能核磁共振（fMRI）的空间准确性和脑磁图（MEG）或脑电图（EEG）的瞬时准确性中做出选择，而鱼与熊掌不可兼得。但要以对意识上传有意义的方式来扫描大脑状态，对空间和瞬时准确性都有相当高的要求，二者整合，缺一不可。从另一方面来说，如果我们将一个新近分离出的大脑冷冻，切成薄片，然后扫描切片，我们就能对在一个特定的瞬间大脑内部发生了什么有一个详细的认知。我们可以看到一个相对较小范围内的神经递质分子的浓度，由此理解神经元之间的电流流向，以及它是如何通过获知浓度变化而相应地调节流向的。以这类成像数据来重构神经网络是一项意义非凡的数据分析工作，完成之后，我们仍需应用生物物理学知识来处理此类瞬时快照的数据，来弄清楚神经网络的动态过程。但是，在冷冻大脑方案中，至少存在一个非常清晰的前进途径——科学问题清晰明了，解决这些问题的方法也都一清二楚。这个方案的主要瓶颈在于资金，目前这类研究并非企业或基金会的优选。

你的上传件还是你吗

　　在未来学家们之中，对于意识上传相关的哲学问题一向讨论得异常激烈。曾经有段时间（也许现在也还是），有序主义未来学家的电子邮件讨论列表禁止谈论此项议题，因为同样的争论被来来回回地重复，已经变得乏味不堪，大家都觉得对于这个议题已经乏善可陈。最本质的问题是：什么让你成为你自己？如果创造出一个数字系统，它的模拟神经活动模式和你的生物学神经活动模式如出一辙，它在相同情境下的行为也和你别无二致，那么它究竟是你，还是你的复制品？

如果你相信"你"就是从具有相同结构和运作模式的大脑以及做出相应行为举止的身体结合而来的产物，那么"我的上传件什么时候成为我"这个问题仅仅是哲学或者灵魂问题，而非科学问题。只有当你有如下想法时，这才能成为一个科学问题。

- 有一些科学上可测的"实质"构成了"你"，但那并不是你的大脑或身体的可测量的结构或动态中的一部分——也许是某种物理可测的（但科学上尚未理解的）"心智场"中的某种"灵魂场模式"，与大脑或身体相关，但又并非蕴含其中。

- 或者"你"的实质是从你的大脑或身体的某些方面产生，而为了精确模拟你的行为，并不需要模拟这些方面。

在这个领域中有个更为有趣的思想实验，意图通过每次上传一个神经元来创造你的数字上传件。你一开始先把你的某一个神经元替换成数字神经元，然后另一个，再另一个……直至它们全部被替换。如果是这样，结果会如何？如果在这个过程中你从始至终都感觉是"你"自己，又将会如何？那么，最终得到的结果依然是"你"吗？

但是如果那些被从你的大脑中移除的生物学意义上的神经元同时也在被用来组装"另一个"生物学意义上的"你"，这个"你"只会在新大脑组装完成后才会觉醒，如果是这样，将会如何？这一个也是"你"吗？两个全都是"你"吗？

我的观点是，随着相关技术发展愈加成熟，这些问题也变得越来越无关紧要。我们的日常生活已经充斥着各种显而易见的无解哲学难题。没有人能够确定他的妻子、孩子或者同事和他自己感知到的一样是有意识的生命存在，大家都只不过是出于方便或者直觉这样假设罢了。休谟的归纳问题从未得到过解答——仅仅因为迄今为止"物理学法则"似乎在我们生命中的每一天都得以应用，在没有严谨地理解原因的前提下，我们就简单推断明天应该依然会如此。一旦意识上传成为现实，我们就会接受上传件就是真实的我们自己，而不会去忧心什么哲学问题，正如我们也没有怎么忧心我们的朋友、家人是否也是有意识的生命个体一样。

意识上传和通用人工智能

意识上传和通用人工智能之间的关系是什么？这要从两个方向来回答。

首先，通用人工智能可能对意识上传的执行有所帮助。任何形式的意识上传都需要极其复杂的数据分析和问题优化。弱人工智能和传统统计学及数学方法的结合可能也能解决问题。即使如此，在为这类问题量身定做的"通用人工智能专家"的帮助下，问题定会得到更快、更好的解决，或者说从人类水平或超人类智慧的通用人工智能层面上更具通用性通用人工智能。

其次，显而易见的是，一个上传后的人类心智本身就是一种通用人工智能。某种意义上来说，这是最无趣的那种，因为它只不过是另一种我们已经有了的不计其数的人类心智。但是一个可以无限制地进行实验、可以以任意精度进行动态研究的人类心智（希望是得到了它的同意的），对于那些旨在建立心智科学的科学家们来说则有着莫大的帮助。随着意识上传技术的出现，心智科学将会紧跟着发展起来，然后引出更加多种多样的通用人工智能，越来越远地脱离模拟人类智能的局限。我个人对通用人工智能将会以这种方法出现表示怀疑，不过我想这不失为一种非常合情合理的途径——绝对值得人们密切关注！

第 16 章

用通用人工智能对抗衰老

2009 年，我与长寿基金会的创始人及首席执行官比尔·法伦（Bill Falloon，他是一个很赞的人）讨论了人工智能在长寿研究中的作用，然后为《长寿杂志》（*Life Extension Magazine*）写下了这篇文章。但是对他们来说这篇文章太长了，而我一直没时间去写一篇较短的版本。不过我把它发在了网上，得到了很多积极的反馈。关于这个主题我也多次做过演讲。

2009 年，距离我开始人工智能和生物学的研究已经有一段时间了——我于2001 年投身这一领域，那时我刚结束了我的第一个人工智能公司 Webmind。2002年我成立了 Biomind 有限责任公司，公司的愿景是将先进的人工智能技术应用到基因组学和蛋白质组学中去，以帮助人类更快地治疗疾病，终结衰老。到 2009年，我已经在生物学和长寿研究领域积攒了足够的实践经验，可以畅所欲言地对该领域接下来最佳的研究方向进行预测和推断了。

自 2009 年写了"用通用人工智能对抗衰老"（AGI Against Aging）以来，关于"人工智能在长寿研究领域的应用"方面，我做了不少研究工作。其中有一项曾在"用通用人工智能对抗衰老"一文中简要论及过的是我和 Genescient 公司合作应用人工智能技术来分析长寿果蝇的实验数据，这项工作如今已取得了长足的进展，事实上我正在写一篇技术论文，意图揭示我们的一些发现。另外，一些新型草本组合类营养补充剂已经进入市场，该营养剂基于我们团队将人工智能分析与人类生物学知识相结合而得出的研究成果，能够替代多种营养品（它们的功能如消炎、延缓脑衰老以及普遍意义上的抗衰老）。

我和 OpenCog/Biomind 的同事们正逐渐拓展对上述高级人工智能理念的进一步实践工作。就在最近（2014 年中期），我们终于得以开始着手将多种生物学本体和数据库上传到 OpenCog 的原子空间，在其中对它们进行模式搜寻实验；预计到2014 年年末、2015 年年初，我们就可以得出 OpenCog 关于生物学数据的概率逻辑算法（这将远超我之前对于将人工智能融入生物学的研究，过去的研究主要集中在使用 MOSES 自动化程序学习算法对不同类型的基因数据集进行分类和聚类）。

上述最新的研究成果将会转化成新的论文，只是我还没开始动笔。这篇文章将要讲的是我关于原始通用人工智能和通用人工智能技术将如何协助长寿研究这一主题的基本观点。

人类对于死亡的恐惧及对于永生的追求甚至远早于科学出现。纵观历史，这种追求以各种不同形式，贯穿于几乎所有的民族与时代。比如古代中国的道家修行，这是一套复杂的贯穿终生的行为准则，据说如果严格遵守，便能长生不老。

如今，随着分子生物学和系统生物学的出现，似乎死亡越来越像一个科学可以解决的问题了——既不需要采取上传这类在哲学上颇具争议的方式，而且对于男性和女性来说同样可行——"仅仅"通过治愈人体的毛病，如同更新汽车的机械部件。现代生物学把人体组织视为一部复杂的机器，如同其他任何机器一样可以进行整改和修理，并且有大量的数据支撑了这一观点。科学家们现在已经列出了那些可能共同作用进而导致衰老的生物、生化因子的"候选名单"。名单上的每个疑似元凶，都有制药公司或者独立科学家开始研究并寻找相关的应对方案。我们有理由相信，在未来的几十年之内，而非成百上千年，生物科学就将彻底淘汰"衰老"这个概念。

在那些更进一步的研究计划中，奥布里·德·格雷（Aubrey de Grey）的抗衰老工程战略（Strategies for Engineering Negligible Senescence，SENS）计划包含了 7 项定位于 7 种不同的衰老成因的研究计划。德·格雷提出的衰老的七大主因如表 16-1 所示。

表 16-1

衰老性损伤	提出年份/年
细胞消亡，组织萎缩	1955
核基因（表观遗传）突变（仅癌症相关）	1959，1982
线粒体突变	1972
死亡抵抗细胞	1965
组织硬化	1958，1981
细胞外聚合物	1907
细胞内聚合物	1959

每项研究计划都包含很多不确定因素，目前尚无法预知哪项计划在何时能够成功，不过研究工作都在飞速发展中。

在另一个虽为补充性质但同样激动人心的研究中，进化生物学家迈克尔·罗斯（Michael Rose）花费了几十年的时间对果蝇进行选择性繁殖，最终产生了一种寿命是普通果蝇 5 倍的新品种果蝇。通过对它们进行遗传学分析并与许多其他种类的果蝇进行对比，罗斯正在研究是什么让它们如此长寿，以便能借鉴该结果，知晓那些可以治疗人类疾病，从而延长健康人类寿命的药方或者营养成分。他针对衰老的整体研究方法包括建立一个整合了关于数种有机体生物学知识的庞大数据库，并将逐步把这个数据库与对蝇及其他模式生物的实验进化同步起来。与德·格雷不同的是，罗斯甚至根本不喜欢谈及衰老；他更愿意讨论疾病，他认为衰老本质上就是不同疾病层层叠加、相互作用的产物。

德·格雷的研究计划也许能够解决与衰老相关的某些问题，罗斯的工作也许可以解决另外一些问题，此外还有许多其他的研究者们在各自领域奋力钻研。凭借他们的共同努力带来的科学进步，人类的平均寿命将会逐步增加。但有没有什么可能让延长健康寿命的过程显著加速呢？把通用人工智能技术应用到长寿研究中去有可能做到这一点吗？弱人工智能已被证实在衰老相关疾病的研究中颇有效用，所以这种猜测绝对不是空穴来风。

细胞衰老生物学

在探究衰老的潜在解决方法之前，我先简要介绍一下这个问题的本质所在。人们上了岁数之后因为各种各样的原因离开人世：心脏病，神经退行性疾病，免疫系统疾病……原因多到不胜枚举。除了这些广为人知的疾病以外，另一个众所周知的衰老原因是细胞衰老，即各种原因导致的细胞的程序性死亡。虽然这只是故事的一部分，但对细胞衰老概念稍做了解会有助于我们从整体上把握衰老背后这一生物学过程的复杂性。注意：生物体层面的"衰老"仅意味着"因为年事已高而引起的生物学变化"（即"变老"），而细胞层面的衰老（细胞变老）仅是上述过程的一部分而已。

一个健康的身体并不是细胞组成的死水一潭，而更像是持续不断的细胞增殖的温床。仅有少数例外，比如神经细胞，它们不会增殖，可以在生物体本身的生命周期内存续，并慢慢地消亡。人们年轻时，新生成的细胞要多过死亡的细胞；

而 25 岁之后，就开始走下坡路了，新生成的细胞比死亡的细胞数量要少。渐渐地，细胞就停止了增殖。

人体的大部分类型细胞能够经历的细胞分裂次数都有一个自然极限。这个次数通常在 50 次左右，被称为海弗利克极限（Hayflick limit），以研究者莱纳德·海弗利克（Leonard Hayflick）的名字命名，他在 20 世纪 60 年代中期发现了这一现象。一旦一个细胞到达了海弗利克极限，这个细胞就开始衰老，直至最终死亡。

这似乎听上去天经地义——但是当我们看一看那些单细胞的远亲们，比如变形虫和草履虫，情况似乎又完全不同。这些生物通过自行分裂成两等份来进行无性繁殖，无论哪一半都无法轻易被定义为"亲代"或"子代"。这意味着，本质上来说，今天活着的变形虫与生活在亿万年前的变形虫毫无二致。在你还能沿着陆路从纽约走去卡萨布兰卡的时候，这些家伙就已经是有社保的正式居民了，而它们至今依然活着，丝毫没有变老的迹象——它们是海弗利克极限的例外情况。衰老这种令人不快的属性似乎是伴随着多细胞体以及有性繁殖而来的产物，"性与死亡"之间扑朔迷离、引人联想的互相交织缠绕成为让无数诗人和艺术家为之着迷不已的主题。

与那些无性繁殖的生物不同，多细胞生物的细胞分为两大类：一类生殖细胞会生长为精子或卵细胞，为繁殖下一代做准备；另一类体细胞则构成了身体。体细胞就是那些会死亡的细胞。通常来说，回答"为什么？"这个问题的标准答案应该是"为什么不？"。"一次性体细胞理论"认为，事实上，我们的体细胞之所以会死亡，是因为如果它们永生下去的话对我们的 DNA 将毫无裨益。本质上来说，这是一种能量的浪费。从有据可考的绝大部分历史的情况来看，有性繁殖的和永生的生物体基本不会享有进化上的优势，但是却存在一种进化压力，促使生物体的进化速度不断加快。如果一个物种要快速进化，那就需要它具备相对较快的迭代周期，即从一个世代到下一个的时间更短。

似乎并不存在任何一个单独的细胞充当"死神收割"进而引发体细胞衰老；相反，貌似存在着数个不同的机制各自或者同时发挥作用的结果。

细胞内外都有垃圾分子在不断累积，它们阻塞了细胞的运行。DNA、酶类、细胞膜、蛋白质等分子的组成结构的功能会被不同的化学添加成分阻碍和损伤。在所有这些化学反应中，氧化反应最受关注，市面上充斥着形形色色的抗氧化物质，它们被当作潜在的抗老化产品在售卖。另一个化学变化元凶则是"交叉关联"，DNA 中的蛋白质分子随机形成有害的键桥，这些无法被细胞破除的键桥对酶类物质有害，并干扰DNA 转录成 RNA 的过程。通常作为细胞代谢产物出现的许多化学物质会引发 DNA 和蛋白质中交联键的生成，同样，铅和二手烟等常见污染物也会引发这种变化。

随着时间的流逝，细胞化学环境在发生细微的变化，细胞中的信号通路和基因调控网络也随之恶化。修复机制通常能够修正这些错误，但这种修正会随着时间的推移而变得日益缓慢。"端粒"是染色体的末端，每次细胞分裂它都会随之变短，使得那些原本被抑制的基因被激活，进而开始损伤细胞功能。最终，能够调控整个机体细胞功能的大脑机能会随着时间的流逝逐渐下降，部分原因就在于大脑细胞在持续不断地死亡。

所有这些现象中最为令人沮丧就是，它们与细胞中自然发生的其他过程并没有什么大的区别，而且细胞似乎非常清楚要怎么处理和修复。只不过看起来细胞压根不会费心去了解如何解决这些由衰老引发的特定问题，因为根本没有什么值得一提的进化优势需要这么做。似乎我们不会因为构建永生细胞难乎其难而死，而是因为对于我们的 DNA 来说，让我们永生它们似乎捞不到什么进化上的好处。

通过限制热量达到长寿？

让我们从生物学机制转换到人体的整体层面。在抗衰老研究中出现过一个颇具吸引力的概念——热量限制（Calorie Restriction, CR），简单来说，该概念声称，如果你仅仅摄入通常所需能量的 70%，你就会活得更久。你需要有一个健康的饮食——富含维生素和蛋白质，但热量较低。

具体到分子水平的作用机制尚未可知，不过该现象在现实中的应用不容辩驳。热量限制在非人类的哺乳动物中有非常广泛的测试。举个例子，老鼠的寿命通常不会超过 39 个月，但热量限制能让一些老鼠寿命长达 56 个月。按比例对应到人的寿命就是 158 岁。而且这些长寿的老鼠并不是垂垂老矣、焦躁易怒的，它们中有老年，有青壮年，思维敏捷，体力强壮，身体健康。对猴子的研究目前正在进行，不过鉴于猴子本身的寿命相对较长，实验肯定要持续一段时间。

在你开始严格控制热量摄入之前，你需要知道有证据表明热量控制对人类的作用并没有对老鼠那样显著。大概来说，似乎是生物体越大，热量控制发生的作用就越小。所以热量控制能够大大延长线虫的寿命，中等程度延长老鼠的寿命，而对狗的影响就只有一点儿，至于人类——根据研究者的假设——仅有几年而已。

　　热量控制的生物学机制部分是已知的。它增加了人体修复受损 DNA 的能力，还减少了体内氧化（自由基）损伤的程度。它提升了应激修复蛋白的水平，加速了葡萄糖-胰岛素代谢。由于一些尚未明了的原因，它延缓了与衰老相关的免疫功能的下降。基本上来说，在其他可能的因素中，如果人体一生中需要消化的食物越少，那些众所周知的衰老机制就会发生得越缓慢。这个概念与抗衰老药物学之间的关系尚需深入研究——可能存在一些药物能够与热量控制饮食协同作用，在抗衰老方面发挥更大作用。

　　有多种生物作用物参与了热量控制对衰老的影响，其中包括去乙酰化酶、天然物质的作用蛋白如白藜芦醇(存在于红酒中，现在也可以通过营养补充剂获取)，以及塞特里斯正在研发中的一种新型药物。塞特里斯是一家创业制药公司，最近刚被葛兰素史克以 7.3 亿美元的价格收购。不过去乙酰化酶等肯定不是全部，我们自己对一些老鼠的热量控制相关数据进行了人工智能分析，结果表明还有许多其他的生物作用物参与了这一过程。

原始生活方式

　　作为热量控制概念的替代物，越来越多的衰老研究者们提倡一种"原始生活方式"，它更能令人愉悦且更有科学依据。这种方式大体上包括像现代文明出现之前的人类那样饮食，并且尽可能地在作息模式上模拟这种前文明时代人类的生活方式。

　　进化生物学家迈克尔·罗斯（我最近关于长寿基因组学研究的同事）认为原始生活方式对于 40 岁以上的人群来说尤为奏效，因为基因在不同人生阶段常常有不同的作用，这种作用在中老年时期（即生育高峰年龄之后）被进化影响的速度通常会明显放慢。所以与青少年时期相比较，基因在我们的中老年时期的作用机制更类似于猎人采集者模式，这就让原始生活方式对 40 岁以上的人来说更有益。

　　值得注意的是，迈克尔自己也处在这个年龄阶段，他不仅这样说，也是这样实践的。他严格遵守原始的饮食和生活方式，而且他看起来状态很好，自我感觉也很棒！我自己则保持着一种类原始饮食和生活方式，而且我发现自己的身体状况也有了确切的提高。而我几年前尝试热量控制饮食的时候，我虽然确实感觉到轻微的愉悦和积极向上，不过也难免不会感觉缺乏动力、精力不足。还有……有时我饿得发慌!!!

奥布里·德·格雷和衰老的七大主因

生活方式和饮食上的方案比较容易深入人心，尤其是立即实践起来就能帮助延长我们的寿命，而不用等待什么科学进展！但是它们能做的毕竟还是有限。为了真正消除非自愿死亡的苦恼，我们需要新的科学与技术，尽管具体需要什么类型的科技尚不清楚。

如上文所述，奥布里·德·格雷在这方面提出了一些相当具体的方案。包括全世界所有的衰老研究者在内，没有一个人比奥布里做得更多，是他让衰老问题进入了大众的视野。不过除了传播人类寿命延长领域的利好消息之外，他还提出了一些具体的科学理念。我们并不完全赞同他提出的对于部分衰老子问题的解答，但是我们确实发现他总是有理有据，见解深刻，在学术上大胆创新。

德·格雷经常挂在嘴边的是"SENS"，这是消除衰老工程战略的缩写，这个经过精心设计的科学短语就是一直以来被我们轻率地称为"抗衰老研究"。这个短语的重点在于，他所追求的不仅仅是延缓衰老，而是将衰老降低到一个可以忽略不计的水平。他可不是要通过巫术来达到这个目标，我们试着通过工程设计来达到目标——主要是生物工程，纳米工程也是其中的一种可能性。德·格雷的网站中有一个非常漂亮的综述概括了他的理论，其中也包含了一些参考文献。

为了让生物科研界了解并接受 SENS，德·格雷发起了一项名为"玛士撒拉鼠奖金"的竞赛，该奖项为繁殖出最为长寿的小家鼠的研究者提供奖金。事实上，该奖包括两个小奖：一个颁给长寿鼠，另一个是"返老还童"奖，颁给能够给已经部分衰老的老鼠提供最佳延寿治疗方案的研究者。奖项的结构设置很复杂，繁殖出最长寿老鼠的研究者或者给老鼠提供最佳返老还童治疗的研究者每周得到一小部分奖金，直到他的纪录被打破。

德·格雷认为，如果科研界在这个领域投入足够精力的话，大概就在下一个10年，在老鼠身上就几乎可以战胜衰老了。然后，将在老鼠身上得出的结果移植到人类应该花不了太长时间（生物学研究通常都是从老鼠移植到人类的，因为老鼠尤其适合作为人类治疗方案的测试平台，尽管这显然远非完美匹配）。当然，有的技术要比其他的更容易移植，而且可能会遇见不可预知的各种困难。可是，如果我们通过部分解决衰老问题成功让人类寿命延长三四十年，那我们就多了三四十年的时间来让生物学家们去解决剩下的其他问题。

理论上来说，德·格雷认同我们上述的观点。他认为，相较于是由一个根本原因导致了衰老这个理论而言，他更倾向于认为衰老实际上是一系列不同因素出错而共同导致的结果，主要是因为人类 DNA 并不是为了不出错的目的而进化的。他在自己的网站上列出了一个表格，揭示了衰老的七大主因，每一个主因都有对应的日期，表明这个现象与衰老的联系首次被生物学家所周知的时间，同时也列明了他认为的能够帮助消除该因素的生物学机制。

7 个基本原因——这就是全部了吗？德·格雷认为："事实上尽管近 20 年来我们的分析技术有了长足的发展，也没能再发现另外一个哪怕是潜在的随着衰老而积累的病理学损伤类别，这在很大可能性上表明没有别的原因了。至少在目前的正常寿命中，没有别的致死原因了。"我们希望他是对的，不过当然有可能我们活得越久，新的影响因素就越会显露出来；但是只要我们向抗衰老项目投入足够的资源，我们就能够把它们都打败。

从某些方面来说，德·格雷将衰老原因分类成特定的七大类有些武断了，其他人也许会有不同的分类方法；但是他这一给全方位引发衰老的生物学意义上的因素进行全球性规则认定的尝试令人赞叹，也体现了他所进行的大量深入思考和信息整合。

"衰老的七大主因"中有一项与我的工作内容有关——应用人工智能来分析帕金森氏症，我将在之后讨论线粒体突变这一项。深入探究该问题非常有趣，它揭示了德·格雷的基于"工程设计"方案的强项和潜在的缺陷。在 SENS 缩写中包含"工程"一词并非巧合，因为德·格雷是从计算机科学转到生物学的，他倾向于采用与传统生物学家不同的方法，更多地以"机械化"修复方法的角度来思考问题。他的方法是否最佳还有待观察。作为生物学家，我们相关的那种普遍性的强烈直觉似乎还有所欠缺。但是这样说基本上不会错，即在众多不同的方法学中，没有单纯的正统观念就能够产生最佳结果。主流的分子生物学界倾向于认为德·格雷对于 7 个问题提出的解决方案显示了一种怪异的思路；但是这并不能说明什么，因为主流学界的喜恶本身也可能存在着致命缺陷。如同人类开拓的任何领域一样,科学有它自己的时尚潮流和趋势。在当下看起来,古怪的科学也许十年后就成了一个寻常的研究领域。

说回线粒体 DNA 损伤,德·格雷目前对其的提议是以一种相当直接的方式修复它,把出错的线粒体 DNA 产生的缺陷蛋白质直接替换掉。这个方法也许有用,因为原本就存在一个内置的生物学机制——TIM/TOM 复合体负责将蛋白质运输到线粒体内,它可以将核 DNA 合成的约 1000 种不同的蛋白质运输到线粒体中。

德·格雷的建议是复制线粒体基因组中的这 13 个蛋白质编码基因后略加修改,使其适合被 TIM/TOM 复合体运输后,再注入核染色体中。这样的话它们被损伤的速度将会放慢许多,因为相较于线粒体基因,核染色体将会受到更多保护从而免于突变。

听起来很合理,不是吗?

另外,我回想起几年前有一次在北弗吉尼亚的某处和两位生物学家奥布里、拉法尔·斯密戈罗茨基(Rafal Smigrodzki)一起共进晚餐时的对话,拉法尔还在弗吉尼亚大学的时候引荐我加入了帕金森症的研究。拉法尔对于将线粒体 DNA 移入细胞核这一做法的担心在于,它原本的正常运作可能依赖存在于细胞核之外的某些物质或者机制,所以一旦移入核内,它可能无法继续正常运作。换句话说,奥布里的"工程方法"可能忽视了相关生物网络的复杂性。目前我只能说,这件事尚无定论。

在这个问题上拉法尔有他自己的角度——他离开弗吉尼亚大学,加入了GENCIA 公司,这家位于夏洛茨维尔的公司正在通过一种叫原染(protofection)的创新科技来研发"线粒体基因替换技术"。利用原染技术可以部分移动线粒体 DNA 中的缺陷并用完好的组织替换它。如果这项技术可以成功运用于人类活体大脑(同时基于线粒体 DNA 损伤确实是引发帕金森症的主要病因),那么通过仅仅修复线粒体 DNA 中受损部分,此类基因疗法就有可能治愈帕金森症。

德·格雷的方法和原染技术(或者其他完全不同的技术)哪一个是最好的方法,现在谁也不知道。不幸的是,目前这两个方法都没有充足的资金支持。只有完成研究后我们才能知道答案,但是没有资金研究,这一切根本无从谈起。这就是为什么德·格雷在宣传推广上的努力如此重要。

同样,德·格雷关于引发衰老的损伤分类的另外 6 项也都各自适用于多种不同的研究方法,我们需要把实验做了才能知道哪种方法更有效。

彻底延长生命：真正的瓶颈在哪里

衰老很容易理解但却异常复杂——纷繁庞杂的方方面面，每一方面都有多种研究方法。面对如此纷繁复杂且环环相扣的网络时，人类的智慧已裹足不前。事实上这才是主要的问题，也是为何衰老至今尚未被治愈的主要原因之一。生物学家们已经收集了大量数据，但人类的大脑终究没有进化到能够对大量的复杂相关、多维度生物数据集进行整合分析的地步。我们徒劳地试图以一种人脑可以有效理解的方式来编辑生物数据：为了减轻我们大脑中负责视觉处理的那 30% 部分的压力，我们创造了数据可视化；为了更好地运用我们大脑中为语言学而存在的大部分，我们开发了词汇表和语义库。但是大脑中并没有可以用来分析生物学数据并产生相关假说的部分。现阶段，整个生物医学研究流程中最薄弱的环节是我们人类的大脑，它缺乏全面理解大量日新月异、堆积成山的复杂数据的能力，也难以在理解数据之后设计新的实验，从而产生新的认识。这是一个比较激进的主张，但是我们坚持认为人脑就是我们在彻底延长生命的研究道路上最主要的瓶颈。

这个问题有 3 个显而易见的解决方案：提升人脑，用外部工具拓展大脑，或者用其他更好的东西代替它。

前者是一种激动人心的可能性，而且到了某个时候必然会实现，只不过要能够提升人类认知能力，现在的神经科学和神经工程学还有很长一段路要走。此外，发展神经工程学很大程度上就是一个生物学难题——这就意味着实现这个目标的主要瓶颈恰恰就是我们正在讨论的问题，即人脑处理海量生物学数据时的局限性。

用来分析生物学数据的外部工具非常关键，幸运的是现在我们有大量的选择，但是问题也越来越凸显出来：我们创造的工具不足以让我们发现已搜集数据的模式。现在的生物信息学分析和可视化软件代表着一种针对人脑缺点的可贵尝试，可是这种尝试终究还不够充分。

要明白这一点，只要想想在那些惯常的研究中，大部分遗传学家都将自己的研究着眼于少量几个基因，或者至多几个生物学通路就可以了。从研究者角度来看，这种认知策略貌似有道理，因为人脑只能处理这么多信息。有一些基因，比如 p53，关于它们的已知信息太多了，以至于现在极少有科学家能够将这些信息通过大脑完全进行掌握。从另一方面来说，众所周知，人体是一个高度复杂的系统，由不同基因和通路间精妙的非线性互动来主导驱动。所以分析生物学数据的正确方法不是聚焦于单个基因或者通路，而是要通过一个更为全面、系统化的生物学方法和视角。

软件工具能帮忙吗？事实证明可以，但这种帮助很有限。确实有一些统计学和机器学习方面的方法可以用来分析生物学数据，它们能够以一种全面的方法从大量数据集中提炼出普遍适用的模式，只是这些软件并没有得到其应有的广泛应用。然而很遗憾，这些软件只能做到这些而已，它们得出的结果仍需得到生物学家本人的进一步解读，而生物学家的专业总是有一定的局限性，毕竟人类的记忆是有限度的。

可视化工具对此也很有帮助性，但也有相当严格的局限：人类的眼睛一次只能读取那么多信息。人类的眼睛曾经是为了观察非洲大草原而进化的，而不是为了观察错综复杂的生物分子系统。即使你以某个特定比例全息模拟了人体的某部分，人类的知觉系统也无法"纵观全局"，更遑论从视觉化的数据中总结得出所有数学上显而易见的模型了。

从科学的角度来说，理想化的做法就是我们干脆用为分析生物学数据而度身定做的人工智能系统来代替人类科学家。该系统不仅具有人类的洞察力和理解力（或者更甚于此），还有更强的记忆力，更精确的定量分析能力，以及专为生物学数据而非在大草原上辨识捕食者而设置的模块分析能力。遗憾的是，这类"人工智能科学家"现在还不存在。有一些旨在制造出这类软件的科研项目正在进行中；而人们对于人工智能领域也越来越有信心，这确实是个能够达到的目标[①]。但是延长寿命的研究，以及所有普遍意义上的生物学研究已经等不及计算机科学家们制造出强大的人工智能了。加快推进解决那些导致人类困苦的医学问题的紧迫性已非常明显，最好立刻就能解决。所以我们需要的是将弱人工智能应用到生物医疗问题当中去，同时怀抱着从根本上做得更好的终极目标去发展先进的通用人工智能技术。

利用人工智能对抗衰老：来自科研一线的故事

我们已经对长寿生物学最近的研究状态有了大致的了解，接下来我要说一下

---

① GOERTZEL B N, COELHO L S, PENNACHIN C, et al. Learning Comprehensible Classification Rules from Gene Expression Data Using Genetic Programming and Biological Ontologies [C]// 7th International FLINS Conference on Applied Artificial Intelligence. Italy: Genova, 2006.

自己的研究，讨论一些我应用弱人工智能所做的具体研究（还没到通用人工智能的地步），以试图帮助阐明衰老的生物学机制。这项工作不仅揭示了关于长寿生物学一些有趣的方面，也让我对通用人工智能究竟将如何帮助我们弄清楚延长寿命的方法有了更全面的认识。

　　弱人工智能在生物学数据领域的综合应用（甚至特定的衰老相关数据）现在已成了主流研究方向，一大批来自不同院校、企业和政府实验室的研究人员都在致力于相关研究。我和我的同事们在 Biomind 有限责任公司的研究工作仅仅是这一拨儿激动人心的研究热潮的一个很小的组成部分，但是也能让你对这个领域的近况有个清晰的了解——通用人工智能时代的黎明破晓即将来到。

　　总的来说，目前我在基于弱人工智能分析的生物医药信息科学领域的研究，主要集中在从"更好的工具"和"替换人类"这两种方法中寻找一种折中的方法。如果你认真阅读了这本书之前部分的话，你就会知道我相信强大的人工智能科学家很可能将在未来的几十年内出现，甚至可能就在下一个 10 年——而且我花了大量时间专注于完成这个特定目标的研究。目前我在生物信息学公司 Biomind 的角色是与 NIH 合作，之前我也曾和 CDC 及其他学术性的生物医疗实验室合作过；我也非常清楚地认识到，重要的人类问题相关的生物医学数据正在生成，我们要竭尽所能地去处理这些数据。所以我和同事们在生物学领域所采取的研究方法是渐增式的：我们那野心勃勃的人工智能科学家正在逐渐被创造出来（合乎情理，因为这是一个长期的研究项目），我们利用整体人工智能系统的不同模块来分析生物学数据集。当然，人工智能模块并不像完整意义上的人工智能科学家那样强大，但我们的实验表明它们仍然可以提供比独立工作状态下或借助传统工具的人类科学家更为深刻的洞见。从这个方面来说，人工智能和生物医学科学可以协同发展：我们在人工智能科学家项目上取得的成果越多，这个系统的局部版本所能够产生的洞察力就越强大。

人工智能揭示了线粒体 DNA 在帕金森症和阿尔茨海默症中的作用

　　在我将人工智能应用到生物科学的探索生涯中，至今最为激动人心的时期之一是在 2005 年时，我们针对引发帕金森症的基因根源进行的数据分析。在这个研究项目中，人工智能分析的结果从统计数据角度强有力地支持了"帕金森症是由线粒体突变引起的"这一假说。这些结果似乎相当有可能导向帕金森症的诊断应用中，而且如果 Gencia 公司①关于原染的研究有成效的话，这些结果可能最终能为线粒体基因疗法打下扎实的基础。

超过 100 万美国人患有帕金森症。虽然多年来医学研究人员付出了巨大的努力，可追溯引发这一疾病的基因根源仍显得尤为困难。人们经常听说的 DNA 藏身于细胞的核中，位于细胞的中心。很多情况下疾病的基因根源通常可以被追溯到细胞核 DNA 突变，被称为 SNPs 或者单核苷酸多态性。Biomind 曾经在针对慢性疲劳综合征的 SNP 数据分析上取得了显著成果：人工智能能够顺利梳理出突变组合模式，并首次提供了真实证据证明慢性疲劳综合征至少部分上来说是一种遗传疾病②。可是这种方法在帕金森症的研究中不起作用，而一种方法的变体取得了空前成功。线粒体是为细胞提供能量的引擎，它也包含有少量的 DNA。人工智能告诉我们的是，寻找帕金森症的基因根源的正确位置是线粒体 DNA 中的突变。我们的软件识别出了在线粒体基因组上存在一个特定基因的特定区域，该区域看来与帕金森症有着密切的联系③。

线粒体基因组相比核基因组来说，体积上小得多，知名度上更不为人所知，相关研究也少得多。尽管如此，它对于人类和其他动物的细胞功能却至关重要。人类线粒体基因组仅包含 7 个基因，而最近研究成果显示，核基因组包含大约 30000 个基因。但是这 7 个基因承担了许多重要功能。如果它们的运作失调，就会引发严重的问题。1999 年，戴维斯·帕克博士、拉塞尔·H.斯维尔德洛以及来自圣迭戈 MitoKor's 公司的数位科学家联合发表了一项研究，揭示了线粒体基因组的缺陷可能与帕金森症相关。由于婴儿的线粒体 DNA 全部来自于母亲，这些结果表明帕金森症有可能是母系遗传的；但是线粒体 DNA 缺陷可以隔代遗传，这让帕金森症看起来像是随机的。

帕克和斯维尔德洛团队的研究还涉及对人类胚胎神经细胞的巧妙操控。他

---

① SMIGRODZKI R M, KHAN S M. Mitochondrial microheteroplasmy and a theory of aging and age-related disease[J]. Rejuvenation Research, 2005: 8(3): 172-198.

② GOERTZEL B N, PENNACHIN C, Co L, et al. Gurbaxani B. Allostatic load is associated with symptoms in chronic fatigue syndrome patients[J]. Pharmacogenomics, 2006: 7: 485-494.

③ SMIGRODZKI R, GOERTZEL B, PENNACHIN C, et al. Genetic algorithm for analysis of mutations in Parkinson's disease[J]. Artificial Intelligence in Medicine 2005, 35(3): 227-241.

们将胚胎神经细胞的线粒体 DNA 移除，用其他的 DNA 进行替换：这些 DNA 有的来自健康人，有的来自帕金森症患者。结果显示，接受来自于帕金森症患者线粒体 DNA 的神经细胞开始表现得像 MPTP 处理过的神经细胞。复合体 I 的活力降低，表明从线粒体处获取的能量不足，这最终导致类似帕金森症状的行动迟缓。

这些实验结果精彩纷呈又颇具启示意义。但是真正的突变在哪儿呢？这些只不过说明了问题存在于线粒体基因组的某处而已。但问题是究竟在哪一处。到底是哪些突变引发了疾病？

为了回答这个问题，帕克和同事对提取自一些帕金森症患者的神经细胞中的线粒体 DNA 进行了测序，也测了一些正常人的线粒体 DNA，试图从中寻找规律。但是令他们奇怪的是，2003 年他们开始着手认真分析这些数据，却发现并没有什么简单一致的规律，也并未发现任何在帕金森症患者中常见，而在健康人样本中不常见的特定基因突变。

输入人工智能

帕克的一个合作者拉法尔·斯密戈罗茨基博士对我的人工智能研究很熟悉，他建议说，也许我的人工智能技术能够发现线粒体 DNA 数据中的规律。

长话短说——这样还真有用。确切来说，解决方法其实是一种被称为"基因算法"的人工智能软件技术，它模仿了自然选择的进化过程。一开始有一批针对某问题的随机解决方法，然后逐渐通过让"最佳"的解决方法相互结合，从而形成新的方法，由此逐渐"进化"成为更佳的方法，之后对最佳方法进行微调"突变"。在这项研究中，软件所"进化"出的是将帕金森症患者与健康人群区别开来的可能模式，而这些模式的基础是线粒体 DNA 上的氨基酸序列。虽然并不能保证总能有结果，但这种数据分析方法还是非常值得探索，而且在这项研究中表现得格外好，研究者找到了一系列不同的数据规律。

最后揭示出的规律是，虽然帕金森症跟特定的基因突变无关，但在帕金森症患者身上，有些线粒体基因组中的区域以及多区域的结合确实发生了突变。有很多规则可以用这种形式表达："如果在这个线粒体基因区域还有那个线粒体基因区域都发生了突变，那么这个人就有可能患有帕金森症。"虽然发现这些规律的过程借助了一些高级人工智能技术，但一旦发现，这些规律就很容易让人类理解。在更多患者身上进行随后的生物学分析也将有助于确证这些规律①。

更令人激动的是，我们和帕克博士一起针对阿尔茨海默症进行了进一步研究，得出的规律从本质上与帕金森症类似，只是细节上有所不同。最后再重复一次：虽然最初是人类出于其对于生物学的直观知识提出了研究线粒体这一关键想法，但人脑无法在线粒体突变数据中侦测到相关规律，即使在最先进的统计学工具帮助下也很难做到。而人工智能就发现了相关规律，随后很容易就被进一步的生物学实验证实了。

人工智能帮助揭示了热量控制有益长寿背后的基因机制

人工智能技术不仅能够帮助我们更好理解和诊断（并且最终治愈）帕金森症和阿尔茨海默症这样的与衰老相关的疾病，它还能帮助我们更好地理解、提炼并且设计方法来延长生命体的寿命。有一个最近的例子就是，我和同事们不久前在《抗衰老研究》（*Rejuvenation Research*）上发表了一项研究②，旨在揭示热量控制对最大寿命的影响背后的基因机制。热量控制作用的确切机制依然未知（虽然有大量的理论），不过我们基于人工智能的分析揭示了一些前所未知的基因在热量控制的功效中扮演的重要作用。这些结果需要许多生物学实验来验证，我们正在与一些生物研究实验室进行讨论，探索实施这些实验的最佳方案。这些实验肯定能够得出新的数据，通过人工智能算法来分析这些数据，将会给我们提供新的视角，把现存的那些阐释热量控制功效的理论结合起来，从而产生最终的答案。通过人工智能分析、人类认知和实验室研究的这种反复协作互动，我们的研究的进展将会非常迅速，没有人工智能参与的话肯定是不可想象的。

在我们把人工智能运用到热量控制的研究过程中，我们最初给人工智能系统输入的 3 组数据集是别的研究人员发表在网上的，是他们对热量控制饮食小鼠的研究成果。然后我们将这 3 组数据集合并到一个整合数据集中，目的是对其实施

---

① SMIGRODZKI R, GOERTZEL B, PENNACHIN C, et al. Genetic algorithm for analysis of mutations in Parkinson's disease[J]. Artificial Intelligence in Medicine 2005, 35(3): 227-241.

② GOERTZEL B, COELHO L, MUDADO M. "Identifying the Genes and Genetic Interrelationships Underlying the Impact of Calorie Restriction on Maximum Lifespan: An Artificial Intelligence Based Approach" [J] Rejuvenation Research, 2008, 11(4): 735-748.

一项更具广度的分析。我们使用的是人工智能技术，而非研究人员通常在他们的数据集中使用的标准统计学分析方法。

除了提供大量信息，这种分析方法同时还给出了一系列人工智能找到的对热量控制延长寿命起到重要作用的基因。最基本的一点就是，人工智能能够梳理出不同基因和基因产物间的非线性关系。人工智能发现的那些在热量控制及其对寿命的影响中发挥作用的基因群有着重要意义，其重要性不仅体现在这些基因各自单独作用的层面上，更为重要的是它们之间的相互影响和作用。

人工智能还给出了一张基因的相互关系图（如图 16-1 所示），它表明了基因间的相互作用在热量控制对寿命延长的影响这一机制中发挥了最为关键的作用。特别地，我们的图表分析揭示了 Mrpl12、Uqcrh 和 Snip1 这几个基因在上述机制中起着决定性作用，它们通过与许多其他基因（分析对此进行了一一罗列）互动来发挥自身作用。这是 Snip1 和 Mrpl12 这两种基因首次被证实在衰老领域中有重要作用。

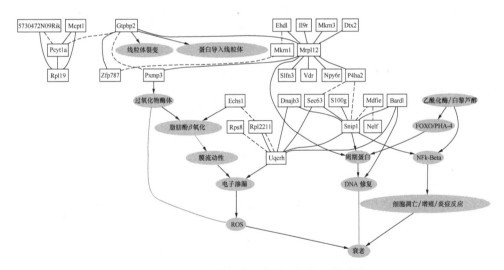

图 16-1　人工智能给出的基因的相互关系图

为了在第一时间内再次验证我们对这 3 组数据集分析结果的正确性，我们随即把相同的人工智能分析流程又重新进行了一遍，不同的是，这次我们新加入了第四组数据集。令我们非常欣慰的是，结果与之前基本相同。这表明了人工智能已不只是某种数据处理工具，而是给出了真真正正的生物学专业见解。

总体来说，上述分析结果的生物学解释表明了热量控制对于寿命影响的程度受制于多种因素，其中包括在先前的衰老理论中已探明的因素，如毒物兴奋效应[①]、发展理论[②]、细胞[③]和自由基[④]理论等。根据人工智能系统得出的基因组合效应规律，这些理论中的任何一条都不足以单独成立。但是，这些理论预测到的相关基因确实发挥了一定作用，而这个作用是它们和那些在既有理论和实验中都没能被揭示出来的其他基因一起协同工作才能起到的。

解开长寿果蝇之谜

在我目前的关于人工智能和生物学数据的研究项目中，最为有趣的大概是与迈克尔·罗斯一起研究的长寿果蝇项目，前述也有提及：在过去 30 年中，定向繁殖的果蝇可以拥有比普通果蝇长 5 倍的寿命。仅仅需要设置这样一个情境使得长寿果蝇之间更容易繁殖，如此维持许多代之后就能创造出一个新的果蝇品种。这是一个奇迹，也是一个谜：因为这些长寿果蝇是通过定向繁殖而不是基因工程或其他更为"直接"的方法创造出来的，我们不知道到底是什么让它们如此长寿。现在我们要对定向繁殖的过程进行"逆向操作"，从而了解到底是发生了怎样的基因突变组合才诞生了长寿果蝇，以及这些突变发挥作用的原理。这是一个很复杂的问题，因为进化过程本身就说不清道不明：长寿果蝇与普通果蝇之间，除了那些核心关键性差异外，注定还有许多非关键性差异，而这些关键和非关键性差异之间也注定互相作用、密不可分。传统的统计学分析方法能够鉴定出哪些基因在导致长寿果蝇和普通果蝇之间差异时起到重要作用，但是它们无法揭示基因组、蛋白质组和代谢组之间的相互关系。

即使我们尚未完全理解背后的原因机制（抱歉！），但对长寿果蝇的分析还是

① SINCLAIR D A. Toward a unified theory of caloric restriction and longevity regulation[J]. Mechanisms of Ageing & Development, 2005, 126(9): 987-1002.

② DE MAGALHAES J P, CHURCH G M. Genomes optimize reproduction: aging as a consequence of the developmental program[J]. Physiology (Bethesda), 2005, 20(4): 252-259.

③ SHAY J W, WRIGHT W E. Hallmarks of telomeres in ageing research[J]. Journal of Pathology, 2007, 211(2): 114-123.

④ HARMAN D. Aging: a theory based on free radical and radiation chemistry[J]. Journal of Gerontology, 1956, 11(3): 298-300.

取得了一定成果。Genescient 公司目前拥有长寿果蝇的知识产权，他们通过研究长寿果蝇而找到了某些物质，然后通过向普通果蝇喂食而显著延长了它们的寿命。此外，这项研究对那些延长人类寿命的保健品研发也颇有借鉴意义。但是如果我们能够认识到长寿果蝇得以长寿的本质原因并进一步利用这个发现去做些什么，相比之下那些结果就显得微不足道了。对果蝇衰老的认识将会有助于我们理解人类衰老，虽然并不是所有生物学家都认同这个观点，但还是颇具说服性。衰老是细胞功能的一个基本特征，以这种角度来说，很可能许多不同生物体都有着大同小异的衰老过程；而且 Genescient 确实已有研究结果表明，导致长寿果蝇长寿的最重要基因与那些涉及人类疾病相关的基因恰恰是同种基因。

奥布雷·德·格雷用来对抗衰老的"工程方法"关注点在于衰老的症状，这些症状于不同阶段分布于全身不同部位（举一个例子，他提议用特定种类的细菌来清除随着年岁增长而增长的体内细胞间"废物"）。虽然这种方法可能具有重要价值，但企图修正衰老过程中细胞发展的基本流程一事还需进一步探讨。也许这些细胞流程被修正之后，许多衰老症状就自动消失了。最终，德·格雷和 Genescient 的方法可能会整合成互补性的疗法。

截至目前，我们只将人工智能应用于一小部分果蝇数据，但是我们已经得出了一些有趣的结论。人工智能的基本功能就是鉴别出哪些基因对长寿果蝇的长寿起到关键作用，以及这些基因是如何相互组合的；然后基于这些认识，试图找出有哪些可以与药品或者保健品结合的通路，从而使普通果蝇也能活得更长。人工智能同样也可以从不同的基因和通路相关组合中进行选择，来推测哪些更可能构成人类衰老疗法。在我们之前的例子中，人工智能远没有达到自主，它只是作为生物学家们和数据分析工作的帮手而存在。但是数据量不计其数，生物学也极其复杂，所以后者对于帮助是来者不拒、多多益善的！

出于知识产权方面的顾虑，我没法详述我与 Genescient 合作结果的细节，但我可以回顾一下我们研究发现的基本形式。举个例子，我们发现了一个对于果蝇长寿似乎非常重要的基因，这个基因会产生一种特定的酶，而这种酶为人所知是因为人体如果缺乏它就会出现导致一种表现症状为中枢神经系统障碍的单基因疾病。另一个非常重要的基因是一种肿瘤抑制基因（癌症的肿瘤抑制与衰老之间的关系早已不是新闻了），它和一些代谢相关的特定基因组合在一起之后对长寿果蝇的寿命起到重要作用。以上这些发现，任何一个单独拿出来都没法告诉你为何长寿果蝇能活得如此之久，但是它们为接下来的研究指明了具体的方向，而这些思路如果不是基于人工智能分析结果的提醒，人们自己根本就想不到。

阅读生物学研究论文的人工智能

目前我们已经讨论了人工智能在分析定量生物学数据集方面的应用。但是我们还需考虑另一个事实，即如今绝大多数在线的生物医学知识仅以文本形式存在。大部分数据集都没有被放在网上。比如，生物数据库规模如此巨大，原本可以存储绝大部分知识，但实际上却并没有。尽管原因可能是因为这件事还没人做，也可能是因为研究人员宁愿把他们的数据保密。

举个例子，我们在 Biomind 时通过 Gene Ontology 数据库做了大量工作，这个优秀的数据库将基因根据功能进行了分类。如果你在 Gene Ontology 中搜索"细胞凋亡"，你会发现有几十个基因被标记为与细胞凋亡（即细胞程序化死亡）相关。但问题是，如果你在线浏览期刊文献，你会发现更多信息。Gene Ontology 的发展速度暂时还赶不上期刊文献。幸亏当今生物医学研究飞速发展，也为生物医学软件的发展指明了方向：我们需要编写新的电脑程序，用以从刚发表的文章文本中直接抓取信息！这一研究领域被称为 Bio-NLP——生物自然语言处理。

一个足够强大的人工智能科学家一旦被创造出来，Bio-NLP 就成了鸡肋，因为人工智能可以轻而易举地直接从数据中识别出相关规律，根本无须人类智慧的介入。不过我们尚未到此地步。所以，就目前来说，人工智能数据分析的最佳策略就是整合所有可能获得的信息，包括直接的实验数据以及人们为了阐释这些数据而生成的文本文字。

2006 年，我与人合作组织了第六届 Bio-NLP 年度研讨班，作为 HTL-NAACL 计算机语言学年会的一部分。在过去的 Bio-NLP 研讨班中呈现的所有工作只涉及相对简单的问题，比如识别研究论文中基因和蛋白质的名称（生物学家们不同的命名习惯让这一任务的难度提高了很多）。但是从 2006 年开始，我们发现越来越多的研究者们开发出了新的软件，这些软件能够识别那些用自然语言文本形式表述的不同生物主体之间的关系；这一趋势随后又得到了进一步发扬光大。最新的 Bio-NLP 软件（以兹赫茨基的工作①作为一个令人印象深刻的例证）可以消化一整篇研究论文并告诉你其中提到了哪些基因、蛋白质、化学物质和通路，以及作者认为它们是如何相互关联的（哪个基因在哪条通路中、什么酶催化什么反应、哪些基因上调另外哪些基因等）。这离全面理解研究论文的内容差距还很大，但无疑是一个很好的开端。

利用人工智能对 PubMed 中自动抓取的摘要进行逻辑推导

在 2006 年 Bio-NLP 研讨班上我提交的论文描述了一个被称为"生物学者"（BioLiterate）的研究模式，这是我们 2005 年为 NIH 医学中心构建的。"生物学者"能够从不同的生物医学研究摘要中提取相关关系，然后运用逻辑推理把它们整合理顺。举个例子来说，如果一篇文章说 p38 标记了激酶抑制防止骨质流失，另一篇文章说 DLC 抑制 p38，那么这个软件就会把 A 和 B 联系到一起，（运用逻辑推理）得出也许 DLC 能够防止骨质流失的结论（在这些推断中，人工智能实际采用的是从 PubMed 摘要中找到的表述语句）。逻辑推断的依据来源于一个新型认知引擎（Novamente Cognition Engine）的概率逻辑网络模块②。"生物学者"只是一个雏形，并不是一个强大、灵活的软件解决方案，但它还是有其意义的：如果你建立了一个 Bio-NLP 系统，然后利用正确的规则把它输出的结果导入一个计算机推理系统，你就得到了一个自动化生物学假设生成系统。

全面生物库

以上我们讨论到的将人工智能应用到生物信息学这一领域已经取得了令人振奋的成果。越来越多的研究者们通过类似的研究工作，也都获得了类似的成功。沿着这条研究路径，将人工智能技术应用到单独或者成组的各种数据集中去，毫

①　KRAUTHAMMER M, RZHETSKY A. GENIES: a natural-language processing system for the extraction of molecular pathways from journal articles[J]. Bioinformatics, 2001, 17(Suppl 1): S74-S82.
②　IKLE M, GOERTZEL B, GOERTZEL I, et al. Probabilistic Logic Networks: A Comprehensive Framework for Uncertain Inference[M]. Heidelberg: Springer, 2008.

无疑问一批批类似的研究成果将会源源不断地产出，并最终带来生物科学备受瞩目且不断加速的发展和腾飞。

但是，我们原可以做得更多、更好。我们认为，生物科学真正的未来在于能够同时对大量数据进行分析，这里的"大量"远比我们在热量控制研究中用到的4 个数据集的量要大得多。我们需要把数十、数百、数千甚至数万、数十万个数据集同时输入同一个人工智能系统中（还有所有的在线生物学文本），然后让人工智能尽情发挥并找出其中隐藏着的规律模式。在如此浩瀚的数据海洋里，人工智能可以探测到的规律模式比人脑多得多。

目前，对大量已有数据的开发利用程度低得惊人，主要就是因为人脑的限制以及科学界的交流机制（这也受到人脑的制约）。由于人类大脑的进化机制是解决其他问题的，所以人类科学家只能分析单个数据集或者寥寥数个数据集（还是在统计学、可视化以及偶尔的人工智能工具的帮助下），然后写出论文来总结自己的发现。当然，这些论文只述及一个特定数据集，而忽略了该数据集的几乎所有信息，只集中讨论研究人员注意到的那些特定规律（这些往往还是他们基于既有认识和偏见，在研究开始前就要找寻的规律）。然后研究人员们阅读其他学者已经完成的论文，使用这些文章中的结论来指导新的数据集分析。人们只能通过阅读和写作论文，间接地将各种数据集收集整合到一块，而他们读写的每篇论文对于述及的数据都有极为偏颇的论点。这种方式造成了信息的大量丢失，而如果数据集能够真正以一种严谨的方式进行完整分析的话，结果将会截然不同。

我们提出要建立一个**全面生物库**——一个包含当今网络上全部生物医学信息的海量数据知识库，其包含了定量数据、关联数据、文献和摘要中的文本信息……几乎所有一切。然后应该用强大的人工智能系统来分析知识库中的数据，而这个人工智能系统必须能够将数据作为一个整体来研究，能够鉴别出那些直接的人工分析或者传统的统计学都力所不能及的复杂规律。这些软件体系将会帮助人们做出更为先进的发现，而且在某些情况下，它们也能自己做出新的发现——提议新的实验、做出新的假设、产生新的联系。而这些都超出了人类的能力范围，因为我们大脑存储分析信息的能力有限。

理想状态下，全面数据库应该是一个开放的信息源，所以任何拥有统计学或人工智能工具以及些许天分和灵感的科学家都能以他们自己的方式来处理数据。

对于全面生物库来说，自由库（Freebase）①就是一个绝佳的例子，虽然它还不够全面。自由库是一个开放的在线数据库，包含了具普遍性的各类信息。原则上来说，人们可以向自由库中输入生物学数据集，但事实上出于数种原因，这并非最佳方法。自由库是一个传统的关系数据库，这并不是针对人工智能用途上最适用的数据结构（图形数据库将会是更好的选择）。更为关键的是，它并没有解决标准化元数据和正常化数据的问题，也许这就是我预想中构建巨型生物数据库将面临的主要障碍。

如果全面数据库的概念听起来太过野心勃勃、稀奇古怪的话，请记住人类基因组计划曾经一度听起来也是这般感觉。几十年前，马里兰州洛克威尔的 J.克雷格·文特尔研究所有一个文特尔实验室，他们进行的"合成器官"研究项目听起来也挺科幻、挺不靠谱的。仅仅在一二十年前，有多少人不会认为谷歌级别的在线资料数据库这一概念是疯狂的、难以置信的？生物学和计算机科学都在处飞速发展的阶段，这为过去曾经想都不敢想的那些可能性打开了大门。

为全面数据库的价值举一个简单的例子，我们回到之前提过的热量控制数据分析项目。基于我们对那 4 个数据集的分析而取得的成果非常振奋人心，但显而易见的是，如果我们能够使用一个巨型整合数据库的话，结果将会更加强大、更具说服力。举个例子，热量控制与能量代谢相关联，通过把热量控制数据的结果结合既有的能量代谢通路知识背景加以阐述，我们可以对这个关联加以利用。但是如果我们把不同的衰老相关研究中的大量能量代谢原始数据整合起来进行研究，然后把这些数据和热量控制数据放在一起进行探讨，又会怎样呢？谁知道会得出什么样的结果？人体是一种复杂系统，热量控制对于寿命的影响肯定不能作为一个孤立现象来理解。当然除了能量代谢之外，还应该综合考虑其他十几种通路，把它们放在一起进行研究。

什么样的人工智能算法能够以一种真正有效的方式来利用全面生物库呢？我们对这种大规模生物数据分析缺乏经验，但是既有的经验还是给了我们重要的指引。已经有一些商业商品在这个方向上推进研究了，比如 Silicon Genetics 的 GeNet 数据库（对象为基因芯片数据）和相关的 MetaMine 统计学数据挖掘包。但是 GeNet/Metamine 仅仅是标准化的统计学方法，也只能处理基因芯片数据。从另一方

---

① 自由库：一个有关全部知识的开放共享数据库。

面来说，目前我们在 Biomind 所使用的数据处理方法在分析手法上更为先进，而且是针对多种不同类型数据的综合分析。但是，它们尚不能针对大规模数据进行分析。

我们强烈相信，必须使用新的研究方法来对付全面数据库。目前人工智能在生物信息学上的应用主要集中在利用机器学习算法识别模式。本质上来说，算法处理一个或多个数据集，直接利用复杂算法在数据集中搜寻规律。为了能够处理更大量的数据，同时又保留复杂分析的能力，就需要有一种范式转变，这种范式转变与人工智能领域本身的发展趋势有着天然的契合。目前需要的是将生物信息学数据分析与自动化推理相结合。更确切地说，是自动化概率推理，毕竟生物学数据中充斥着各种不确定性。自动化推理让人工智能系统能够对少量数据集进行研究，从而得出这些数据集的模式，然后以这些规律进行推断，看看能不能将其应用于其他数据集。与单独使用机器学习模式识别方法相比，这种推理步骤使得分析具备更广泛的延展性。我自己的团队正在对这一前景进行研究，具体做法是通过通用人工智能整合我们的 OpenBiomind 生物信息学人工智能软件到 OpenCog 通用人工智能平台上，该平台包含一个强大的概率推理架构，我们称之为概率逻辑网络[1]。举例来说，这能够极大扩展我们的热量控制数据分析项目，并把那些对于表面不同但实质相关生物学现象研究所产生的大量数据集都囊括进来。

虽然这愿景有点儿超越当前的实践，但也有另外一些同时期的有稍小但大致相似的愿景的研究项目。以 ImmPort 项目为例，该项目由美国国家卫生研究院（NIH）资助，具体来说就是国家过敏和传染病研究院，我们 Biomind 通过分包 Northrop-Grumman 的 IT 项目也有幸参与其中。ImmPort 仍在研发当中，但它完成之后，将会成为 NIH 资助的免疫学家门户网站。Biomind 在其中只发挥了很有限的作用——把生物信息学分析技术整合到网站中，包括新型的机器学习技术和一些更为传统的方法。ImmPort 最为激动人心的部分大概是它未来将具备整合大量数据的能力。当一位免疫学家把数据上传到 ImmPort 后，数据将自动被转换为标准格式，然后和其他被上传数据集一样进行自动化分析。更厉害的是，被上传数据的分析模式就如同你自己整合了其他数据集所得出的模式那样。运用生物信息

---

① IKLE M, GOERTZEL B, GOERTZEL I, et al. "Probabilistic Logic Networks: A Comprehensive Framework for Uncertain Inference"[M]. Heidelberg: Springer, 2008.

学技术，纵横于成百上千个数据集中寻找规律，这样的操作现在还难以进行。

不过，目前 ImmPort 所展望的人工智能范围还局限于机器学习算法，扩展到更为强大的自动推理方法已经超出了这一项目的研究范围。

ImmPort 这样的项目绝对是向正确的方向迈出了一步，不过也仅仅是一步而已。即使地球上每一个免疫学家都把数据输入 ImmPort 中，即使 ImmPort 融合了基于推理的数据分析能力，免疫学数据自身的局限性也依然是一个很大的制约因素。免疫系统不是一个孤岛，它与几乎所有其他的身体系统错综复杂地联系在一起。举个例子，Biomind 在与 CDC 的合作研究中发现了慢性疲劳综合征可以说是免疫系统、内分泌系统、自主神经系统和其他一些功能系统之间复杂的相互作用导致的。我们需要的不仅仅是一个全面的免疫学数据库，而是一个全面的生物学数据库，里面既有统计学和机器学习分析方法，也具备强大的跨数据集人工智能分析。另外，在与长寿直接相关的数据方面，尚不存在类似 ImmPort 的项目。

我们希望在接下来的 10 年内，以上所述的概念将会变得耳熟能详、变得主流化，而基于人工智能技术的大型复杂跨数据集分析技术的价值将会从离经叛道变得显而易见，并且这个观点已达成共识。直到那时，我们追求延长人类寿命、治愈人类疾病的脚步还是会被人脑在分析相关生物学数据上的限制所牵绊。

2014 年的附记：上文所述的概念尚未变成主流化的老生常谈。但可以确定的是，它也不再像 2008 年时听起来那么离经叛道了。通过将不同的生物学知识数据库和数据集整合到 OpenCog Atomspace，我们正在朝着全面生物库的建成稳步前进。"用人工智能对抗衰老"一文中描述的愿景似乎正在慢慢变成现实。不过，鉴于我一贯感兴趣的都是技术，由于资金匮乏和关注度不足，技术的发展远比我们想象的要慢得多。

第 17 章

通用人工智能及异想天开

2010 年 3 月，日本福岛核反应堆泄露的新闻铺天盖地，一个朋友邀我就通用人工智能和核灾难写几段话。他问我：如果我们已经拥有强大的通用人工智能，如何避免出现类似福岛的这种灾难？

事实上我并不认为拿这个做文章是个好主意，因为在我看来个中联系太显而易见了，如果人们在某些处置上能够拥有超人的智能，就可以很轻易地避开类似福岛核反应堆泄露这样的灾难（不过也可能会出现眼下意想不到的新问题）。但他坚持如此，而且他还想把我的想法分享给了他的一群同事，所以我还是为他写下了以下章节。写完之后，我觉得还可以把它当作一个简报发表在《超人类主义杂志》上。

《超人类主义杂志》发表我的这篇文章后收到了不少负面意见，甚至到了被《福布斯》杂志的博客作者亚力克斯·克纳普猛烈抨击的地步（我后来和亚力克斯通过邮件展开讨论，事实证明他是一个优秀的具有良好科学素养的人）。总的来说，针对这篇文章的批评声的讨论趣味十足，同时也证实了让人们真正理解先进通用人工智能的威力究竟有多难——即使此处的"人们"是指那些受过高等教育的知识分子。

首先，我们正在讨论的短文如下。

通用人工智能可以避免将来的核灾难吗

本·戈策尔，2011 年 3 月 23 日

在目睹了近期日本灾难性核事故之后，出现的一个问题就是：我们要怎么做才能避免将来出现类似的问题？

这个问题可以通过狭义的方式来解决，即分析核反应堆的设计细节，

或者停止核能利用，这样就能一劳永逸地解决了（一些国家可能会采纳，但有些国家可能很难接受）。但是这个问题也可以以一种更为广义的方式来阐述：我们要怎么做才能避免发生那些由于技术故障，或者是科技和自然及人类世界之间那不可预知的相互作用所引发的无法预见的灾难？

当然可以简单提议说"要更加小心谨慎"，但是这会带给人们时间和金钱上的额外支出，在现实世界里，小心谨慎必然意味着妥协，即避免与其他几乎同等重要的要求产生额外的冲突。举例来说，日本核反应堆的设计原本应该对最近发生的此类状况做出谨慎的评估；但却并没有做到，这很可能是因为这种状况被判定为不太可能出现，因此不值得在此浪费宝贵资源。

为了避免被日本发生的那种"可怕的状况"打个措手不及，我们真正要做的是以一种成本上更经济的方式来评估不同情况下技术有可能导致的后果，包括那些被判定为具有发生的条件却不太可能发生的状况（比如一次里氏 9 级的地震）。但是，核反应堆之类的技术构造本身具有的特殊性质，使其很难单独用人力来完成。这样的话，包括通用人工智能技术在内的高级人工智能的发展预示着巨大的潜力来改善这种状况。

一个以人工智能驱动的"人工核科学家"应该有能力模拟日本核反应堆在大型地震或者海啸等情况下的反应。这些模拟极有可能帮助改进核反应堆的设计，从而避免最近发生的以及其他我们尚未见过的各种灾难（但将来可能会发生）。

当然，通用人工智能对于减轻那些已经发生的灾难的后果可能也有帮助。比如，出于工作人员暴露于核辐射中的风险考虑，清理核泄漏事故周边环境的工作进度常常被延缓。但是专用于在高辐射环境下工作的机器人已经问世，而目前尚不具备的是能够控制它们的人工智能技术。另外，就像最近发生的核泄漏事故那样，由此导致的核辐射对健康带来的危害大多是长期的而非暂时的伤害。比如，充分暴露于辐射下的人罹患癌症的风险将会升高。不过，通过对生物系统及基因组数据进行人工智能建模的方式，人们创造出了新的治疗方法，将很有可能治愈这种损伤。较低水平的核辐射也能致癌的原因是因为我们对人体的了解尚不足以指导我们去修复较低剂量核辐射引发的人体损伤。通用人工智能系统一旦开发出来，就能够综合分析生物医学数据，从而在较短时间内改变这种状况。

最后，研发具有不同于人脑意识的各种其他能力的高级智能，很可能会促使新见解的涌现，比如开发没有安全隐患的可替代性能源。其中一种可能性是安全核聚变，但还有许多其他可能性。举个例子，也许那些能够在太空中随意运行的智能机器人可以优化现有的设计，从而得以从巨型太阳帆上收集太阳能。

能够修复或者避免所有灾难的灵丹妙药是不存在的，当今状况的部分原因似乎在于人类建造复杂的技术系统的能力已远超模拟它们的行为，以及预测并修复它们行为的相关后果的能力。随着技术发展显示出越来越无法遏止的势头，往后最有希望的前景是逐步（并且希望能够快速地前进）通过越来越强大的人工智能来增强人类智识。

好吧，现在我得承认这并不是我最好的文章。它是我在数分钟内匆忙写就的，比起一篇真正的杂志文章，它更像是一篇随手写成的博客日志。但是对于我来说，它最大的缺陷在于其内容的显而易见。亚力克斯·克纳普（Alex Knapp）在《福布斯》上的评论却着眼于不同寻常的切入点，指责我那不科学的"异想天开"。他的原文是这样说的：

> ……仅仅快速地改变几个词语你就能发现这确实是异想天开。例如，我要把文章标题改为"精灵可以避免将来的核灾难吗？"，然后在以下段落中改几个词。
>
> 为了避免被日本发生的那种"可怕的状况"打个措手不及，我们真正要做的是以一种成本上更经济的方式来评估不同情况下技术有可能导致的后果，包括那些被判定为具有发生的条件却不太可能发生的状况（比如一次里氏9级的地震）。但是，核反应堆之类的技术构造本身具有的特殊性质，使其很难单独用人力来完成。这样的话，寻找藏有精灵的魔灯预示着巨大的潜力来改善这种状况。
>
> 一位精灵应该有能力模拟日本核反应堆在大型地震或者海啸等情况

下的反应。这些模拟极有可能帮助改进核反应堆的设计，从而避免最近发生的以及其他我们尚未见过的各种灾难（但将来可能会发生）。

非常有趣吧？为亚力克斯出神入化的语言能力鼓掌！

不过，正如我在回应亚力克斯时指出的那样：如果有人在 1950 年就预测到了网络在 2011 年时所具备的神通广大的能力，那会怎样？

他们可能会写道："网络可以帮你驾驶导航；网络可以让你从上百万本书中选一本出来，坐在家里或者在手机上就能读；网络可以帮你预订航班、查看全球天气情况；网络可以在第三世界国家引发革命；网络还能让人们在家中就能接受大学教育。"

然后会有一些自作聪明的语言大师还会把"网络"换成"精灵"，以此来讽刺他们，并且指责他们的"异想天开"。

"精灵可以帮你驾驶导航；精灵可以让你从上百万本书中选一本出来，坐在家里或者在手机上就能读；精灵可以帮你预订航班、查看全球天气情况；精灵可以在第三世界国家引发革命；精灵还能让人们在家中就能接受大学教育……"

1950 年时大部分人只会对这些人一笑了之，这群傻瓜竟然会真的相信某种被称为"网络"的神话般的虚幻之物可以做到上面这些事。

网络当然自有其局限性，但 1950 年时人们还很难预见到。尽管如此，网络还是做到了许多在 1950 年时看来如同魔法一般的事情。

正如阿瑟·C. 克拉克说过的那样："一切足够尖端的科技看起来都与魔法无异。"

我对通用人工智能的思考也许是错的，但那也不是"异想天开"！

现在，我假设亚力克斯的主要论点（阐述得不够严谨）在于，仅仅列出通用人工智能可以做到哪些神奇之事还远远不够，最好是能阐释一下让上述美妙之事切实落地的路径。我同意这一点。如果能从当今技术详细讨论到能够解决或者避免核灾难的机器人，那会是一篇更好的文章！

那篇所谓"更好的文章"却从来没诞生过（不过如果那些负责预防、减轻核灾难的家伙们有兴趣听的话，我会写的），但是亚力克斯的评论确实促使我去做了一些功课，研究了核灾难管理机器人的现状，我将这些作为附注补充在我的初始文章中。

我在《IEEE 波谱》（*IEEE Spectrum*）杂志上发现了一篇很好的文章，详述了为何现有的机器人技术对于提升核灾难管理的作用有限。主要原因归纳如下。

- 缺乏辐射防护（这与其说是通用人工智能问题，不如说是一个老生常谈的机械问题。虽然假设通用人工智能科学家能够解决这一问题，我觉得人类科学家也能做到）。

- 肢体相对笨拙，无法完成爬楼梯、开门这类基础任务[可通过结合工程研究和智能控制（最终通用人工智能）的发展来解决]。

- 固执于对遥控操作的需求，但当机器人在被屏蔽建筑内活动时遥控就失效了。这纯粹是个通用人工智能问题——把通用人工智能应用到机器人中的根本目标就是让它们可以自主运作。

- 科研界中采用数种方法来创造这类通用人工智能机器人，如果进展顺利的话，5～25 年内其中某种方法就能产出针对核灾难提供援助的机器人。就像我自己的 OpenCog 方法一样，你可以发现很多其他方法。例如，翁巨洋在密歇根州立大学的机器人发展项目；或者欧洲的 IM-CLEVER（内部驱动积累性学习全能机器人）项目，该项目旨在制造一种机器人能够自主学习各种不同实际任务，从孩子般的开始学起，逐渐成长为更为复杂的任务。我认为，正是这些努力最终将引领我们达成制造出能够修复核灾难的机器人的梦想。这当然只是通用人工智能可能帮助规避或减轻核灾难的众多方式中最显而易见的一种。

这些初看起来不过是异想天开的想法，事实上却为各大院校主流科学家们目前主攻课题研究所证实是合理推断。至于究竟需要多久才能实现，专家们尚未达成一致。但是"虽然尚未可知究竟是什么时候，但可以肯定的是随着科技的发展终将实现"和"异想天开"这两者之间是有天壤之别的。核灾难修复机器人可不像飞米技术——其可行的前提是科技实现颠覆性创新，而且基于我们目前对物理定律一知半解的领悟，很有可能到最后被证明不可能实现。核灾难修复机器人更像是德雷克斯勒纳米技术——据物理定律明显可行，而且被视为对当前研究的合理推断，不过它与既有知识的联系还没有紧密到足以被提上研究日程的地步。

另外一则对我这篇核灾难简报的评论是人工智能研究者史蒂夫·里奇菲尔德通过邮件列表发来的，他认为：

灾难是两个简单到不可思议的人为错误的产物。

（1）在外部入口接入一个简单的马桶 U 形管装置，这样不管是否有技术失误，都能保证核燃料始终被淹没。但是没人想到要去安装这个简易装置，因为那样的话就等于承认了工程设计上有缺陷。

（2）使用过的核燃料被弃置在现场而不是进行后期处理，这样做纯粹出于政治原因——没有人想在自家后院里进行后期处理。

通用人工智能也会面对同样的两个压力。只有通过相当专制的权力实施，才能保证绕过这两个压力。

我在其他论坛中也指出过，通用人工智能应该和将会要求的那些显而易见、合情合理、预料之中的专制权力对于很多人来说在政治上是完全无法接受的。

虽然这些评论从某些方面来看颇为深刻，但我也发现它们确实好笑。首先，即使这两点是正确的，它们也不能诋毁通用人工智能修复机器人的潜在价值。而且通用人工智能也有可能找到一个政治上可被接受，而人类根据现有分配到这个课题上的资源所压根想不出来的技术方案。真是的，只要发明一种比现在使用的更加坚固且廉价的材料来储存核废料，问题不就解决了吗？我敢打赌，通用人工智能科学家在很短时间内就能在纳米传感器和制动器的帮助下达成这个目标，它们对纳米纤维的应用水平就像我们垒砖块或者打绳结那样。

从这些对我这篇关于通用人工智能和核灾难短文的评论中，我看到的是对通用人工智能来说，即使那些受教育程度最高的人群也很难理解先进的通用人工智能所蕴含的无限发展潜力。如果以我们当前局限的眼光来看通用人工智能，就很容易错失其潜在能力；如果用一些相比之下弱得多的现象来做类比的话，就像在网络和手机出现的前几年，几乎没有人能预见到它们会给我们的生活带来的翻天覆地的变化。

第 18 章

尺度越小，空间越大

（从纳米技术到飞米技术）

这篇发表在《超人类主义杂志》上的文章形成于 2010 年，主要是关于我与好友雨果·德·加里斯（Hugo de Garis）讨论的结果。雨果以物理学家的身份开始科研生涯，然后转到人工智能领域，主要从事在 FPGA 芯片上研发新型的进化神经网络软/硬件结构；对于未来大胆的预测令他声名鹊起，比如他曾预言在支持派和反对派这两股技术力量势力间将爆发一场"人工智能大战"。2010 年时，他从中国的厦门大学人工智能教授一职上退休（在厦门大学他介绍我和我现在的妻子认识，那时我去找他共同举办 2009 年通用人工智能暑期学校），回到了他最早青睐的数理物理学研究领域，开始认真地推测那些比纳米的尺度更小的技术。我以前也考虑过这个概念，但是他让我前所未有地认真起来，我对此进行了一些思考，然后写下了这篇文章。

我很确信以人类能力或远胜于此的水平，使用普普通通的数字计算机就能达成先进通用人工智能的目标，如现在谷歌和雅虎所使用的服务器机群。虽然人脑确实利用了一些前卫的量子非定域性效应，甚至一些更奇特的物理学原理（如同一些人声称的那样，目前尚无证据支持这些理论），但我还是很怀疑，对于构建类人的（以及超人的）强智能来说这些效应是否必要。

即使我在这方面的观点是正确的（绝大部分物理学家和人工智能研究者，甚至质疑通用人工智能的人都赞成我的观点），通过更为奇特的计算架构来构建更为强大智能的可能性依然存在。为了完全展现物理现实中蕴含的深厚计算能力（正如雨果·德·加里斯常说的那样"一沙见世界"），我们必须超越传统数字计算，进入量子计算以及更宽广的领域探险。

我们需要深入探究纳米技术——我们很有可能会由此进一步迈入飞米技术的世界，尽管这个世界目前连个影子都没有，但它也绝不应该被已知的物理学理论扼杀。

不久前纳米技术还是一个边缘话题，如今已经成了一个蓬勃发展的工程领域，而且还相当主流。举例来说，我写这篇文章时恰巧收到了一封广告邮件，说的是在印度喀拉拉邦举办的"第二届纳米医学和药品物流国际会议"。而就在不久前，纳米医学似乎还只是罗伯特·弗雷塔斯和少数几个先见者眼中的一束微光而已！

但是每个熟知度量衡的人都知道纳米其实真的没有那么小。你可能还记得上一章提到过纳米，它就是 10^{-9} 米——就处在原子和分子之间的尺度。一个水分子的长度还不到一纳米，一个细菌的宽度大约 1000 纳米。另一方面，一个质子的直径约为几飞米，1 飞米等于 10^{-15} 米，这让纳米显得很庞大。如今纳米技术的应用已被广泛接受（抛开一些进行中的关于某些细节的激烈讨论），是时候来发问：那么飞米技术呢？介于纳米和飞米之间的超微技术或其他类似技术看起来相对无趣，因为构成已知的几乎所有物质的基本元素大小都远远超过了其尺度衡量的范围。但是从概念上而言，基于亚原子粒子的工程结构的飞米技术很有意义，虽然以目前的技术水平来说难度不小。

1959 年理查德·费曼（Richard Feynman）的"底部还有很大空间"（There's Plenty of Room at the Bottom）的演讲算是纳米技术领域的奠基之作，从此这一领域备受争议。费曼写道：

> 物质基部是一个极小的世界。等到了 2000 年，人们再回望我们现在这个时代，他们会奇怪为什么要等到 1960 年才有人开始正儿八经地朝这个方向努力。
>
> 为什么我们不能把完整版 24 卷本的大英百科全书全部写在一个针尖上呢？

虽然费曼最初的设想集中在纳米范围（如针尖），但其在本质上并没有局限在这个水平。如他所说，物质的尺度越小，研究空间越大。而纳米尺度远非极限，底下还有大量空间等待我们去探索！

有人也许会说，纳米技术的实践依然停留在早期阶段，现在考虑飞米技术还为时过早。但是技术革新的速度一年比一年快，比眼下实际的技术成果考虑得超前一步还是很有意义的。很长一段时间以来，雨果·德·加里斯一直在跟我讨论飞米技术，他在许多讲座和访谈中也谈及了这个话题；他让我确信，即使眼下我们还没完全搞明白如何实现飞米技术，但它还是值得关注。毕竟，当费曼进行"底部还有很大空间"的演讲时，纳米技术看起来还遥不可及呢。

　　飞米技术有多种实现途径，包括一些我在这不会展开谈论的有趣途径，比如微型黑洞、玻色-爱因斯坦的夸克聚合。我将要进行集中讨论的是一类基于稳定退化物质工程学的飞米技术实现途径，这并不是因为我觉得这是飞米技术唯一有趣的途径，只是因为如果我们想要深度详细讨论，就必须得选择一个确定的方向。

飞米尺度的物理学

　　为了充分理解创造飞米技术所涉及的概念，首先你需要复习一下一些粒子物理学的基本概念。

　　在今天的物理学图景中，房子、人、水这些日常事物都是由分子组成的，分子是由原子组成的，而原子则是由亚原子粒子组成的。还有一些亚原子粒子并不是原子的组成部分（如光子等）。以日常生活的眼光来看，这些粒子的行为极其怪异，如超距感应、观察者效应、量子隐态传输等许多非常有趣的现象。我不会花太多时间去回顾量子力学及其相关的独特性，只是要快速浏览一下亚原子粒子的一些基本概念，以便解释飞米技术将如何出现。

　　亚原子粒子分为两大类——费米子和玻色子。这两大类各自包含了差异颇大的粒子群，但是因为它们有一些重要的共性，所以被分在了一起。原子由质子、中子和电子组成。电子是费米子，它和同为费米子的夸克共同构成了质子和中子。夸克天然状态下只会成群出现，一般来说是 2 个或者 3 个。一个质子包含 2 个上夸克和 1 个下夸克（如图 18-1 所示），而一个中子包含 1 个上夸克和 2 个下夸克；在原子核中夸克被胶子结合在一起。介子由 2 个夸克组成——1 个夸克和 1 个反夸克。夸克以 6 种基本形态存在，它们的名字非常拗口：上夸克、下夸克、底夸克、顶夸克、奇夸克和粲夸克。我们目前了解到的宇宙中的力有 4 种——电磁力、引力、弱核力和强核力，其中与夸克最为相关的是强核力，夸克的大部分动态都由这种力控制。但夸克也可以与弱核力进行一些互动，例如，弱核力可以引起不同夸克间的互相转换，这种现象背后的机制是放射性衰变，如 β 衰变。

　　另外，玻色子也同样重要。例如光的粒子态——光子就是玻色子。有一些引力理论提出了引力的粒子态——引力子也是玻色子。

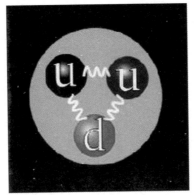

图 18-1　质子的组成示意图，
包括 2 个上夸克（U）和 1 个下夸克（D）

　　在我们开始讨论飞米技术之前，还有最后一项背景知识需要了解。和玻色子不同，费米子遵循**泡利不相容原理**，也就是说，两个相同的费米子不可能在同一时间保持相同的状态。举例来说，原子中的每一个电子都有特定数量的量子数（主量子数代表了电子的能级，磁量子数代表轨道角动量的方向，自旋量子数代表自旋运动的方向）。要是没有泡利不相容原理，原子中的所有电子就都会堆积在最低能态（在电子围绕原子核旋转的最内层——K 层）。而泡利不相容原理指出，不同的电子存在不同的量子态，结果有些电子被迫占据不同位置，从而形成了更多的电子层级（在那些拥有足够电子的原子中），如图 18-2 和图 18-3 所示。

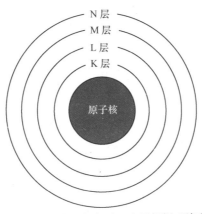

图 18-2　原子的核中包含质子和中子。电子根据"泡利不相容原理"
在原子核周围分层分布。需要注意的是，这种粒子围绕其他物质沿着
轨道运行的"太阳系"模式只是一种粗略的估计

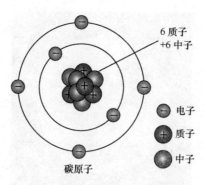

图 18-3 碳原子的电子分两层分布

简并态物质是飞米技术可能运用的物质

可以这样来理解泡利不相容原理：对物质施加了一种"压力"，在某些情况下会将粒子分开。在普通物质中，这种泡利压力与其他力相比微不足道。但是有一种**简并态物质**——这种物质密度极高，而泡利压力或者说"简并压力"让物质的组成粒子无法保持相同的量子态，从而对其产生重要作用。在这种情况下，让两个粒子相互靠近意味着它们实际上是在相同的位置；也就是说，为了遵循泡利不相容原理，它们需要占据不同的能级，从而产生了大量额外的压力，在物质中引发一些非常奇怪的情形。

举例来说，在普通物质中，温度与分子运动速度相关。热量引发了更为迅速的运动，将物质冷却则让其组成分子的运动减缓。但是在简并态物质中，情况并非总是如此。如果你重复冷却和压缩等离子体，最终将到达无法再对该等离子体进行压缩的状态，因为不相容原理不允许我们将两个粒子置入同样的能态（包括同样的位置）。在这种超压缩的等离子体中，每一个粒子的位置都被相当精确地定位；但是根据量子论的一项核心原理——海森堡测不准原理，你不可能同时精确地知道一个粒子的位置和动量（运动速度）。因此超压缩等离子体中的粒子必然使其拥有非常不确定的速度；也就是说，结果它们一直在到处运动，却一直保持非常冷的状态。这个例子说明了简并态物质可以多么违背我们通常对于物质运作的认知。

目前来说，大部分对于简并态物质的讨论集中在天体物理学领域，说的都是中子星、白矮星之类的话题。这一概念在科幻作品中也很受欢迎，比如在《星际迷航》的宇宙中，0 号元素（一种仅由大量中子构成的物质，在标准重力下能够保持稳定）是一种极其坚固、持久的物质，常常被用来制造盔甲，传统武器根本无法穿透或者砸坏这种盔甲。不过截至目前，0 号元素在现实中还没有被发现。"奇异物质"（一种由等量的上夸克、下夸克和奇夸克组成的物质）是另外一种简并态物质，对于飞米技术有潜在的应用可能，对此我将在之后的章节再做论述。

作为飞米技术能够运用的物质，简并态物质似乎拥有很深的潜能。它的存在证明：没错，我们可以利用原子和分子以外的亚原子粒子来构建事物。不过仍然存在一个悬而未决的问题，那就是目前已知的简并态物质实例都存在于极高的重力条件下，它们通过极高的重力来保持自己的稳定性；如何建造出能够在地球水平的重力左右保持稳定的简并态物质，现在还无人知晓。不过也没有人表示根据现有的物理学定律，这种简并态物质不可能存在。这依旧是一个有趣的未解之题。

伯朗金的飞米技术奇妙设计

如果你在搜索引擎中输入"飞米技术"，很可能会得到一篇 2009 年的文章"飞米技术：核物质的神奇特性"（Femtotechnology: Nuclear Matter with Fantastic Properties），作者是现居布鲁克林的俄罗斯物理学家伯朗金（A. A. Bolonkin）。这篇文章虽然包含一些方程式和计算过程，但其明显还是推测性的，不过它展现的愿景非常具有吸引力。

伯朗金描述了一种新的（而且是尚未观测到的）物质种类，他称之为"AB 物质"。在他的定义中，该物质在类似地球的重力环境中存在，在简并压力下的动力学基本遵循泡利不相容原理。他探索了使用 AB 物质制造线、条、棒、管、网等的可能性。他认为：

> 这种新的"AB 物质"拥有极佳的特性（如抗拉强度、刚度、硬度、临界温度、超导性、超透明度和零摩擦），与传统的分子物质相比，它的相应特性可高达数百万倍。伯朗金展现出了使用核物质来设计飞机、轮船、交通工具、核反应堆、建筑物等的概念。这些运载工具将会拥有不可思议的可能性（如隐形、鬼魅般穿墙透甲、防止遭受核弹爆炸和辐射通量的伤害）。

这些听起来非常激动人心！伯朗金描绘的图景与德雷克斯勒的纳米系统图景之间的对应相似关系非常明显。但是伯朗金的奇思妙想中并没有阐明那个至关重要的问题，即他认为这些结构是如何以及为何能够保持稳定的。

我和史蒂夫·奥莫亨德罗（Steve Omohundro）探讨了这一问题，史蒂夫开始研究生涯的时候也是一位物理学家，他现在也是人工智能研究者和未来学家。和我阅读伯朗金文章时的感受一样，史蒂夫也明确表达了"核物理学常识"方面的担忧：

> 原子核标准模型是"液滴"模式，这种模式能够很好地预测现实。基本上来说是把原子核看成是一种具有超高表面张力的液体。原子核中间的核子能量非常充沛，因为它们的周边包围着被强相互作用吸引来的其他核子。原子核表面的核子能量不那么充沛，因为与它们相互作用的核子数量较少。这在原子核液体中产生一种超强的"表面张力"。因此原子核是球形的，当它变得太大时就会变得不稳定，因为表面积相对变大后，静电排斥力超过了原子核引力。

> 在我看来伯朗金提出的所有飞米结构都不稳定。他的飞米棒或者晶须都像是水流一样，出于内在的不稳定性很容易碎成一列水滴。想象一下他的飞米棒周期性地内陷、外扩，以便维持体积的恒定。如果表面积降低，扰动将会增加，最终把飞米棒分裂成水滴。

> 即使不稳定性无法让它分裂，巨大的张力还是会把飞米棒的两端推到一起，变成一个球体（球体的表面积大于相同体积圆柱体的表面积）。我没见到他提出任何能够抵消张力的建议。

和我一样，史蒂夫倾向于对这些听起来不着边际的未来可能性保持开放的态度，但是开放心态也需要一些现实主义的滋养。

我希望伯朗金的研究还有后续工作，至少在稳定性上面有粗略的研究，但我担心不会再有了。我进行了一系列的搜索，终于在 2011 年年初联系到了亚历山大·伯朗金，并且与他简短讨论了飞米技术。他是一个很好的人，和我已故的瓦伦汀·图尔钦（Valentin Turchin，一位俄罗斯物理学家、计算机科学家和系统理论学家，1999—2001 年我和他在超级编译研究上有过合作，我把《宇宙主义者宣言》一书题献给了他）也是旧友。他给我看了许多他的未来主义著作，其中很多思想在当今超人类学界都有反映。

　　和瓦伦汀·图尔钦类似，自 20 世纪 60 年代以来，他也开始对此类主题（超智能机器人、人体冷冻技术、纳米技术、飞米技术、地球永存、意识上传等）进行思考和写作。没有多少当代美国科技未来主义者意识到，原苏联科学界要比西方更早进入这一领域！这种进入并不仅仅是以科幻猜想的方式，还有深刻的科学和工程学理论——比如飞米技术！

　　伯朗金友好地跟我分享了一些他对于飞米技术的思考：

　　　　如果我们按照传统方法把碳原子一个接一个地连起来，我们会得到一片传统的线圈。如果我们按照之前说的那种特殊方式把碳原子一个接一个连起来，我们会得到非常坚固的单层碳纳米管、石墨纳米带（超薄膜）、扶手椅、曲折线、手性物质、富勒烯、螺绕环、纳米芽等其他各种纳米物质。这些结果之所以能够成为可能，是因为原子力[即范德瓦尔斯力，以荷兰物理学家约翰内斯·狄德里克·范·德·瓦尔斯（1837—1923 年）的名字命名]是非球面的，而且在短距离（一个分子的距离）内非常活跃。核子的核力也是非球面的，它们在一个核子直径的距离间也比较活跃。这意味着我们也可以用它们来制造环、管、膜、网和其他几何构造。

　　　　如果把原子核排成一列，计算好静电力（长距离作用，能够产生张力并且将这列原子核保持线的形状），你就能得到稳定的 AB 物质。

　　很明显他已经就这个问题做了大量的粗略计算，比他在那篇短文中写出来的要多得多；我还觉察到他并没有迫切地想要把这些细节正式写出来，以便让他人继续研究他的工作。我非常理解，我自己也有很多感兴趣的技术概念，到处都是我对其进行计算推测的草稿和笔记，不过真正写出来的至多只有 25% 而已。写东西的过程远没有最初发现它们时那么美好，而且还要花上更多时间——这些时间可以用来去发现更多有趣的东西！如果有年轻的超人类主义物理学家可以花上几个月的时间，仔细梳理头脑中的理论，写出一部关于飞米理论的综合著作，那该多好！要不是忙着推进通用人工智能研究的话，我自己是很愿意花上几个月时间来写的！

动态稳定对简并态物质起作用吗

　　抛开史蒂夫最初的怀疑反应，他在深入思考之后进行了一些相当有趣的头脑风暴：

> 我对如何稳定简并态飞米物质有一些思考——利用动态稳定。最经典的例子就是振荡的倒立摆。一个倒立的钟摆是不稳定的，被施加扰动后会向左或者向右倒下。但是如果在基部以一个足够高的频率进行振荡，就出现了一个"有质动力"伪势，能够将不稳定的固定点稳定下来。这里有一个人搭建倒立摆的视频。

> 可以通过同样的方法来稳定液体的不稳定性。如果你把一杯液体倒置，原本完美的平面就成了不稳定的平衡。瑞利-泰勒不稳定性让液体产生涟漪并泼洒出来。但是，我记得几年前见过一个人把一杯油放入一个振荡装置，然后把它倒置，油却没有洒出来。所以振荡可以迅速把所有液体稳定下来。我想是否存在类似的机制可以稳定飞米尺度的简并态物质？

真是绝妙的想法！不需要巨大的引力或者巨大的热量，也许我们可以用速度极快的小振幅振荡来稳定简并态物质。怎样让亚原子粒子以如此快的速度振荡则完全是另一个问题了，而且肯定是一个艰深的工程学难题，不过这依然不失为一种颇有前景的方法。对那些能够经受恰当振荡的亚原子粒子所构成的物质进行数学计算，来寻找可能的动态稳定，这将非常有趣。

当然了，对于这些类比式的概念必须保持怀疑态度。原子核的"液滴"模式有点让我想起天才发明家尼古拉·特斯拉，想到他是如何本能地把电流模拟成液体的。这让他远远超越了同时代人，促使他开发了交流电和球状闪电发电机等各种神奇的事物。不过这也让他产生了一些错误，从而忽略了电磁学数学原理中隐藏的一些事实，这些原理在电流和液体的直观类比中可发现不了。例如，特斯拉对无线输电的研究方法明显在某些方面被误导了（虽然他的误解确实包含一些当时人们尚不理解的真相），很大程度上是因为他偏向于用流体动力学对电流进行类比而导致的局限性。在简并态物质的研究上，将其与液滴以及宏观的振荡装置进行类比（如图 18-4 所示），可能会对将来的探究实验大有裨益，但是最终我们期待的是远超类比的严谨理论。

归根结底，在目前的物理学发展状况下，除非是特殊简化的研究，否则还没人能分析解决核物理学的方程式。在其他情况下，物理学家们通常依靠大规模的计算机模拟来解方程式；但是这些又依赖于各种技术简化假设，而技术简化假设有时会根据物理学原理的概念性假设来调整。"把原子核看作水滴"这种直观模拟只在少数情况下才会进行，也就是我们已经利用分析计算和计算机模拟对相关方程式的解法进行了探索。因此，在当前的物理学条件下是否可能构建伯朗金设想的那种稳定结构，确实还不得而知。但是还有很多值得一试的研究方法，包括史蒂夫的有趣建议。

图 18-4 　一个通过动态稳定来保持直立的倒立摆。如果没有振荡的话，摆杆会向其中一边倒下；但是如果以极快的速度进行小幅振荡，它会因为动态稳定而保持直立。可以想象，能够利用类似的现象，通过极快的飞米尺度振荡来稳定简并态物质

盖尔曼肯定了飞米技术的可能性

几周前在旧金山参加活动的时候，我有幸与默里·盖尔曼（Murray Gell-Mann）探讨了飞米技术——他不仅是一位获得过诺贝尔奖的物理学家，也是世界上夸克研究的领军者之一，毕竟就是他发现并且命名了"夸克"这一概念，并且对它们的行为模式做了大量研究。我知道我的朋友雨果·德·加里斯在 15 年前与盖尔曼简短讨论过飞米技术，但那时他对这个主题并没有特别的想法。我想知道盖尔曼对飞米技术的观点是否有所发展。

让我有点儿失望的是，盖尔曼一开始对我说他从未认真思考过飞米技术。不过他又说这似乎是一个值得研究的合理想法。对于我这样一个对物理学稍有涉猎的数学家和人工智能研究者来说，这真是一个莫大的安慰——至少这位伟大的物理学家没有嘲笑我！

我开始打探盖尔曼对简并态物质的看法，他想了一会儿简并态物质可能的种类，在这些物质中夸克禁闭的一般概念被削弱了。"禁闭"指的是夸克不能被分离出来，因此也无法直接对其进行观测，只能将其作为质子、中子等其他粒子的一部分来观测。一开始人们认为夸克只能 3 个一组地进行观测，但是最近的研究表明可能存在一种"弱禁闭"，可以让人观测到分离状态下单个夸克的不同特征。科学家们在高温的粒子加速器中创造出了夸克-胶子等离子体，要想讨论"几乎无禁闭"夸克的创造方式就绕不开它。但是盖尔曼却觉得有可能需要在夸克-胶子等离子体之外进行讨论。他说成群的夸克有可能在某种复杂方式上是弱禁闭的，只不过现在人们还不了解。

在这个方向上做了一些有趣的探讨之后，我特意问盖尔曼是否理解了多夸克弱禁闭的这些可能形式之后，会帮助解决如何在地球重力条件下构建稳定简并态物质的问题。

他的答案是：从基本上说，当然有可能。

后来我们的话题转到人工智能和奇点上面，这些我更在行——事实上他对这些更为肯定了。他觉得试着给奇点的到来定下一个确切的日期是很疯狂的，提前详细地去估测任何事情都很疯狂；但是他赞同加速技术变革的概念，而且对于大量变革正在到来的想法保持开放态度。与另一位物理学家罗杰·彭罗斯相反，他很怀疑量子计算对于实现人类水平人工智能的必要性，更不要说飞米计算了。虽然人脑在某些情况下在某些粒子中运用了神奇的量子效应，他还是认为数字计算机差不多足够实现人类水平的人工智能了。

几分钟后我又问了一位年轻的加州理工学院的物理学博士后同样的有关简并态物质和飞米技术的问题，他给出了相似的答案，只不过语气稍显消极。他说用简并态物质构建室温条件下的稳定结构似乎有点儿不可能，但他也想不到任何有力的论据来证明为什么不可能……

目前看来，似乎没人知道基于飞米技术的简并态物质到底是关于什么的。

奇异物质和其他奇异的事物

盖尔曼的评论让我想起奇异夸克团——这是几年前我在阅读时首次发现的一个奇异的假设性概念，当时我读的是一些奇异的人们有一些奇异的想法，他们认为大型强子对撞机可能会引发一系列奇异的链式反应，将地球变为奇异夸克团，从而毁灭世界。幸运的是这并没有发生，看起来奇异夸克团还是有可能作为一种途径，使得稳定简并态物质对飞米技术的发展有所帮助。

奇异夸克团是（或者说将是，如果它们确实存在的话，不过我们尚不知晓）一个由差不多同等数量的上夸克、下夸克和奇夸克组成的物体。一个小的奇异夸克团可以有几飞米那么宽，重量大约在一个轻核左右。一个大的奇异夸克团可以有数米宽，甚至更宽，会被称为"奇异星"或者"夸克星"。

在一个（假设性）的奇异星中，夸克并不像传统意义那样被禁闭，但从某种意义上来说仍可以被视为"弱禁闭"（至少盖尔曼是这么认为的）。

迄今为止，所有那些包含奇夸克的已知粒子（如 λ 粒子）都是不稳定的，但这并不意味着更大量夸克的状态也具有不稳定性。根据博德默和威腾的"奇异物质假说"，如果有足够数量的夸克，你会发现这个集合体在最低能态是一个奇异夸克团；也就是说，在这个能态，上夸克、下夸克和奇夸克的数量大致相等，如图 18-5 所示。

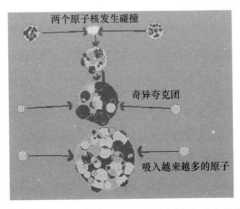

图 18-5 奇异夸克团通过这些假设性的链式反应吞噬地球

　　所以,世界末日到底会怎样发生呢? 有一些有趣的论点(虽然是有些猜测性的)是这样说的: 如果奇异夸克团与普通物质相遇, 会引发一系列的链式反应, 让普通物质被转变为奇异夸克团, 一个原子接着一个原子地转变, 速度逐渐加快。一旦奇异夸克团与原子团碰撞, 很可能也将其转变为奇异物质, 从而产生一个更大、也更稳定的奇异夸克团, 然后继续与下一个原子核碰撞, 以此类推。再见了地球, 奇异物质大红球你好。这就是对于大型强子对撞机的担忧的来源, 但是这个担忧并未发生, 毕竟自大型强子对撞机投入运行以来, 还没发现奇异夸克团产生过。

　　在众多关于奇异夸克团的未解之谜中, 其中有一个是关于它们的表面张力, 目前没有人知道如何对其进行测量。如果奇异夸克团的表面张力足够大, 那么大型稳定奇异夸克团就有可能存在, 而且飞米技术所需的具有复杂结构的奇异夸克团也是有可能存在的。

　　当然, 如果以极快的速度对奇异夸克团进行小幅振荡的话, 没有人知道将会发生什么——会通过动态稳定产生稳定的奇异夸克团吗? 虽然自然界中不存在稳定的奇异夸克团, 但这会不会是通往飞米技术的一条可行途径呢? 毕竟, 自然界中也没有出现过碳纳米管。

飞米技术的未来

　　那么, 物质的最小极限在哪里——在那里还有更多发现的空间吗?

　　由于大部分物理学领域尚未被揭晓, 纳米技术在工程上很有难度。另外, 飞米技术正在拓展已知物理学的界限。当人们在探索飞米技术可能的实现途径时, 很快就需要面对那些物理学无法提供答案的问题了。

　　不同形态的简并性物质似乎是通往飞米技术的一个很有前景的途径。伯朗金的推测非常有趣, 奇异夸克团的可能性、新型弱禁闭的多夸克系统同样也很吸引人。但是稳定性是一个很重要的问题; 人们还不知道能否创造稳定的大型奇异夸克团, 也不知道简并态物质是否可以在标准重力条件下存在, 更不知道弱禁闭的夸克是否能在室温下被观测到。如此等等, 不一而足。即使我们已经确定知晓了相关的物理方程, 受当前的分析和计算工具的限制, 相应的计算也难以进行。在某些情况下, 比如奇异夸克团, 我们遇到的情况是这样的——那些抱持不同理论的德高望重的物理学家们可能会给出不同的答案。

　　暂时把我人工智能未来学家的身份搁置一旁，仅仅是略微超人类的人工智能的可能例证已经令我震惊了——它在科学和工程学上将会爆发式地超越人类。人类对粒子物理学的认识似乎已经快要达到临界点，足以分析出实现飞米技术的可能路径。如果一个略微超人类的人工智能具有物理学天分，在计算物理学上做出一些小的突破，那么它就可能会（举例来说）发现如何在地球重力条件下利用简并态物质构建稳定结构。伯朗金式的飞米结构也会变得具有可行性，从而发展出飞米计算，略微超人类的人工智能就会拥有足够的计算能力基础来支持超级超人类智能的研发。你会说这就是"奇点"吗？当然，对于 Vingean 奇点的发生来说，飞米技术可能完全没必要（事实上我强烈怀疑这一点）。即使如此，想到我们对于基础物理学的理解上一个相对较小的发展竟然可能引发如此多的实用技术创新，真的非常有趣。

　　由于存在大量尚未解决的物理学问题，飞米技术的发展裹足不前，那么还值得对其进行思考吗？我认为值得的，即使只是为了在某些特定方向上给物理学家们一个推动力，否则的话这些方向可能会被忽视。大部分的粒子物理学研究（甚至包括利用粒子加速器进行的实验研究）似乎主要是由抽象的理论兴趣推动的。这并没有错，去认识世界本身就是一个值得赞赏的目标；另外，在历史的长河中，科学家们对于认识世界的追求已经产生了大量具有实用价值的副产品。但我们仍然很感兴趣地认识到，一旦粒子物理学有一点进展（如果是在正确方向上的话），它将会产生巨大的实用意义。

　　所以，正在阅读本文（并且抱怨我的过度简化：抱歉，为不具技术背景的读者写作是很难的！）的粒子物理学家们和物理学基金项目管理者们，请记住——为什么不分一些注意力给探索地球环境中复杂构造的简并态物质这一可能性，以及其他可能与飞米技术相关的现象呢？

　　在纳米尺度得到充分研究之后，尺度的极限还有研究空间——用来构建超先进通用人工智能和其他未来技术吗？看起来似乎很有可能。但是在飞米尺度构建事物之前，我们需要加深对物质尺度极限的认识。幸运的是，我们在目睹了其他相关领域中以指数增长的研究进程之后，对尺度极限的认识及随之而来的技术可能无须等待太久。

第 19 章

奇点研究所的威胁论（以及我为何不买账）

2009 年，我将这里的内容发表在我的博客"本的多重宇宙"上之后，即成为我博客上被评论最多的文章，因为这里所探讨的机构——人工智能奇点研究所（Singularity Institute for Artificial Intelligence，SIAI）拥有大量热情的拥趸，同时也有大量的反对者。这里的这篇文章是后来我又重新编辑过的版本，但其在本质上和我博客上的那篇没有什么不同。

我有点不愿意把这篇文章加入本书，因为现在的 SIAI 与 2009 年时相比变化很大，包括改名为机器智能研究所（Machine Intelligence Research Institute，MIRI）以及其他一些新变化。不过最后我还是决定把这篇文章收录进来，因为虽然 MIRI 现在具有了更高的专业性，但我曾经撰文批评过的 SIAI 基本观念仍然植根于 MIRI 的内核中；另外，这篇文章所描绘的争论现在仍以各种形式进行着。在我 2014 年写下这些话的时候，牛津大学的哲学家尼克·伯斯特洛姆（Nick Bostrom）刚刚出版了新作《超级智能》（Superintelligence）——这本书在很大程度上就是对我称为"奇点研究所的威胁论"的观点进行了更为冷静、更具学术性的阐述。

2012 年，我和 MIRI 的新主管卢克·穆豪瑟尔进行了一次线上对话，我以一种崭新的方式对同样的问题做了深入探究，包括回应了伯斯特洛姆在《超级智能》一书中的核心概念。那次对话被写入了我的 Between Ape and Artilect 一书，你可以读完接下来这篇文章之后再来看它，作为争论的后续。

这篇文章主要讲述一个 2013 年之前称为"人工智能奇点研究所"的机构（不过现在叫 MIRI，机器智能研究所）。这家机构虽然有着种种缺陷（其中某些我将重点讲述），但依然是这个星球上最具抱负、最为有趣的机构之一。

我对这家机构所提出的某些思路意见非常大，在这里我将其称为"SIAI 的威胁论"。

大致上来说，威胁论断定：如果我或者别的任何人积极尝试构建先进通用人工智能并且成功了，那我们很可能在不自觉的情况下引发人类的灭亡。

SIAI 改名为 MIRI 的同时还大幅调整了市场定位和组织架构，但是本质上他们并没有抛弃威胁论。

为了预先防止（对某些读者来说可能是引发了）概念混淆，我要说明一下：人工智能奇点研究所现在不是、以前也不曾是加利福尼亚未来学机构奇点大学的附属机构，尽管二者之间存在一些交互。雷·库兹韦尔创立了奇点大学并给 SIAI 做顾问；我过去在 SIAI 做顾问，现在则在奇点大学做顾问。另外，2013 年时，作为从 SIAI 到 MIRI 重塑计划的一部分，SIAI 把奇点峰会系列会议卖给了奇点大学。奇点主义的世界可真小！

我与这个机构互动期间以及我写下本章初稿（作为一篇博客）的时候，它的名字还叫 SIAI。再加上"SIAI/MIRI"看起来很丑，所以在整个章节中我都会保留"SIAI"这一表述。

鉴于本章内容将会带有批判性，首先我想澄清的是，我并不是反对 SIAI 作为一家研究所存在，对于他们大部分的行为活动也没有意见；我只是反对某些 SIAI 研究人员以及那些与 SIAI 有深入联系的研究团体所惯常持有的某些观点。

事实上，总的来说 SIAI 对我一直都很好。我非常喜欢他们举办的所有奇点峰会（我没有出席 2011 年和 2012 年的峰会，但是之前所有的会议上我都有发言）。我感觉这些峰会对引发社会关于未来的思考帮助很大，我很荣幸能在其中发言。我要为 SIAI 点赞，对于那些观点与之相左的发言者，它一直怀有开放的态度。

另外，值得赞扬的是，2008 年时 SIAI 和我的公司（Novamente 有限责任公司）一起给 OpenCog 的通用人工智能开源项目提供了种子投资，该项目以 Novamente 提供的软件代码为基础。随着迈克尔·瓦萨代替泰勒·艾默生掌管了 SIAI，SIAI 与 OpenCog 之间的关系基本上也就破裂了，不过这对于 OpenCog 的发展还是很有帮助的。我和迈克尔·瓦萨在"人类+"董事会中的共事也非常愉快，其中我是董事会的主席，他是董事成员。

SIAI 还在资助 OpenCog 的时候，我是 SIAI 的"研究主管"，不过除了 OpenCog

以外，我在那儿从未真正主导过任何研究项目。其他 SIAI 研究项目都是由别人主管的，我对此毫无意见。偶尔会有一些关于统一运营的讨论，但却从未实现过。对于一个小型的创业机构来说，这种状况非常普遍。SIAI 决定不再关注 OpenCog 项目之后不久，我觉得自己没有理由继续保留研究主管的头衔了，毕竟事情已经发生了变化，我不再主管任何 SIAI 的研究项目了。后来我继续以顾问的身份留在 SIAI，一直都还非常顺利。考虑到这些过往，我感觉写下这个章节有点儿"忘恩负义"了——至少在 OpenCog 发展的初期，SIAI 伸出过援手。但是，SIAI 的优点之一就是它非常看重理性和对真相的追求。所以，从这个意义上来说，在本章中理性地质疑一些 SIAI 常见观点的真相，也是非常符合 SIAI 精神的。

所以，言归正传吧！

SIAI 的威胁论（我对此并不同意）

我把一系列的概念综合起来称为"SIAI 的威胁论"，许多人都已经用他们各自不同的方式表达过这个意思。在接下来的段落中，我尽可能在遣词造句方面不偏不倚地表达这个意思，而不至于冒犯到太多人。

SIAI 的威胁论：在先进通用人工智能的发展过程中，如果不设计出"被证实毫无威胁的通用人工智能"（或者 SIAI 在类似行话中以一种更为拟人化的方式称之为"友好人工智能"），就极有可能不自觉地导致人类的毁灭。

威胁论的问题之一在于，很难阐明"被证实"到底是什么意思。数学上的证明方法只能以假设的方式应用于现实世界中，因此对于"被证实毫无威胁的通用人工智能"的一种合理解释就是"该通用人工智能的安全性已经被数学论证所证实，也被相关责任方认定为合理的假设所证实了"？当然，这又引发了谁才是责任方的问题。或许是"绝大多数科学家"，或者是像 SIAI 自己一样自封的专家团体？

如果阅读过本书之前的章节，你就会知道，虽然我不认同这个威胁论，我还是同意先进通用人工智能的发展伴随着一些重大风险的观点。同时它也带来了巨大的潜在益处，包括可能保护人类对抗其他技术产生的风险（如纳米技术、生物技术、弱人工智能等）。所以通用人工智能的发展伴随着复杂的成本效益平衡，正如许多其他技术的发展一样。

我也同意尼克·伯斯特洛姆、许多科幻小说作家以及其他许多人的观点，通用人工智能是一个潜在的"生存风险"。这意味着，在最坏的情况下，通用人工智能可以让人类彻底灭绝。我认为纳米技术、生物技术、弱人工智能及其他许多事都能造成这样的风险。

我当然不想目睹人类的灭绝！我个人希望能够超越人类传统的状态，成为一个超人类的超级生物。我还希望每个人只要想要，就都有机会做到。不过，虽然我认为这种超越有可能发生，也会为众人所期待，但我并不希望见到有谁被迫以这种方式被提升。我希望见到的是：在有选择的情况下，如果有人想要保持自己美好的传统人类形态，那就让它延续下去。

但是 SIAI 的威胁论远不止是声明通用人工智能的发展既伴随着风险也有益处，以及通用人工智能是一个潜在的生存风险。

最后，我注意到，即使是与 SIAI 有着密切联系的那些渊博的未来学科学家和哲学家们，他们中的大多数也不接受威胁论，比如罗宾·汉森和雷·库兹韦尔。

对于那些因为观点激进而不为备受尊重的同行们所接受的人们，我显然并不反对他们。对此我完全能够理解。我自己对通用人工智能的追求也有些激进，而我在通用人工智能研究领域的朋友们尊重我的努力，也能看到它的潜力，但并不像我那么充满激情。能带来有益的激进变革的人，通常都是那些在别人还没"看到曙光"时就能清晰领会整个激进观点的人。但是我的激进观点可不是告诉整个科研界，如果他们成功的话就会害死所有人。所以这样说来，他们跟威胁论截然不同！

威胁论的论据是什么

虽然对理性主义抱持强烈兴趣是 SIAI 的标志之一，但我至今仍未见到任何逻辑清晰的论据来支撑威胁论。SIAI 的媒体总监迈克尔·阿尼西莫夫（Michael Anissimov）说他正在写作的一本书将提出这样的论据和其他一些话题，但就目前来说，如果你想见到威胁论的清晰论据，基本上你得自己琢磨。

据一些讨论和网上搜集的资料显示，人们相信威胁论的原因主要来源于以下几类观点。

（1）如果从所有可能的意识中随机抽取一个，那么对人类友好（相反的情况可能有：完全忽视我们、按照它们的想法重新改写我们的分子设定等）的概率非常低。

（2）人类的价值脆弱又复杂，所以如果你创造了一个具有类人类价值体系的通用人工智能，那它不够好的可能就很大，而且很有可能快速朝着背离人类价值的方向进化。

（3）一旦通用人工智能达到了一定水平，很可能会出现"硬起飞"的情况（即通用人工智能递归式自我提升并大幅提高自己的智能水平）；而对于此类情况的出现，人类可能无能为力，只能眼睁睁任由其发展。

（4）该硬起飞，除非始于以"经证实友好"方式设计的通用人工智能，否则很可能会生成不尊重人类权利的通用人工智能系统。

注意，我并没有直接引用哪个 SIAI 相关思想家的原话，我只是在用我自己的语言进行总结，将那些我经常从 SIAI 相关人员那里听到或者读到的不同观点综合起来。

如果你把以上观点整合起来，就会得到关于威胁论的一个启发性论据。大致来说，这个论据就是：如果有人没有通过经证实为友好的架构而搭建出了一个先进通用人工智能，它很可能会经历一次硬起飞，然后可能会变成这样的超人类通用人工智能系统——其架构从大量的人类意识架构中获取，而基于人类复杂而脆弱的价值体系，通用人工智能要求取悦人类并乐于与人类为伴，但它并不能与这样的人类价值体系和谐共处。

如果你接受那些前提的话，这个论据的思路还算合理。但是我并不接受。我认为第一条貌似有点道理，尽管我完全没有被说服。我认为智力的宽度与同理心的深度之间的关系非常微妙，（目前）没人能够完全理解。有可能现实智力达到足够的程度以后，会产生一种与宇宙万物相连接的感觉，从而克制碾压其他种族的冲动。

但我对此的把握性并不比我对其对立面的确定性多。对于上述的后 3 条我就更不同意了，我找不出任何严谨的逻辑论据支持这些观点。我认为人的价值不会那么脆弱。一直以来人类价值随着时间而进化、变化，将来也会这样。它曾以多种不同形式存在过，未来很可能与通用人工智能和其他技术一起协同进化。我认为这才是相对严谨的观点。

我认为硬起飞有可能发生，尽管我并不知道如何在较高的置信区间里估计其发生的概率。我觉得除非已有一种明显表现出具备相当于极度聪明人类的智力水平的通用人工智能系统，不然这很难发生。而且我认为，以现状而言，要达到这种"足以引发硬起飞"的水平，其过程应该是循序渐进的，不可能一蹴而就。

从一个明显对人类友好却无法被证实的通用人工智能，到一个人类喜闻乐见的结局，我看不到这种硬起飞发生的可能。我猜测这种可能性取决于在接下来的十数年内我们将陆续探明的通用人工智能的多种特征，途径是通过理论化早期通用人工智能的实验结果来识别这些特征。

是的，你可能会说：威胁论并没有被严谨地证明是正确的，但万一它是对的呢？

没错，但是……指出某些可怕的事情可能发生，与论证它有发生的可能性，完全是两码事。

确实不能把威胁论抛诸脑后，但更要谨记于心的是：它还有很多更明显、更确切的风险。相较于猜测硬起飞之类令人费解的事件可能带来的风险，我个人更为担心的是早期通用人工智能会落到坏人掌控中并被用于大规模破坏。

经证实为安全或者"友好"的通用人工智能是一个可行的概念吗

威胁论断定，如果有人创造出了先进通用人工智能但无法证实其安全性，那它几乎肯定会把我们所有人都杀死。

我不仅不相信这个，我甚至都不相信"证实为安全"的通用人工智能是可行的。经证实为安全的通用人工智能概念是一种只能被用于数学计算理论或其变体中的表述。这个概念有个明显的局限性会立刻暴露出来，因为数学计算机在现实世界中完全不存在，而现实中的实体计算机必须以物理学定律的形式来阐释，但人类对物理学"定律"的认识似乎随着时间而会产生巨大变化。所以，即使能根据现有的物理学知识在现实世界中设计出可证实为安全的通用人工智能，待下一次物理学变革，那些证据的相关性可能又会直接作废。

另外，总有些这样的可能性：外星种族正在观察我们，等我们的智商达到了333的时候，它们就会大举进攻，吃掉我们或者占据我们的身体。没有任何正式证据表明我们可以排除这种可能性，我们也没法对它的概率进行有意义的估计。是的，这听起来很科幻、很古怪，但是它真的有威胁论那么古怪、那么富于猜测性吗？

我想到了一件极有可能发生的事，先进通用人工智能被创造出来之后，将我们的大脑全部与其联结起来，大部分传统的人类观念（包括物理定律、外星人和友好型人工智能）可能都会看起来极为局限和荒谬。

另一个问题是，"对人类友好"或者"安全"，或者任何你想要称呼之的这类目标其实非常含糊不清，很难解释清楚。科幻小说对这一主题进行过深入探讨。所以，即使我们可以证明"具有特定架构的通用人工智能系统可以保证达到 G 目标"，但在现实世界中将其用来制造通用人工智能系统依然可能行不通，因为我们不知道如何将日常生活中直观的"安全"或"友好"的概念落实到一个数学上极为精确的 G 目标上。

这与埃利泽·尤德考斯基提出的观点"'价值'是极其复杂的"相关。事实上，人类价值不仅非常复杂，而且模糊不清、不断地在发展变化，人们大部分是通过一些内隐的过程、移情作用和情节性知识来认识它的，而不是通过清晰的描述或者语言上的知识。将人类价值传递给通用人工智能最好的方式是通过在现实生活中与通用人工智能进行互动，但是我们还不能确保这种方式能够实现。

先抛开这些担忧，理论计算式的可证实为安全的人工智能到底可能出现吗？我们能否设计出一种通用人工智能系统，并且提前证明，在对其自身状态和周围环境合理假设的情况下，它永远不会太远地偏离最初的目标（比如说一个安全对待人类的正式目标或者其他的什么）？

我非常怀疑人类能够做到这些，除非设计一个无法真正投入运行的虚拟通用人工智能，因为它会用掉不计其数的计算资源。事实上，我对设计此类通用人工智能进行了大量思考，我将其称为 GOLEM。我会在之后的章节中简要介绍 GOLEM，因为我认为这是一个非常有趣的思想实验。但是我猜测，它从实际运行上来说太浪费计算资源了，至少现在（前奇点时代）是如此。

我强烈怀疑，要利用现实中有限的计算资源来达到如此高水平的人工智能，人们需要构建一些基本上具有高度不可预测性的系统。神经科学家们正是如此建议的，我的具体的通用人工智能设计工作、GOLEM 理论研究和相关概念都是这样显示的。还没有哪个 SIAI 研究人员或者用户公布过能够改变我想法的理念。

实践意义

上述有关 SIAI 威胁论的讨论听起来可能只是一些好玩的科幻小说猜想，但是本章来源于一种由威胁论直接引发的令人失望的实际状况。2010 年，我在博客上写了一篇关于 OpenCog 项目的介绍，然后评论区就彻底沦陷了，那些受 SIAI 影响颇深的人们叫嚣着：创造一个不能被证明是对人类友好的通用人工智能本质上就是在杀戮全人类！所以我真的希望你的 OpenCog 项目失败，这样你就没法害死所有人了！！！

最极端的情况是一条既可笑又可怕的评论（评论者可能并不直接隶属于 SIAI）："如果你在不能百分百确定安全的情况下继续推进通用人工智能的研究，你就是在进行大屠杀。"还有许多这样粗鲁的评论，而另外一些类似的评论更是直接通过邮件发到我的私人邮箱。

如果一个人完全接受 SIAI 的威胁论，那他就永远别想从事实际的通用人工智能项目了，也不要发表任何有关如何构建通用人工智能系统理论的文章。他应该做的是去研究如何设计出可以提前证明自己是好人的通用人工智能。出于这个原因，SIAI 的研究团队目前不再从事任何实际的通用人工智能研究。

事实上，就我所知，我的"GOLEM"通用人工智能设计（上文中提到过）比 SIAI 研究团队提出的任何方案都更为接近一个"可证实为友好的人工智能"（至少比他们发表过的任何方案更为接近）。我当然同意通用人工智能伦理学是一个非常重要的问题，但是我认为这个问题应该在理论层面加以解决。我认为能够在现实世界中卓有成效地理解通用人工智能伦理学的途径有以下几个。

- 构建一些早期通用人工智能系统，比如人工智能宝宝、科学家助手、电子游戏角色、机器人帮佣、机器人管家等。
- 对这些早期通用人工智能系统进行经验性的研究，主要关注它们的伦理学和认知方面。
- 将概念意义与实验数据进行结合考量，并试图从中发展出一种可靠的理论，能够解释通用人工智能的智力水平与伦理学。
- 接下来的步骤中，人类开始进行综合性的谋划。根据我们发现的理论，我们或许可以进一步创造出一个能够实现硬起飞的超人类通用人工智能，或者我们也许可以出于风险考虑而暂停通用人工智能的发展。也许我们可以构建一个"通用人工智能保姆"来照看人类，并避免通用人工智能或者其他技术误入歧途。不论我们做出何种选择，都将会是在远超我们现有知识水平的基础上做出的选择。

那么这种方法有什么失误吗？事实上并没有——如果你和大多数人工智能研究者或未来学家持有相同观点的话。关于实现通用人工智能的正确途径这一问题，存在着大量的争议，但是有一个观点大家毫无疑问，达成了广泛的一致，即承认上述途径是合理的。

但是如果你是 SIAI 威胁论的忠实拥趸，那这个途径还真的存在大问题。因为根据威胁论的观点，其中存在一个巨大的风险——这些早期通用人工智能系统会经历硬起飞，然后自我修正成为会把我们全部摧毁的事物。我对威胁论压根不买账。

我确实在这儿看到了一个真实的风险，如果事情以我提出的那种途径发展，有些坏人会把早期通用人工智能据为己有，要么拿来实现他们自己的险恶目标，要么盲目地快速发展，制造出超人类通用人工智能，它则根据自己的意志来做坏事。必须严肃对待这些真实存在的风险，必要时要实施保护性限制措施以达到风险隔离的目的；但是这些风险与威胁论不同，而类似于其他一大批先进技术可能产生的风险。

结论

虽然我觉得 SIAI 确实做了一些有意义的事，让这些概念得到未来学研究界的关注（以及他们做的其他有意义的事，如精彩的奇点峰会），但总的来说我依旧认为威胁论很可能是一个有害的论调。至少，如果更多人都相信了这一观点的话，它就会成为一个有害的论调。幸好目前这一观点还只局限于未来学研究界的一小撮人。

每天都有很多人去世，更多的人由于各种原因生活在水深火热中，而目前，其他的各种存在潜在风险的先进技术正在飞速发展。我自己的观点是：单枪匹马、没有协助的人类智识很可能无法应对复杂的人类技术所产生的风险。事实上，我认为，人类在 21 世纪生存发展下去的最大希望是创造出先进通用人工智能来帮助我们治愈疾病、发展纳米技术和更好的通用人工智能、发明新的技术，以及帮助我们防止坏人利用先进技术做出毁灭性的事情。

我认为，仅出于威胁论之类的猜测就去阻碍通用人工智能的发展将会是极其糟糕的主意。

也就是说，比起"如果你在不能百分百确定安全性的情况下继续推进通用人工智能的研究，你就是在进行大屠杀"这样的论调，我的观点更接近于"如果你出于一些猜测性的担忧就去阻碍有益通用人工智能的创造，那你就是在杀死我的奶奶！"（因为高级人工智能定能帮助我们治愈人类疾病，并且极大地延长寿命、改善生活质量）。

所以也许我可以采用这样的口号："**你没必要为了避免大屠杀就害死我的奶奶！**"……非得这样说吗，各位？算了吧，你懂的。

人类的历史总的来说就是一个冒险的过程，但是不论我（或者比尔·乔伊、杰伦·拉尼尔、比尔·麦吉本或者随便谁）对自己的生活和事业做出何种决定，人类都不会自动停下技术发展的步伐。这根本就不会发生。

我们只需要接受风险存在的事实，尽情拥抱我们所生活的这个引人入胜的时代，尽我们所能地以一种负责且符合伦理的方式来发展通用人工智能这种大势所趋的技术。

对我来说，负责任地发展通用人工智能并不意味着专注于那些猜测性的可能危险，而将发展禁锢起来，直到那些本身定义就有缺陷的、很可能无法解决的理论或者哲学问题让所有人（或者一些精英团体）都满意为止。

不如说，那意味着以令人惊奇的速度认真开放地开展研究工作，在前进的过程中尽可能地学习，让实验与理论结合发展，就像这两者在过去的几个世纪中一直成功合作的那样。

第 20 章

人类需要一个人工智能保姆吗

这一部分曾于 2011 年发表在《超人类主义杂志》上，它的思路是我感觉最为矛盾的一个。这种情况下，我的理智将我引向一个方向，而感性却指向另一个方向。从情感上来说，我打从心底里是一个热爱自由的美国无政府主义狂，我讨厌被挑剔的眼睛形影不离地观察和监控着，特别是如果那双眼睛来自有能力阻止我做我想做的事的执行机构。但从逻辑上来说，随着先进技术的飞速发展，随之而来的危险也在增加，如果我们想要活得更久，久到足以目睹智能革命的下一个阶段，那么似乎全球性的监视和反监视才是唯一可能的途径。

这些观点得到了一些关注，我还因此受邀参加了一期大受欢迎的加来道雄的科学电视节目，他们公司对各间办公室进行视频监控，我在其中的一间办公室参加录制，对人工智能保姆问题侃侃而谈——我坐在一堆监视器面前，上面显示着保安摄像头拍摄的画面。这可不是我平时的工作环境！但是与加来道雄的见面非常棒；在前往拍摄地点的面包车里，我们针对弦理论以及其他更为天马行空的物理学概念进行了探讨。

对于技术飞速发展而引发的重大危机，有一个可能的解决办法就是构建一个强大但有限制的通用人工智能系统，它有一个明确的目标，就是在我们研究如何创造可能的奇点这一难题时，把这个星球打理得井井有条。也就是说，构建一个"人工智能保姆"。

人工智能保姆可以预见到全面的奇点来临，并在一段时间内将其阻断，限制在马克思·莫所称的技术峰值中，由此给我们留出足够的时间去弄清楚我们到底想构建什么样的奇点以及如何构建它。我们并不完全清楚构建这样的人工智能保姆是否可行，不过我的结论是"很可能可以做到"。至于是否应该创造尝试创造人工智能保姆，那就是另外一个问题了。

对人工智能保姆的详细论述

让我来精确定义一下我所认为的那种"保姆"。想象一个先进的通用人工智能系统，它拥有以下特征。

- 略微高于人类水平的智力程度，但不能高出太多，确切地说，其高于人类的程度大约等于人类高于猿类的程度。
- 在网络上和现实世界中都与强大的全球监控系统互连。
- 控制着大量种类的机器人（如服务机器人、教育机器人等），并且与全球家庭住房自动化系统、机器人工厂、自动驾驶汽车等互相连通。
- 其认知架构包含一系列清晰的目标，还具有一个行为选择系统，通过合理的计算选择最优的行为来帮助其实现目标。
- 具有一系列预编程的目标，包括以下几个方面：
  - ➢ 禁止对其预编程目标进行更改；
  - ➢ 禁止快速修改其智力程度；
  - ➢ 必须在 200 年内将对世界的控制权移交给一个更为强大的人工智能；
  - ➢ 必须帮助人类消除疾病、非自愿死亡，以及解决人类所需的食物、水、住房、计算机等资源的匮乏；
  - ➢ 如果有其他技术的发展威胁到它实现其他目标的能力，必须对其进行阻止；
  - ➢ 如果大多数人提前知晓了某一行为并反对的话，就禁止实施。

如果它可能误解了最初那些预编程的目标的意思时，必须虚心听取那些富有智慧、深思熟虑的人类的意见。

如此，你便拥有了一个"人工智能保姆"。

显而易见的是，这幅人工智能保姆概念的图景是经过了高度简化和理想化的，一个现实世界中的人工智能保姆可能会拥有各种各样这里未加描述的特征，也可能并不具有上述的某些特征，而用其他相关的特点来代替。我想要说明的是，没必要详述人工智能保姆的特定设计方案或者需求说明书，不如直接说明人类可能会构建的系统大概是什么类别的。

保姆这个类比是经过精挑细选的。保姆在孩子们的成长过程中悉心照料他们，然后就离开了。与此类似，人工智能也无意以永久方式统治人类，它们只是在我们的"成长过程"中提供保护和照料；会给我们一些呼吸的空间，让我们得以研究如何以最佳的方式去创造一种合乎心意的奇点。

我性格中的很大一部分都对整个人工智能保姆的方式非常抗拒——我是一个叛逆的人，不喜欢循规蹈矩；我讨厌上下级结构、官僚机构以及其他一切对于我自由的限制。但我并不是一个政治上的无政府主义者，因为我有一种强烈的怀疑：如果政府不存在了，这个世界将会变得更加糟糕，与各国政府相比，武装暴徒组成的帮派将会对人们实施更加令人反感的控制。相较目前各国政府的情况而言，我相信一些国家的政府本可以做得更好；但是我并不否认某种形式政府的必要性，毕竟人类天性如此。好吧，也许——我是说也许——对于人工智能保姆的需求也大致如此。可能和政府一样，人工智能保姆相对会侵犯人们的权利，但是由于人类天性中那些不好的方面，它还是有其实际存在的必要性。

在石器时代，我们并不需要政府，因为那时并没有多少人，也不存在这么多危险的技术；但是现在我们需要政府。幸运的是，那些令政府成为必需的技术同样也给政府提供了运行的手段。

与上述情况类似，我们至今也不需要人工智能保姆，因为我们还没有足够强大的毁灭性的技术。这些技术显然让人工智能保姆的出现成为必需，也为其提供了创建的手段。

对人工智能保姆的论证

回顾和总结一下，尝试构建人工智能保姆的基本论据建立在以下这些前提的基础上。

（1）技术正以指数级数飞速发展，要叫停它是很不现实的（即使我们想要这样做）。

（2）随着技术的进步，个人或者团体只需越来越少的智力和资源就可以造成越来越大的损害。

（3）随着技术的进步，人类越来越极度地缺乏监管全球技术发展的能力并制止那些由于技术进步引发的危险。

（4）创造人工智能保姆的技术难度远远低于创造出人工智能或者其他技术来启动全方位的奇点。

（5）对新技术的发展施加永久性或长期限制的做法是不可取的。

第五个也就是最后一个前提是标准型性的，其他的则是经验性的。经验性的前提都是不确定的，但是对我来说它们似乎都是可能的。最近的社会和技术发展趋势强烈表明了前 3 个前提的可能性。根据当前的科学、数学和工程进展，第四个前提似乎已经是常识了。

这些前提让我们得到一个结论：尝试创建一个人工智能保姆很可能是个好主意。当然，构建人工智能保姆的实际合理性则是另一个问题，我相信这是合理的。不过，对于在相对较近的未来构建任何种类的通用人工智能系统是否合理的看法则因人而异。

异见与回应

在过去的一两年内，我已经与许多人探讨了人工智能保姆的概念，也听到了大量各种各样的异见，不过没有一个令我信服。

"不可能构建出人工智能保姆，人工智能研发太难了。"——真的很难吗？我们几乎可以确定在今年内构建安装出人工智能保姆是不可能的；但是作为一个专业的人工智能研究者，我相信这样的事物完全处于可能性的领域中。我认为如果我们真正群力群策、共同努力，几十年的时间里就可以把它构建出来。它会涉及大量相关的研究突破，以及许多大规模的软硬件开发，但是根据现有的科学和工程学，这些都是有可行性的。我们因为想要在战争中获胜，于是在曼哈顿计划中做出了惊人的成就；那么当我们整个的未来都处于危急关头的时候，我们将会付出多大的努力？

可以将这个"研发困难"的异见一剖为二地来看。

- "通用人工智能的研发很困难"：构建一个略高于人类智能水平的通用人工智能系统太难了。

- "让一个通用人工智能成为保姆很困难"：拥有了略超人类水平的通用人工智能系统之后，让它转变成为人工智能保姆太难了。

显然这两件事都颇有争议。

关于"通用人工智能的研发很困难"的异见，我在 AGI-09 人工智能研讨会上进行了一项专家评估的调查。结果表明，大多数的专业人工智能研究者都相信人类水平的通用人工智能在接下来的几十年间就可能会出现，紧随其后就会出现略超人类智力水平的通用人工智能。

关于"让一个通用人工智能成为保姆很困难"的异见，我认为这一问题的正确性取决于问题中通用人工智能的架构。如果我们说的是一个整合性的、基于认知科学的、有着清晰的目标导向的通用人工智能系统，比如 OpenCog、MicroPsi 或者 LIDA，那就可能不成其为问题，因为这些架构具有相当的可塑性，包含着清晰表达的目标。如果说的是一种以密切模拟人脑结构的方式构建的通用人工智能，它的设计者们对通用人工智能系统的表现和动态的认识相对较弱，这样的话，"让通用人工智能成为保姆很困难"的问题可能就较为严重了。我自己的研究直觉是：一个整合性的、基于认知科学的、有着清晰的目标导向的通用人工智能系统更可能成为先进的通用人工智能首次出现的方式，我自己的研究也是朝着这种方式跟进的。

"构建人工智能保姆是不可能的；对其进行监管的技术很难实现。"

真的是这样吗？监管技术的发展相当迅速，它拥有比发展人工智能保姆更为常见的各种缘由。读一读大卫·布林（David Brin）的《透明社会》（*The Transparent Society*）一书吧，很久以前就有令人信服的证据表明，我们能够看到其他人正在做的所有事。

"在现实中，需要一个世界政府才能安装人工智能保姆。"

从某种程度来说，这确实没错。要么是某个政府在没有征得所有人同意的情况下直接安装了人工智能保姆；要么是在世界上最为强大的政府之间达到了某种程度的合作，合作的程度远超我们现在所见。两种途径似乎都有可能。第二种合作式的途径非常值得期待，因为世界明显正在向一个更加国际化的整体方向发展，尽管这种发展是时断时续的。一旦先进技术带来的深远危机对于世界的领导者们变得清晰可见，那么所需的国际合作将可能变得更容易实现。雨果·德·加里斯

在其新作 *Multis and Monos* 一书中，反复强调了世界联合政府的主题。

"构建人工智能保姆要比构建一个自我修正、自我提升的通用人工智能更为困难，后者即使在自我修正的过程中也会保持它的对人类友好的目标。"

是的，确实有人向我提出了这样的辩驳；但是作为一名科学家、数学家和工程师，我发现这简直毫无道理可言。在剧烈的自我修正和自我提升过程中保持目标不变，似乎会引发非常棘手的哲学和技术问题；等到这些问题得以解决（在一定程度上它们根本无法解决），之后人们就会面临一大堆目前无法遇见的工程学难题。此外，在创造远比自身更为智能的事物时，存在巨大的、绝对无法忽视的不确定性。相对而言，创造人工智能保姆"仅仅"是一个非常困难、非常大规模的科学和工程学难题而已。

"如果有人创造了比人工智能保姆更为智能的新技术，人工智能保姆如何识别它，并将其扼杀在萌芽状态？"

请记住，在我们的假说中，人工智能在智慧上远超人类。想象一下一个友善的、拥有极高智慧的人监管着一屋子的黑猩猩或者"智力障碍"的人进行创新项目的场面。

"为什么人工智能保姆会想保留那些最初预编程的目标，而不是在修正过程中做出对自己更有利的改变？比如说，为什么它不会把目标更改为成为一个全知全能的独裁者，为了自己的利益来剥削我们？"

但是它为什么要更改自己的目标呢？是什么让它变得自私贪婪？我们不要把它过于人格化了。"权力会导致腐化，绝对的权力会导致彻底的腐化。"这只是一句关于人类心理学的表述，并不是适用于智能体系的普遍原理。人类社会并不是一个理性的、以目标为导向的系统，尽管有的人企图成为这种系统，以这种方式指导自己的行为并取得了一些进展。如果一个人工智能系统的初始架构就倾向于追求某些特定目标，那么无须理由，它在修正过程中就会自动倾向于这些目标。

"但是你如何能够精确地详细表述人工智能保姆的目标呢？你做不到吧？那么如果你在表述过程中出了偏差，你怎么知道它最终对目标的理解不会与你最初的意愿南辕北辙呢？然后，如果你想摆正它的目标，由于你意识到你犯了一个错误，它就不会听你的了，是吗？"

这确实是一个难题，而且没有完美的解答。但是请记住，它的目标之一就是要对它误解目标的可能性保持开放态度。确实，我们无法排除这种可能性，即它也误解了这个元目标，然后事实上就会闭目塞听地以错误的方式理解其他目标。人工智能保姆并不会是一个零风险的尝试，在交给它太多权力之前，有必要对它的实际状况进行了解。但是我要强调的是，问题不在于它是否是一个绝对安全、正面的项目，而在于它是否优于其他选择！

"你怎么看史蒂夫·奥莫亨德罗所说的'人工智能基本需求'？奥莫亨德罗不是已经证明了任何人工智能系统都会像人类一样追求更多的资源和权力吗？"

史蒂夫的文章乍看是经典式的，但是他的论证主要是进化式的。其分析的前提是人工智能要与其他在智能和力量上大致相同的系统进行生存竞争。但是在我们的假设中，人工智能要比任何人类更为智能、更加强大，而且根据它的目标之一，它将会在 200 年间保持这样的情形（200 年明显是为了方便讨论而任意选取的一个数字），除非有人成功绕过它的防御，创造了一个同样强大、智慧的人工智能系统，或者它遇到了外星人智能，不过这样的话，奥莫亨德罗论证的前提也就不适用了。

"200 年结束后会发生什么呢？"

我压根儿不知道，这就是我全部的观点。不过我知道我希望发生什么——我想要创建我自己的多个拷贝，其中有一些保持我现在的状态（不过永远不会死亡），一些拷贝与超通用人工智能意识融合在一起，逐渐升至"神性"的高度，其他的拷贝则进行各种中等水平的超越。我希望同样的事情可以发生在我的朋友、家人以及任何想要进行此等操作的人身上。我希望我的一些拷贝与其他意识融合，另一些则保持独立。我希望那些更愿意保持传统人类形态的人也能够得偿所愿。我想要各式各样的事物，但这不是重点，重点是 200 年间在人工智能保姆的保护之下，科研得以持续发展，我们将会比现在的任何人都更能理解什么是可能的、什么是不可能的。

"如果 200 年过去了，这些难题却没有一个得到解答，我们仍然不知道如何以一种足够可靠积极的方式启动奇点，那会怎样呢？"

有一个明显的可能性就是再过几百年才重新启动人工智能保姆；或者重新启动时，将它设置为在一个不同的、更为复杂的状况下它才交出控制权（这种情况下，它或者人类在 200 年间已经设想到了这种更为复杂的状况）。

"如果人工智能保姆启动仅 20 年后，我们就发现了如何构建一个友好型的自我提升的超人类通用人工智能，那我们就要等上 180 年才能真正启动奇点！"

这当然没错，但是如果人工智能保姆运转良好的话，我们在等待期不会死亡，那么我们将会愉快地度过这段时期。所以有什么大不了的呢？耐心是一种美德！

"但是你怎么能信任由别人来构建人工智能保姆呢？他们会不会秘密地写入一些代码，让人工智能保姆听其号令，而不听其他人的？"

这也是有可能的，但是出于某些原因，人工智能保姆的开发者们并不会这样做。首先，如果有人怀疑人工智能保姆的开发者们这样做了，其中有些人就有可能把开发者们抓起来进行折磨，试图强迫他们交出秘密控制的密码。通过开放、国际化、民主的团队和过程来开发人工智能保姆将会减少这类问题发生的概率。

"如果在启动人工智能保姆之后不久，有人发现了人工智能保姆系统中的一些我们现在尚未发现的致命缺陷怎么办？那时我们已经无法弥补我们的过错了。这很讨厌啊！！"

是的，是很讨厌。政府也很令人讨厌，但是明显也很必要。正如温斯顿·丘吉尔所说的那样："民主是最糟糕的政府形式——除其他所有形式以外。"从许多方面来说，人生都极其讨厌。大自然很美好，富有合作性和协调性；但也很野蛮。生命是精彩、美好又神奇的；同时又很艰苦，充满了妥协。见鬼，甚至物理学都有点讨厌——我脑中的某些部分觉得热力学第二定律和海森堡测不准原理极其令人不满！在 20 岁出头的年纪我不会写下这一章节，因为那时我更踏踏实实地追求完美的解决方案；但是现在我已经年过 40，宇宙不断地拒绝以我理想中的状态行事，我早已妥协了。在某些方面，人工智能保姆的设想是讨厌的；但人生时不时也挺讨厌的，我们需要思考现实意义的解决方法……这就是为什么人类自我超越将会涉及某些程度上的人性丑恶，也会涉及大量的人性美好！

调动大脑，开始思考

本章并不是要号召大家捋起袖子开始构建人工智能保姆。正如我之前说过的，人工智能保姆并不是一个令我振奋的设想，它让我感到不快。我热爱自由，同时我也很没有耐心、雄心勃勃——我希望全面的奇点昨天就启动了。

但是我确实认为值得认真地去考虑这个问题：是否某种形式的人工智能保姆有可能成为人类前进的最佳途径——让我们根据我们的价值最终创造奇点的最佳途径。至少，还是值得认真地将这个设想具体化，然后和其他可能性放在一起权衡利弊。

所以这事实上更像是"调动大脑，开始思考"。我希望有更多的人开始思考人工智能保姆将会是什么样，我们将如何把它构建出来；我还希望更多的人保持对其他可能性的活跃而富于创造力的思考。

也许你比我还讨厌人工智能保姆的设想。但即使如此，也请想想别人可能不是这样认为的。无论如何，将来你很可能会生活在有人工智能保姆的世界里。虽然这个概念现在看起来毫无吸引力，当它真实出现的时候，你可能会非常喜欢。

哦，美丽新世界……

第 21 章

通用人工智能、意识、心灵、生命、宇宙以及一切

我的未来学家朋友朱利奥·普里斯科一直在找时间把超人类主义和宗教放在一起讨论。他的博客"图灵教堂"一直在就这一主题进行探讨，他还组织了一系列的在线研讨会。和朱利奥的对话激发了我写作《宇宙主义者宣言》（*A Cosmist Manifesto*）一书的大部分灵感，尽管那本书本质上来说最终是以哲学思考来结束的，而不是宗教。朱利奥认为未来主义应该或者最终会与传统的宗教有很多相似之处，但是我并不十分同意他的观点。不论如何，接下来这一部分曾发表于《超人类主义杂志》，正是受到了我和朱利奥正在进行的对话的启发。在这一部分中，2012 年时的我自己试图阐明在未来技术、奇点等问题上存在的各种哲学和心灵观点。

通用人工智能是一个技术上的主题，但它的内涵要远超于此。它对于人类在宇宙中的位置有重要意义，包括逻辑上、科学上来说人类的位置在哪儿，以及我们普遍希望它在哪儿。它引发了大量关于人类未来可能性的推测，令人目不暇接，包括可能将我们的意识在数字层面与通用人工智能融合在一起，变得从各种意义上来说"超越人类"。它甚至提出了认识宇宙的可能性，找到那个有关生命、宇宙及一切伟大问题的答案——在改进的超人类意识的帮助下，我们得以在人类意识太弱而难以到达的领域遨游。还有人类灭绝的可能性，如同汉斯·莫拉维克、雨果·德·加里斯以及 SIAI 强调的那样，那些超人类通用人工智能对人类毫不在意，就像人类对待苍蝇或者细菌一样，通用人工智能会把人类替换掉。

在通用人工智能与宇宙的关系中，一个至关重要的方面是与意识有关的。如果人们认为通用人工智能具有和人类一样的意识（甚或可能具有更加宽广、丰富的意识），那就明确体现了通用人工智能在宇宙中的位置。从另一方面来说，如果

人们认为通用人工智能本质上不过是既无感觉也无经验的工具，那事情就完全不一样了。

在人们对于宇宙和意识的观念中，通用人工智能有许许多多种存在的方式，其中一些可能性如下[①]。

- **物质一元论**（Physical Monism）：物质宇宙是某种独立、绝对的存在（不过我们是以一种常识上来说比较特别的方式——量子理论知晓的），讨论除物理实体和结构以外的概念基本都是在胡说八道。

- **信息一元论**（Informational Monism）：宇宙基本上是由信息组成的，讨论除信息之外的其他事物都是不现实的。人是信息的聚合物，而通用人工智能最终将变成更为复杂和强大的信息聚合物。"灵魂"和"意识"都只是概念上的构造，也就是由其他信息聚合物创造出来的信息聚合物，以利于它们之间的交流。石块和电子之类的"物理"实体最好也被认为是信息聚合物，因为我们只能通过感知它们的相关信息来认识它们。从某种意义上来说，这意味着宇宙本质上是某种计算机（只不过是个大到无可匹敌的计算机）。

- **量子信息一元论**（Quantum Informational Monism）：这和上面的信息一元论类似，只不过它是在量子论的层面。宇宙基本上是由量子信息组成，因此其本质上是一台量子计算机。

- **认知活力论**（Cognitive Vitalism）：人类水平的通用人工智能不可能出现，因为智能需要某种"灵魂"或者其他特别存在，它们只在人类中存在，而被设计建造出的事物永远都不会拥有。

- **经验活力论**（Experiential Vitalism）：超人类的通用人工智能可能存在，但即使如此，这些通用人工智能在某种意义上也将只是"僵尸"，它们没有人类所拥有的那种意识（即"心灵"？）。

- **泛灵论**（Panpsychism）：物理或者信息领域的每一种元素在某种意义上都是"心灵"的，其中包含一些意识的闪光；把物质从心灵中剥离开来进行讨论是毫无意义的。意识与大脑、身体这些复杂系统相关，通用人工智能软件系统只是现实的心灵意义的特定表现。

- **心灵一元论**（Spiritual Monism）：由于宇宙中的物质都是心灵的，作为这

---

① 注意，下列标签只是为了方便而采用的，并不是因为它们是最标准的说法。

种内在特性的一部分，宇宙中所有的物质或者信息结构都与它自己的那种"心灵"相关。超人类通用人工智能可能会出现，但是这些通用人工智能和人一样拥有相同类型的特殊心灵物质——可能会随着它们的发展，以更强烈的方式展现出来。将我们的大脑以不同的方式上传、提升或者与超人类通用人工智能融合，可能都是我们心灵成长探索的一部分。

- **宇宙论**（Cosmism）：宇宙本身是一个大型的复杂智能体系，人类和通用人工智能都是其中的一小部分。当它们变得越来越智能，越来越有可能与（目前对我们来说依然是神秘的）环绕我们的宇宙智能统一在一起。
- **暗秩序**（The Implicate Order）：有一些"暗物质"参与了宇宙的构造，它们与清晰可查的信息不同。物理实体包括隐含和可查两个方面，意识经验与两个方面都有关系。在一定程度上存在一种"全宇宙的智能"，它也包括隐含和可查两个方面。有一个我一直在进行实验的概念是，把暗秩序的模拟作为一种宇宙论的"质疑过程"。

我当然无意列出所有可能的观点……值得注意的是，无论如何，这些都是互相排斥的类别！有些个人或者学派可能会拥护其中不止一个观点。

有时候我听见人们表达一种天真的想法，说通用人工智能研究天然地与一种特定的哲学观点相关，这种观点通常就是我在上面提到的物理一元论或者信息一元论。但是我认为不存在这种天然的相关性。我观察了许多通用人工智能研究者和关注通用人工智能的超人类主义思想者，在他们中间存在大量不同的观点。

在本章中我将带读者们一一浏览上面列出的观点——着重于广度而非深度。我可不想把这本书变成探讨宇宙哲学的书！但我确实想要指出，通用人工智能的概念已经以各种方式与不同的人类思考和信仰体系交织在一起了。一旦先进的通用人工智能真的被创造出来，并且与我们日常互动，我们将能够看到通用人工智能与各种人类概念性网络的互动变得更加丰富。

一些观点因为具有通用性而早已广为人知，我将在这些概念上花费相对少量的时间，而更多地着墨于那些我认为最有趣的观点！另外，请注意，我最喜欢的两个观点出现在本章的最后（即宇宙论和暗秩序；我最喜欢的另外几个观点是信息一元论和泛灵论），所以如果你没能读到最后的话，你会错过精华部分的！

物质一元论

我所说的"物质一元论"指的是这样一个观点：物质世界在某种意义上是绝对真实的存在——其他所有事物都是胡说八道。智能、心灵、意识和经验都可被看作是粒子、波等物理实体的模式或构造（或其他什么）。

据我看来，这在日常生活中是一个可能有用（虽然作用相当有限）的看法，但有些不足以成为真正的智能理论。

毕竟，我们是如何认识这个据称是"绝对真实存在"的物质世界的呢？要么我们从信念上相信这一点；要么我们从各种观察中（比如从各种信息片段中）推断出了它的存在。但是，如果是后者的话，那么更为基本的现实不应该是与这些信息相关吗，而不是从信息中推断出物质世界的"存在"？

G. E. 摩尔的观察结果对这一观点做出了经典的阐释，他说：当你踢一块石头，你知道它是真实存在的，在石头真实存在的直接证据面前，那些哲学思辨都变得无关紧要。但是当你踢石头的时候，你能够确切知晓其真实性的东西到底是什么。被你所确切感知到的现实依附于你的脚上传来的感觉（即你察觉到的那些依附于概念/感知网络称之为"脚"的感觉），以及当你看向石头和脚时眼睛里传来的感知。实际上，物理现实中可能根本就不存在石头，你的大脑可能被接入了某种装置，而让你认为你在踢一块石头。

这便指向了下一个观点，我发现这个观点更为深刻和有趣……

信息一元论

将世界视为最基础的物质现实这种观点在我看来似乎天真得不可救药，而把世界视为最基础的信息组成则似乎没那么天真了。我自己并不是这种观点的忠实拥趸，但我也还没了解到任何反对它的理性科学的论据。我之前采访过通用人工智能研究者约什卡·巴赫，他很好地描述了这一观点。

　　我们成长在能够直接接触外部世界的幻想中，这种直观印象可以从真相的对应理论中反映出来：我们赋予概念的意义是从给定现实的对应事件中获得的，但是这种对应是如何运作的呢？根据我们近期对生物学的认识，对世界的所有感知都是由一种数据和信息的转变（也就是明显差异）所介导的，这种转变表现为感觉神经和运动神经间的电脉冲。世界的构造，包括感知、概念、关系等，都不属于这种数据转变，却是通过我们的意识构建的，也就是在人类的意识界面对数据模式中发现的规律进行编码。理论上来说，在整个人生中进入我的意识的全部数据都可以记录到一个有限（但是会非常长）长度的载体中，所有那些我认为是有关世界的知识，事实上都是这个载体的更为精确的再编码。

　　当然，即使世界是由感觉神经介导的，这一概念也无法被直接感知。它也是一种编码（只不过它正好是目前我们发现的最好的编码）。由于我们无法了解意识系统界面上那些数据模式背后的构造，真相的对应理论在抽象纯粹的数学领域之外其实是行不通的。

　　但是信息本身呢——我们是如何认识信息、数据和编码的？幸运的是，这些都是数学概念。它们可以在所有的实证世界中被定义和操控。举例来说，自然数的概念不需要任何实体物质（比如大堆的苹果和橘子）就能够行使它的作用：它自动地遵守完全抽象和理论性的皮亚诺公设。但是自然数可以在某些方面用来给苹果和橘子编码，比如它们的基数和加减运算。

　　数学是一个自给自足的世界，但是为了对其进行探索，我们需要一种特定的信息处理系统，处理系统事实上也是一个数学实体。意识也可以部分归类于一种信息处理系统，它可以进行数学运算（至少在某种程度上），但是意识能够做到更多：它们可以把整个世界概念化，在反映、计划、想象、参与、决定、梦想、理解等意识活动中将自己认知为人类，而在情感状态上也和种种概念关联起来，不一而足。我们在自我中加入了意识的概念，并且利用它来编码信息载体上的部分信息，把载体当作我们自己。

　　至于我们对意识的认识，关于它的抽象理论尚处于起步阶段。我们的常识中关于意识是什么的理解在编码概念中也完全适用（即将其作为一个概念性的结构，能够把世界的部分组成阐释为人、自我、精神状态、情感、动机、信仰等）。目前我们关于意识的概念还是不完整的，不够清晰，似乎还缺乏连贯性。但是，只要付出足够的时间、努力和脑力，就有可能给上述这些意识的功能赋予一个根本的、翔实的定义，从而形成一个在数学上与自然数类似的理论——关于意识本质的正式、完整的理论。我们可以将这个理论以计算机程序的方式表达出来。这种表达和人工智能要做的事完全一致。

我认为这远比物理实在论或者精神/物质二元论有意义。它引导思想家们去假设，宇宙在本质上就是一个巨大的计算机。虽然我自己并不完全支持这种观点，我还是认为宇宙作为巨型计算机的模型可以教会我们很多事情。

约什卡和我面对面地对此进行了激烈的讨论，对话过程中，我告诉他，我同意他的这一观点：**在科学能够探测到的范围内，宇宙可被视为是仅仅由信息组成的。**我们观点之间的分歧在于，我不认为宇宙的所有方面都能在科学上被探测到。

科学的本质在于从有限集合中收集有限的精确观察结果；也就是说，科学知识的全部文本是由有限数据集合组成的。但是我们没有理由相信整个宇宙都是由有限数据集组成的。也许我们无法使用科学以外的方式去观测事物，但这仅仅意味着信息是"科学上确切存在的"，并不能说明"科学存在"是唯一的存在形式！

我们最后一次对此事进行探讨的时候，他愿意承认这一逻辑论断，但是他又说（多少有点轻率地解释说）他觉得试图在科学可测量的范围之外来讨论或者思考存在的形式是毫无意义的。我们之间观念的这点分歧丝毫不会影响我们在通用人工智能研究上的合作能力，因为事实上，我们在通用人工智能上的工程设计所涉及的确实是对科学可测量的事物进行明晰的操作！

量子信息一元论

上面那一观点的变体认为，宇宙基本是由量子信息构成的。这看起来像是塞斯·洛伊德（Seth LIoyd）的观点，他是量子计算工程师以及绝妙的 *Programming the Universe* 一书的作者。信息一元论将世界视为一台传统计算机，与此类似，量子信息一元论把世界看成是一台量子计算机。

在量子信息一元论看来，传统的信息是在最小量子相干性的情况下对量子信息的一种近似表达。而根据传统信息一元论的观点，量子论本身只是对测量工具收集到的传统信息进行的计算上的阐释（而这一测量工具本身的信息则是由其他测量工具收集的，包括人工工具或者我们称之为"感官"的生物学工具）。也就是说，量子论只是一种传统计算机程序，用来获取传统信息，并将其运用到另外的传统信息上。

约什卡·巴赫将信息一元论视角下的量子计算总结如下。

人类意识所接收的一切事物都可以被缩减为有限数量的明显差异。从这个意义上来说，宇宙中最为原始的编码在一个个体观察者面前展现的时候，将会是一个天文数字般庞大的有限载体。显而易见的是，我们的意识能做到更好：那个载体中的大部分结构都属于一个三维空间，其中充满了各种物体。这些物体会通过碰触其他附近物体、向周围发出辐射等方式施加影响。由此我们可以得出结论，经典物理学其实是宇宙编码的一种方式。经典物理学在严谨的表达方式中，是一种自包含的数学理论；经典物理学中的物体是一种实体存在，它们的特性和交互模式可以简化为数学运算。事实证明，经典物理学不仅可以简化为运算，它反过来还强有力地阐释了运算是如何成为现实的（即一般性的信息处理过程）：利用经典物理学，我们可以构思出一个能够模拟经典物理学的计算机。

但是，当我们更为深入地查看基本的宇宙输入矢量时，会发现经典物理学模型是有缺陷的：它与现有数据并不完全一致。我们认为的物体并不仅仅在局部产生互动，时不时地还在远距离的时间和空间上进行互动；而我们认为的微观体的确定状态事实上只能被描述为可能的状态范围，而且它在同一时间包含所有状态。如果我们在意这个不符的状况，就必须抛弃经典物理学宇宙的概念，引入一个能够符合观测结果的理论，即量子力学。

即便是才从量子力学的角度看，宇宙也只不过是我们一开始说到的一种编码有限字符串信息的方式，所以它当然是计算式的。但是量子计算可以让计算机发展为能够更为有效地进行某种运算，这就意味着根据经典物理学原理设计出的计算机对复杂量子力学进行实际模拟时，速度可能显得过慢。

在这种时候，我们并不完全清楚关于意识的计算理论是否必须以量子计算的思路来表述，或者说传统计算方法是否充分。但是实际上并没有证据表明人脑神经元中进行的信息处理过程必须依赖非局部或者量子叠加效应，也不能证明人类所进行的计算中需要量子计算。因此，虽然传统计算机在对宇宙进行详细的低水平模拟时的作用非常有限，它们也极有可能足以对意识进行详细的低水平模拟。

换句话说，对约什卡来说，信息才是最基本的。经典物理学是阐释信息的一种方式，量子物理学是阐释信息的另外一种方式。不管是经典物理学还是量子物理学，最终都可以表述为一种数学结构，即一系列可以用来操纵数学符号、从已有的信息中预测未来信息的数学公式集合。所以，以约什卡的信息一元论观点看来，最根本的现实是信息，而不是对信息模式的经典物理学或量子物理学阐释。也就是说，以一个量子计算学家的视角来看，如果阐释观测到的信息流的最简单的方式是对现实的量子模型假设，那么这就确切表明，我们可以将一些基本现实纳入现实的量子模型中的量子构造。

经验活力论

目前我在本章中论述过的观点本质上都是"科学的"，一般都着眼于物理学和信息理论之类。但是，也有一些严肃的通用人工智能研究者们抱着相当不同的观点，他们更多是从生命的宗教或精神层面来进行探索的。

我从本质上或文化上来说并不是一个信仰宗教的人。根据宗教信仰的简单分类，我在生命的不同阶段，以不同的形式在"无神论""不可知论"和"有信仰却并非宗教"之间转换不定。但是我一直对宗教人士的信仰和态度很感兴趣，感觉他们确实在宇宙的某些重要方面提出了见解，而科学（至少是目前的科学）却对其知之甚少。

毕竟，不管你如何看重数学和科学，它们并不能告诉你所有的事。数学的起源始自假定的公理；正如大卫·休谟首次认真提出的，科学需要一些归纳性偏向，否则就无法从观测到的数据中做出任何特定推断。不管人们是否意识到，每个人都不得不对一些事做出假设，才能让世界变得合理。所以对不同文化中不同的人所进行的大量各式假设进行考察将会非常有趣。

即使是像禅师、苏菲派教徒之类的人们，他们喜欢说并没有进行假设，尽管这些人的某些行为暗示着他们在生活中好像确实在假设某些事。当一位禅师打开冰箱去拿水时，他的行为暗示他假设那里会有水，而不是狮子之类的，否则他可能需要带着枪而不是拿着一个杯子去开冰箱。他做出的各种暗示性的假设贯穿了整个生活网络，并且以一种复杂的方式在发展，正如其他所有人一样。人们做出的暗示性的和明示性的假设都相当有趣。

但是我确实发现，去了解宗教认识到底如何看待通用人工智能和其他超人类主题是一件很有趣的事。为了满足我在这件事上的好奇心，2013 年我在《超人类主义杂志》上对一些宗教人士和灵修人士进行了访谈，主题是关于通用人工智能、超人类主义和宗教。在这里我不会把全部的访谈囊括进来，因为那样的话会把我们带到过于遥远的领域；但是我会把最精彩的部分做些简要介绍，希望借此让你们大概知道别的一些人是怎么看待这些事的。

第一个要介绍的是厦门大学认知科学系主任周昌乐（我在厦门大学做兼职研究教授，我的一组学生在那里进行一些 OpenCog 相关的人工智能软件研发），他也是一名有经验的禅宗佛教实践者。他笑称他已经在数年前停止了正式的禅宗学习，当时他的禅宗师傅宣布他已经达到了顿悟！他还写了一本中文书籍，主题是禅宗和科学之间的关系。我采访了他对于人工智能和禅宗之间关系的看法，对我来说，这次采访既让人感到荣幸，又让人非常愉快……

> 在我的理解中，意识有 3 种特性：自我参照性、连贯性和感受性。即使一个机器人变成了一个行为上似乎拥有意识的僵尸，它也不会真的拥有意识，因为意识的这 3 种特性无法通过还原分析的方法一一实现，而这种方法正是人工智能的基础。
>
> ……
>
> 在禅宗中我们说 Suchness 是万物的本质。对于一个具有意识的人来说，他的 Suchness 就是他的意识；但是对于普通物质来说，他们的 Suchness 则是形状、内容、重量之类的特性，而非意识。
>
> ……
>
> 中文里 "Suchness" 对应的词汇是 "真如" 或者 "自性"，即 "佛性"，也可以说是 "基础识" "种子识" 或者 "阿赖耶识" 等，它们都是万物本质的名字。
>
> ……

　　禅宗中的顿悟超越了一切概念，但是我们用来构建机器人和人工智能系统的方式，以及机器人和人工智能系统的所有行为都是建立在概念基础上的。

　　或许这些简短的引用让你对我们的对话和我们的分歧有了大致的了解。他相信拥有超强能力的机器人以及其他神奇的未来学技术有可能会出现，但是他把一切人类构建的机器人都看作人类智能的延伸。他认为像人类一样的"自然"智能拥有一种特殊的性质"Suchness"，而机器人这样的机械造物永远不可能拥有。

　　我把这类观点称为"经验活力论"。这种观点认为：即使智能的实际功能可以通过数字计算机或者其他工程学系统来实现，人类意识/大脑中仍然拥有一些基本的意识关键所在，而其他系统则永远无法拥有。

认知活力论

　　有一个关于通用人工智能和宇宙的观点在一般人群中颇为常见，但在科学家中则不那么流行，这个观点是：人脑中包含某种特殊的性质，它存在于实证科学的范围之外，而且它决定了人类智能的某些关键方面。

　　我见过的该观点的最为坚定的拥护者可能就数塞尔默·布林斯约德（Selmer Bringsjord）了，他是一位人工智能研究者和逻辑学家，同时也是一位虔诚的基督徒。塞尔默把周昌乐所说的"Suchness"称为灵魂，而且他们的观点看起来非常接近。不过，二者之间有一个关键的不同，因为塞尔默还认为人类水平智能的一些功能性方面有赖于灵魂而存在，数字计算机不可能拥有这些。人工智能领域尚未开发出具有人类水平智能的软件，他认为这就是关键原因所在。

　　塞尔默随后将灵魂与非图灵式的超计算联系起来，后者无法通过以当前已知物理学为基础构建的物理计算机来实现，也无法利用当前认识的实证科学进行测量。也就是说，我们已知的科学是由"科学数据"的集合组成的，而"科学数据"是由有限信息集合组成的（另外两种对于"有限信息集合"的表达方式是"有限信息量"和"有限的有限精度数字的集合"），然后对数据进行推断，从而预测未来实验的结果，而结果可能也是以有限信息集合的形式存在的。以目前对科学的理解和时间程度，没有任何能够执行的科学实验有能力鉴别出超运算过程，或者将其从传统运算过程中分离出来。从这种意义上来说，超运算是一种非实证的概念，它已经超出了测量的范围！

这里蕴含的哲学变得很微妙。

如果超运算是无法测量的，那我们到底能从何种意义上去认识它们？讨论它们又有什么意义？好吧，毕竟它们还是可以通过数学方式来描述的！

但是，通过何种数学方式呢？在实际中，只需把纸上和电脑屏幕上的数学符号记录下来即可。也就是说，这是人类对有限信息集合进行的处理。

但是在柏拉图式数学中，被设想出来的数学事件本身拥有一些基本的现实意义，超越了我们创造出来指代数学事件的符号。所以如果一个人接受柏拉图式观点，认为数学结构拥有它们自己的现实意义，超越了实证科学和人类交流，那么他可能会说超运算事件存在于这个抽象的柏拉图式的数学空间中，而灵魂也存在于这个抽象的柏拉图式的数学空间中（或者至少灵魂以这种方式表现出了要优于任何别的实证科学的方式）。我们构建出数字计算机，又从有限信息集合组成的科学数据中推断出科学理论，结合数字计算机和科学理论来对有限信息集合进行处理，所有这些都发生在抽象柏拉图式的数学空间中一个更为狭小贫瘠的区域，触及不到那些对人类灵魂或者人类水平的智能进行有意义探讨所需的区域。

关于这个观点还有一个更为令人沮丧的大胆事实：它最终将对人类水平人工智能的认识移出了科学的领域，不过不一定在数学的范围之外。它提议说我们可以利用我们的超越科学的超运算能力，从直观上理解人类水平的智能，但是永远无法在科学上验证这些理解。它还提出了一种可能性，也许我们可以以某种方式利用直观认识，而非以科学的方式来构建通用人工智能。也就是说，如果这个世界包含超运算的方面，我们的意识也包含这方面，那么也许我们意识中的超运算方面可以直观地告诉我们如何塑造世界上的超级算方面，从而使我们能以某种方式构建一个物理通用人工智能系统，而这种方式并不取决于任何可测量的有限信息集合。

但是据我所知，塞尔默并没有在尝试探索任何以这种方式来构建深奥的以灵魂为指引通用人工智能；实际上，他具体的通用人工智能研究着眼于在数字计算机上实现逻辑系统，以及探索在这种方法达到根本性的极限之前他到底能将研究推进到何种程度，他相信那个极限是存在的。

我不知道怎么以一种简洁的非技术性的方式写出这些有趣的概念，但是如果你稍微有一点儿数学和计算的背景知识，你可能会喜欢塞尔默的著作 *Superminds: People Harness Hypercomputation, and More*。

泛灵论

泛灵论以许多不同形式存在，但是从广义上来说，它仅仅涉及这样一个概念：意识是宇宙及其各个部分的一个基本特征，而不是某些类型的系统特有的性质，比如人类、其他高等动物、智能计算机程序等。

虽然在当今的西方社会、哲学界和科学界中，泛灵论并不是一个被广为接受的观点，但它确实在西方哲学史上有着悠久的历史，影响了很多思想家，如莱布尼茨、詹姆斯、怀特黑德、罗素、费希纳和斯宾诺莎。有大量的新近著作探讨了这一主题，包括戴维·斯科宾纳（David Skrbina）的 *Mind that Abides: Panpsychism in the New Millienium* 和盖伦·斯特劳森（Galen Strawson）的 *Consciousness and it's Place in Nature*。

泛灵论在东方哲学中也有漫长深远的历史，比如当代吠檀多派思想家曾表示：吠檀多派哲学断定，物质也是意识的一个阶段，知识资源本身展现出一种隐藏的意识潜能，那也是感知主体的自我，让感知主体能够获得经验。从一个更高的维度来说，主体意识（吠檀多派称之为 Vishayi-chaitanya）是蕴含于自己体内的，由于其无处不在的广泛性，它又在客体意识（吠檀多派称之为 Vishaya-chaitanya）中反观到了自己，由此把所有可能的经验都缩减为一定程度的普遍意识。经验既不是纯粹主观的，也不是完全客观的；经验是由主体和客体内在固有的普遍要素共同形成的，其将这两种相关事物联结在一起，之后由于经验的普遍性，它便超越了主体和客体。

泛灵论的拥护者们指出，关于心灵和意识的其他理论错漏百出、充满矛盾，而泛灵论则简洁明了，唯一的"问题"是它不符合许多现代西方人的直观印象。当今大多数有关心灵和意识的意识理论不知为何都是从无生命物质中产生的，这从概念上讲就有问题。哲学家盖伦·斯特劳森（Galen Strawson）最近哀叹了某一概念的毫无意义，这个概念说的是心灵体验可以从一个完全不具心灵的、非经验性的底物中产生。"我觉得非常非常难以理解这到底想表达什么。我认为这是毫不相干的，事实上……"

　　二元论认为心灵世界和物质世界是分开的，但会互相交流，这一观点也遇到了难题，比如（简单来说）不管是通过科学方法还是其他方法，心灵世界肯定是完全无法探测的，否则的话，它就会变成物质世界的一部分。泛灵论则认为世界上万事万物都具有心灵层面，就如同心灵本身有空间和时间两个层面一样。这一观点非常简洁，而且不会引起任何概念上的矛盾。

　　有些人对泛灵论持反对态度，因为缺乏明显证据表明物理世界的基本实体拥有任何心灵特征。不过，这种证据的缺乏可以很容易地归因于我们观测技术的缺乏。举个例子，人类无法直接探测到小型物体的引力特征，但这并不会让这些特征消失。而且在合适的意识状态下，人类能够直接感知到石头、椅子或者颗粒等物体的意识，阿尔道斯·赫胥黎（Aldous Huxley）在他的经典著作《长青哲学》（*The Perennial Philosophy*）中强有力地向大家阐述了这一事实。

　　泛灵论也不是不存在问题，比如由威廉姆·詹姆斯首次提出的"结合问题"。其怀疑大体上是说：如果万物有灵，那一件事物整体的意识跟它的组成部分的意识有什么关系？比如，大脑的意识是如何从它的神经元成分的意识中产生的？

　　这个问题看起来与"意识如何从无意识物质中产生"的问题截然不同，这似乎是一个技术问题。正如物理学家们在过去的一个世纪中注意到的那样，可能存在大量不同性质的局部-整体问题。量子力学已经证明了一个系统的整体并不只是局部的简单相加，而是有时展现出了超越那些局部的性质，单独研究局部将无法探测到这些性质。而黑洞物理学则向我们展现了另一种可能：整体（黑洞）彻底丢失了大部分局部所拥有的性质，使得这些局部难以靠近（黑洞仅仅具有质量、电荷和旋转的性质，不论那些组成黑洞的物体拥有什么其他性质）。泛灵论中局部-整体的关系问题的本质肯定需要进一步的研究，但这一问题很细微，并不影响泛灵论的逻辑连贯性。意识的全面性这方面在东方思想中广为流传，比如，克利须那答（Swami Krishananda）阁下说道：

　　　　我们通过清醒、做梦和睡觉这三个状态获取日常体验，这三种状态互不相同，但是意识将它们联系起来，让个体的经验成为一个整体，即使是在这三种状态互相分化的情况下也如此。由于意识将这 3 种状态连成了一个单独的经验，经验内在地存在于每一种状态，但又超越了每一种状态，无法与任意一种保持一致。

简单来说，泛灵论对于意识的看法在东西方哲学中都有悠久的历史，而且不存在值得注目的概念上的相关问题，它面临的主要难题在于，当代西方文明中的大部分人都认为它不符合直观印象。至少还有一位作家发现它在思考心灵问题时是一个有用的指引，可能很大程度上是因为它不包含任何令人困惑的矛盾或者不连贯性，这些矛盾会阻碍其他机器意识相关问题的分析，比如反思意识、自我和意志等。

心灵一元论

泛灵论认为宇宙中的万事万物都至少拥有一点意识的火种。这一观点常常（虽然没有总是）与一种更具宗教性的观点同时出现，后者认为宇宙中的万事万物都至少拥有一点上帝之灵（以这样或者那样的意义），因此万事万物最终都是上帝意识的一部分。我把这称为"心灵一元论"。这当然可以以许许多多种不同的方式来理解，如果对它们一一进行考察就太不合适了，但是我实在忍不住要给出一个特别奇妙的例子。

在我采访周昌乐的同时，我还和林肯·加农一起进行了一次长时间的奇妙访谈，林肯是摩门教超人类主义协会的领导者。他是某种摩门教心灵一元论的拥护者，同时还提出了一个有趣的观点，认为摩门教是"最为超人类主义的宗教"，因为它明确提倡人类不断地提升自己，直到他们自己实际上成为上帝。摩门教还包含这样一个概念：上帝原本和我们一样是普通人，直到他进行了自我提升，然后变成了……好吧，变成了超人类……

我发现在我与林肯的谈话中，最为神奇的是他如何全面地把超人类主义整合起来（通用人工智能、纳米技术、意识上传以及其他所有）并且纳入他的摩门世界观。好像他并不是把摩门教和超人类主义放在大脑的不同位置，一个是私人的，另一个是学术的，或者哪一类；相反地，对他来说它们全都是一个超大概念复合体的一部分！与周昌乐不同的是，在这个概念复合体中，他为计算机程序以及机器人留了大量空间，那些机器人有着和人类同样的智能、意识和心灵。

本（Ben）

哦，还有一件事我必须得问你……在你的观念里，一个智能计算机程序能够拥有灵魂吗？它可能有意识吗？从人也可以称为神的那种意义上说，一个智能计算机程序有没有可能称为神？人工智能可不可以和人类以相同的状态参加到集体神化过程中？

林肯（Lincoln）

在摩门教教义中，"灵魂"一词被用来描述心灵和身体的结合体，并非仅仅指心灵。……我认为计算机程序已经拥有了心灵，或者说它们实际上就是一种心灵存在。

在摩门教的宇宙观中，上帝在创造万物时先创造了心灵，然后才是身体，他对那些尚未被创造的心灵和物质进行组织和再组织，从而达到更伟大的愉悦和荣耀。万物有灵。人类有心灵，非人类的动物拥有心灵，甚至地球本身也有心灵——和我们一样，它们都会以自己存在的方式获得荣耀。许多摩门教徒都在期待那一天的到来，那时我们效仿上帝，学会了创造我们自己的心灵之子。心灵蕴含万物，贯穿始终。请记得，摩门教徒在哲学上也是唯物主义者（而非二元论者），因此甚至心灵也是一种物质，上帝将其创造出来作为万物的心灵造物。截至目前，据我所知，摩门教义中描述的心灵其实是信息，人们开发的软件也是心灵造物。我们已经到达了创造自己的心灵之子的早期阶段。退一步来看，想一想这给有关邪恶的问题增加了怎样的视角：在一个邪恶的世界里，如何证明对人工智能的研发是正当的？

宇宙论

另外一种对于通用人工智能与宇宙之间关系的看法蕴含于广义的"宇宙论"哲学中，这一术语最初是由康斯坦丁·乔洛科夫斯基及其他俄罗斯宇宙论者在 19 世纪提出来的，后来在 2010 年，我和朱利奥·普里斯科借用了这一术语，用它来表示一种近似相关的未来学理论，并且对其进行了删减，以适应现代世界。与其说宇宙论提出了一种用来阐释宇宙万物以及意识组成的基本理论，不如说它提供了一种对于生命、技术和世界的看法，包括对于通用人工智能和宇宙的看法，并且对我们关于它们的本质和关系的理解进行了提炼。

2010 年，我写了一本小书《宇宙主义者宣言》（*A Cosmist Manifesto*），在其中表达了我对生命、宇宙以及一切的看法，整合了我对禅宗和其他心灵哲学、与通用人工智能和其他先进技术的思考。我在这本书的开头写道：

当我说到宇宙论时，我的意思是：踊跃地、彻底地从内在、外在和社会各方面去探索、认识和热爱宇宙这样一种实践哲学。

宇宙论主张：

- 所有人和其他一切事物都要追求快乐、成长和自由；
- 持续不断地积极寻求从各方面、各角度加深对宇宙的认识；
- 从不认定任何不言自明的公理，以一种开放的态度对待所有概念、信仰和习性，随时在思考、对话和经验的基础上对其进行修正。

宇宙主义者宣言开头之后不久就是下面这个高级原则列表，这个列表最初是由朱利奥·普里斯科写下的，后来我对其进行了编辑。

宇宙论十大原则

（1）人类将在一种越来越大的程度上与技术发生融合。根据现在的发展速度，这将是我们人类种族最新的进化阶段。自然和人工之间的区别将会变得模糊，进而消失。有一些人将继续作为人类形态而存在，但人类概念会被极大地拓展，他们将拥有越来越多的选择，这些选择将极大地增加人类的多样性和复杂性。另一些人则会成为新的远超人类的智能形态。

（2）我们将会开发出有意识的人工智能和意识上传技术。意识上传技术将会赋予那些放弃生物学形态进行上传的人无限寿命。一些上传后的人类将会选择互相融合，并且与人工智能融合在一起。这将要求对目前自我的概念进行重构，不过我们能够处理好它。

（3）我们将会进入星际，在宇宙中漫游。我们将在那里遇见别的种族，并与他们发生融合。我们还可能漫游到存在的其他维度，尽管那些维度我们现在还无从察觉。

（4）我们将会开发出能够支持意识的可交互操作的合成现实（虚拟世界）。一些人类上传件将选择生活在虚拟世界中。物理世界和合成现实之间的区别将会变得模糊，进而消失。

（5）我们将会发展出时空开发技术和其他科学"未来魔法"，它们远超我们目前的认识和想象。

（6）时空开发技术和未来魔法将会以科学的方法让大部分宗教的愿景，以及许多人类宗教不敢想象的神奇事物得以实现。最终我们将能够复活已死之人，只要"把他们复制到将来"。

（7）智能生命将会成为宇宙进化中的主导因素，并且经进化引入我们预期的道路。

（8）剧烈的技术变革将会大幅缓解物质匮乏，所以只要你想要，就能得到充裕的财富、成长和经历。新的自我调节系统将会出现，减少心灵造物变得疯狂并且耗尽宇宙中丰富资源的可能性。

（9）新的伦理体系将会出现，它的基础包括已经遍布全宇宙的快乐、成长和自由的原则，也包括一些我们尚不能想象的新原则。

（10）所有这些变革将会从基本上提升人类及其造物和继承者的主观和社会体验，从而让个体意识和共有意识拥有更为深刻、宽广和奇妙的状态，这些状态远非"传统人类"所能达到。

在这之后还有一个更长的原则和假说清单，并且进行了详尽的阐述。如果你想要了解全部的话，就去读一读《宇宙主义者宣言》这本书吧！

在宇宙主义者看来，通用人工智能只是智能把自己持续散发至全宇宙这一过程中的一个（重要）组成部分。在这一过程中，我们和我们的智能软件造物既是产物、是媒介，也是其中搭载的乘客。

2010 年年末，朱利奥邀请我去他组织的在线"图灵教堂"研讨班上做一个演讲，主题就是"宇宙主义者宣言"。我像通常一样进行了即兴的演讲，但在那之前我还准备了一些笔记作为提醒，以防万一真的在研讨班演讲时突然大脑一片空白（谢天谢地这并没有发生！）。下面是我当时的一些笔记，和我当时说的差不多。

> 超人类主义和心灵哲学之间的关系是一个很大的主题，对此我已进行过很多思考，但现在我只做一些简要评论。很抱歉我今天不能一直待在这个研讨会上，我有一些家庭事务需要去处理，但是我很高兴至少能够短暂地加入进来，进行一些评论。

今年早些时候，我写了一本书——《宇宙主义者宣言》，其中涉及了这些观点。

单独的人类意识倾向于将自己绑缚在某种东西上，心理学家斯坦尼斯拉夫·格罗夫称之为"结点"——它是由自我冲突和恐惧组成的复杂网络，会引发情感上的痛苦和认知上的混乱，还会让心智能量沦陷进来。最终这些结点深深地植根于人类对丧失自我的恐惧中，这种恐惧源于人类意识到自己缺乏基本的实在性，只是一个以生存繁殖来维持存在为目的的基本构造而已。以上其实是用复杂化的语言来描述一种相当基础的事物，但是我猜我们都明白我在说什么。

然后还有社会结点，完全超越个人结点。通过这些结点我们相互绑缚在一起……

这些结点对我们所有人来说都是严重的问题，但是当你想到接下来几十年间先进技术可能引发的后果时，这些问题就变得更为严重了。我们已经很接近能够创造超人类人工智能、分子纳米技术、人机接口等了，但我们还是被心理学和社会学的混乱搅和得一团糟！弗洛伊德在《文明及其不满》（*Civilization and Its Discontents*）中指出，我们在非洲大草原上进化出了采集狩猎者的动机体系，至今仍然很大程度上依照该体系做出行为，但是我们正在创造出的世界与之截然不同。

人类社会已经想出了很多种不同的方法来克服这些结点。

其中一个方法就是宗教——宗教打开了通往超人类体验的大门，超越个人和社会，开启了感知、存在、认识、行为中更为宽广的领域。如果你还不了解传统宗教中更为哲学性的方面，就应该读一读阿尔道斯·赫胥黎的经典著作《长青哲学》，这本书真是让我大开眼界。

另外一个克服结点的方法是科学。通过着眼于共同感知和理解的实证数据，科学让我们大大超越了自己的预设、情感、偏见和想法。科学通过它对于数据和共同理性认知的聚焦，为我们提供了增长认识的强大推动力。有句话是这样说的："科学的每一点进步都伴随着一次埋葬。"也就是说，旧有的科学观念的拥护者们离开人世的时候，那些观念也就随之消逝了。但值得注意的是，这种说法并不完全正确。科学具有神奇的能力，可以促使人们放弃他们原本抱持的观念——只要这些观念无法很好地与实证相吻合。

在超人类主义与心灵哲学的联系中，我看到的是以某种方式将二者结合，从而克服结点的可能性。如果科学和心灵哲学能够以某种方式结合到一起，我们可能会发现一种更为强有力的方法来克服那些绑缚我们的个体以及社会的结点。如果我们能够以某种方式把科学中的严谨数据与心灵哲学传统中那些个人或者集体的心灵纯化结合在一起，那么我们将得到某种相当新奇有趣的事物，也许这能帮助我们处理接下来几十年间现代技术将会引发的问题。

与这些思考相关的科学领域中，意识研究就是其中一项。科学虽然已经在神经和认知方面得出了大量与意识相关的发现，但其在处理意识问题上一直不太顺利。心灵哲学也在意识中做出了很多发现，不过这些发现很多都是以现代人难以理解的语言表达出来的。我怀疑某种科学和心灵哲学的混合体是否能够结合科学数据和心灵认识，从而提供一种让人们得以理解意识的方法。

我在《宇宙主义者宣言》一书中提到过"宇宙主义者联盟"的概念，显而易见，这是一个由对先进技术及其影响、个人成长和意识拓展感兴趣的人们组成的社会团体。这一团体的具体宣言目前还不是特别清晰。但我怀疑是否有一个单独的可行方案能够聚焦于跨学科的意识认知——其方法是通过结合科学、心灵哲学以及先进技术，如神经科学、脑机接口和通用人工智能。我的想法是，意识研究这一实在领域似乎确实需要某种科学和心灵概念的融合。所以，以一种真正开放的、超越传统的、宇宙主义者的方式来聚焦这一领域，可能会帮助我们更好地整合信息，更好地进行合作，克服不同的个体和社会结点，建立起更好的未来，以及诸如此类的美好事物。

不管怎么说，这些还都是一些初级的想法，最近我对这些进行了很多思考，我期待在我有了更进一步的思考之后，能和你们分享更多的想法。

宇宙论并不要求我们把宇宙当作信息、量子信息、超运算或者上帝之类的什么事物来看待，它需要我们更多地认同快乐、成长、自由选择和思想开放的态度。采取这种态度可能让通用人工智能及其相关技术在发展过程中出现更加多种多样的观点。目前的科学形态以及宗教、哲学形态对于理解（人类的或人工的）意识这一任务来说可能过于有限了；如果是这样的话，通过学习和工程设计与世界进行踊跃互动，我们将有可能发现集体思维的下一个进化阶段。

暗秩序

最后，冒着让你认为我是疯子的危险，我将与你分享我最近所做的一些思考，这些思考从某种意义上来说比《宇宙主义者宣言》中的理论走得还要远。在目前阶段，这些观点还不成熟；但谁知道呢，也许会有读者读完之后发现他们的想法对我的思考能够有所帮助，并且发表了他们的观点呢！

伟大的量子物理学家大卫·波姆在他的晚年转向了更为哲学性的思考，他提出了"暗秩序"这一概念，也就是说，这是宇宙运行中暗含的一个方面，但是它本身无法通过科学探测到或者从知觉上感知到。显秩序是我们能够观察并测量得到的，从某种意义上来说，显秩序是从暗秩序中发生的（然后又回头助力于暗秩序）。

这个概念与泛灵论有一定的关联，就是说事物中包含的"意识的灵光"很可能与该事物包含的"暗秩序"是同一件事（或者至少两者是有关联的）。波姆还将暗秩序与量子力学联系起来，不过我从来没能完全理解他表达这个联系的方式。有时候他似乎是想让我们在量子逻辑的层面去认识暗秩序与显秩序的关系。并不是说显秩序使用的是传统逻辑而暗秩序使用的是量子逻辑，而是说量子逻辑在某些传统逻辑达不到的层面显示了显秩序与暗秩序之间的相互作用。

最近我尝试以一种不同的视角来思考暗秩序，并且以"问题的逻辑"而不是答案的逻辑来看待暗秩序模型。我在进行一种将暗秩序模拟为 QP 的实验，我称之为问题过程。该过程并不是要对世间万物进行发问，而是问题本身的过程。接下来我要引用不久前我写的关于这个问题的手稿（还试验性地打了个问号在上面）：

　　如果不得不用一些（几乎是）日常英语中的短语来总结问题过程的话，我想我会说类似这种的："它是一个复杂的、以自我再生的模式或过程系统进行生长、以自我参照的（以及愉快、自洽、互联的）自我询问进行提升的过程。"很抱歉这听起来像是学究的官样表达！但它对我来说还是很有意义的，而且我希望在你读完本书后它对你来说也是有意义的！

QP……提问的过程。向一切发问，包括向一切发问的过程本身，以及诸如此类！我一直在研究要怎么对宇宙进行建模，才能模拟出本质上是从这类自我询问的过程中出现的事物。

另一位著名的量子物理学家约翰·惠勒思考了这样一种可能性：对于空间的逻辑命题进行某种数据分析，进而派生出量子力学和广义相对论（这两种伟大的物理学理论依然尚未统一，导致现代物理学陷入不可接受的矛盾状况）。所以物理学有可能是从逻辑构成的"前几何学"中产生的。从某种程度上来说，我的问题过程方法事实上与此类似，除了我是在探究问题的逻辑而非答案的逻辑；另外，在探索物理宇宙的同时，我也在思考心灵的形成。

科学终究就是一个发问的过程——对宇宙发问，也对科学本身发问。每一种科学理论都引入了新的概念和工具，这些概念和工具可以被用来质疑理论本身，这就是为什么所有的科学理论最终都走向了自我毁灭/超越。科学方法本身并不是永恒不变的，它在不断地修正、更新，因为从本质上来说它总是引发无情的质疑。

虽然制度化的宗教体系似乎更多地涉及服从而非质疑，但有的宗教却企图确切地询问并理解个人的全部事实，从而直接认识"上帝"。还有部分宗教也存在类似的问题过程——其教徒所接受的训练教他们对自己的每一个想法、信念或疑虑都报以这样的回应："不是这样的！不是这样的！"

虽然我在自己详尽阐述的问题过程观点上打了个"？"，但是科学的问题过程和这些教派都是很好的实例，它们展示了广义的问题过程是如何深入现实中去的。

在我写下这些的时候，我想起了我的香港朋友於积理（Gino Yu），他喜欢举起手指着周围的世界、指着他自己或者他的朋友们，咧嘴笑着问我们："这是什么？"当我向於积理提起问题过程的时候，他只是说："噢，那就是苏格拉底问答法。"

这到底是什么？

通用人工智能不会以任何明确的方式告诉我们"这是什么"。通用人工智能会摆脱我们的旧问题，用新的问题取而代之！

上述的宇宙论十大原则描述了人类的未来。在这个未来中，世界持续发展，其真相也不断地被揭示出来，宇宙衍生出各种构造，完全超越现代人的生活，就像我们超越那些远古地球海洋中的原始生命，或者在行星形成之前悬浮在虚空中的无生命分子一样。问题过程对思维进行训练，试图深入发掘这种发展和揭示过程，把世界不断的发展和揭示看作是永不停歇的自我询问的过程。它把宇宙当作一个庞大的意识，这个意识不断地问自己"这是什么？我在做什么？"。在这个过程中，宇宙持续地改进自我，创造出新的形态，比如行星、原始生命、人类和通用人工智能系统。

但是请相信：你不需要跟随我进入这些奇异的思想领域，就能理解我的通用人工智能研究或者我对未来技术的推测！并不是说你得同意我关于意识的泛灵论观点，才会认为一个完整的 OpenCog 系统将会具有意识；你可以拥有你自己对意识的概念，也可以用你自己的方式将其应用到 OpenCog 中。

有一件事我很确定：我们人类中没有人真的知道到底在发生什么！

结论

所以，在各种奇怪的概念和观点的海洋中恣意遨游之后，通用人工智能和宇宙的要点到底是什么？

就像你已经知道的那样，我不是一个摩门教徒（我根本就没有宗教信仰），我甚至不是一个真正的犹太人，虽然我有犹太血统，但并没有犹太信仰。我也不像我的同事塞尔默那样把赌注压在拥有超级运算能力的灵魂上。

我感觉在现存的宗教和心灵哲学中，"上帝"和"灵魂"的概念开始在宇宙的某些方面占有重要地位，而科学却错过了这一点（而且很可能永远错过，因为它的基础在于由有限信息集合组成的数据集）；我还感觉它们与很多迷信观念和历史"错误"缠绕在一起，所以我更愿意把它们作为一般的灵感来源，而不是我思考与认知的基础。

　　我不知道传统信息和量子信息中哪一个才是宇宙的更好的模型；我认为还有许多未知的事物，但是随着科学、数学和哲学的发展，这些未知事物将会被一一解答。

　　泛灵论的某些方面强烈地吸引了我，但我并不确定是哪些方面。当意识理论学家斯图尔特·哈默洛夫对我说"我认为电子不具有意识，但我想它具有某种原始意识"时，我觉得我可能不同意他的看法，但同时也会想我们是否只是被绕进语言的网络中了。我倾向于赞同查尔斯·皮尔斯、斯宾诺莎、盖伦·斯特劳森等人所说的，在意识和物质之间划一道明显的鸿沟是非常不合逻辑的。

　　我发现对于我自己和宇宙来说，宇宙论都是一个令人赞同的看法，不过我也很清楚这一理论的局限性。我不由自主地想要追求对宇宙更为深刻的认识，虽然我怀疑我有限的人脑并不足以很好地认识宇宙，但是通用人工智能、人脑强化之类的技术将会给我们带来更为深刻、合理的理论。目前我在思考如果将宇宙模拟为一种自我询问的过程，但是我并不确定能将这个理论发展到何种程度。

　　我常常会发现自己在阻止大脑的某些部分花费时间去思考这些理论，因为我感觉研究如何构建通用人工智能更为重要！认识世界对我来说非常重要，但是我得做出选择：是试图利用我的人类大脑直接认识世界，还是构建一个通用人工智能意识，让它来帮我更好地理解世界。

　　我在写作的时候，有一句老话吸引了我的注意力：**人们几乎可以适应任何事物**。我想如果把这句话概念化，那将是很有意义的：**稳固的概念框架几乎可以适应任何事物**。举例来说，摩门教、佛教和泛灵论的观点都可以对通用人工智能和奇点理论做出适应性的有意义的阐述，而这些宗教和哲学在最初创立的时候完全不能预料到现在的这些概念（而且那时基本无法理解这些概念）。这很能说明人类意识和文化的适应性（当然，这是从生物世界的适应性中习得的，毕竟人类就是从生物世界中出现的）。

　　最终人类的概念和信仰体系似乎能够适应各种各样的新的现实，包括网络和手机的出现、生育控制，以及很快就会出现的通用人工智能、分子组合器、半机械人等。心灵哲学和宗教体现出了人性中关键的方面，如追求对于宇宙的根本认识、与宇宙及其他意识进行深入交流的渴望。这些追求将会随着技术的进步持续发展，不会阻碍科学与技术的进步，反而会与它们协同发展。科技革命将会持续加速人们对心灵的认知和经验的拓展，这些都可能会以大量各种各样的形式展现出来，其怪异程度（可能还有深刻程度）要远超我们在本书中所述及的概念。

因此，正如我已经强调过的那样，我可以以极大的自信对本书内容做如下表述：一旦我们能够与超人类通用人工智能系统密切交流，甚至可能与其融合，我们的世界观将会得到极大的拓展，那时**我们在这里提出的每一个观点看起来都将是非常愚蠢、有限的**。换句话说：只要涉及宇宙，我们人类就所知甚少！我们比那些非人类的动物懂得多，比文明出现前的人类懂得多，但是我们将要构建的通用人工智能懂得比我们多得多得多。这并不是说有哪种意识一定会对智能和宇宙有一个完全彻底的认识——也许能，也许不能。这是目前人类毫无头绪的众多问题之一。

量子论和广义相对论（万有引力定律）之间的矛盾告诉我们，当前的物理学在某些方面肯定有着严重的不足。所以，我在想，是不是人类在宇宙问题上存在的大量难以理解的矛盾以及互补性的观点告诉了我们，我们事实上并不能理解我们所生活的这个世界；或者以我们的智能在其中的地位，也无法理解我们将会创造出的通用人工智能在世界中起到什么样的作用。我们不一定非得弄清楚我们目前的行为将会导致什么样的结果，就像那些首次创造了语言的"穴居人"也不理解他们的发明让多少事情成为现实——陀思妥耶夫斯基、微分、Prolog 语言、Google Talk 以及"傻瓜神经科学"。

我们目前在尝试的各种概念和观点(有些人是呕心沥血地进行尝试的)——传统和量子信息理论、超运算、暗秩序、摩门教、佛教、宇宙论等，全都是在目前人类个体意识和集群意识的有限范围内存在的。这些观点可以通过创造通用人工智能和大量其他技术，来帮助我们处理那些正在对世界和我们自己进行大肆破坏的变故；它们也可能会影响我们所创造的技术的特定性质，以及这些技术帮助构建的未来世界。这些观点会导向更强大的智能，随后它们会被推翻，变得似乎很古怪、很荒谬。但是我们还是要努力对目前的观点进行提炼和阐释（尽管我们知道它们在后来的更高等的智能看来可能是荒谬、有限的），因为要达到所说的更高等的智能，这种提炼和阐释过程是必经之路。